机械制造类教材丛书

零件手工制作与成型技术

主 编 王庭俊 王 波

U0218319

天津大学出版社
TIANJIN UNIVERSITY PRESS

内 容 提 要

　　本教材以项目教学法思路组织教学内容,形成了新的课程体系,将理论知识融合于项目实践过程中,学中做,做中学,学做结合,每个项目的完成,都将使学生经历一次理论与实践结合、知识与技能交融的完整过程。本教材内容主要包括:材料力学性能、金属材料的组织结构、常用金属材料及热处理、常用非金属材料和新材料、金属材料的常用成型方法及应用、钳工基本操作技能和相关理论知识。本教材的每一个项目中还提供了典型操作案例,可供学生操作和自学时参考。另外,本教材中还安排了相关的拓展性题目,为学有余力的学生提供自主发挥的空间。本教材理论知识以"应用"为目的,以"必需、够用"为度,以培养技术应用型人才为目标,强调学生实践能力和创新能力的培养。

　　本书可作为高职高专院校机械类和机电类专业的教材,也可作为工厂、企业职工的职业培训用书,对从事机械、机电类工作的工程技术人员也有参考价值。

图书在版编目(CIP)数据

零件手工制作与成型技术/王庭俊,王波主编. —天津:天津大
学出版社,2015.7(2017.2重印)
(机械制造类教材丛书)
ISBN 978 - 7 - 5618 - 5367 - 2

Ⅰ.①零… Ⅱ.①王…②王… Ⅲ.①机械元件-成型加工-高
等职业教育-教材 Ⅳ.①TH16

中国版本图书馆 CIP 数据核字(2015)第 166003 号

出版发行	天津大学出版社
地　　址	天津市卫津路 92 号天津大学内(邮编:300072)
电　　话	发行部:022 - 27403647
网　　址	publish. tju. edu. cn
印　　刷	廊坊市海涛印刷有限公司
经　　销	全国各地新华书店
开　　本	185mm×260mm
印　　张	15.25
字　　数	381 千字
版　　次	2015 年 7 月第 1 版
印　　次	2017 年 2 月第 2 次
定　　价	38.00 元

编 委 会

前　言

材料是人类赖以生存和发展的物质基础之一。20 世纪 70 年代,材料、能源和信息被誉为现代社会发展的三大支柱;20 世纪 80 年代后期,新材料技术、生物技术和信息技术被列为新技术革命的重要标志。一直以来,发达的工业化国家都将材料科学看做重点发展学科。

"零件手工制作与成型技术"是机械设计与制造、机电设备维修等专业重要的专业基础课程,是以教育部高教司《关于加强高职高专人才培养工作若干意见》等文件对高职高专人才培养的要求为指导思想,分析职业、岗位特征和工作过程导向的技能与知识系统,利用载体来组织和承载教学内容,知识围绕载体搭建,技能围绕载体实现,技能与知识以工作过程系统性进行排序和重构而开发的以"钳工操作""零件材料与成型技术"的知识与技能为内容,以工作任务引领的,基于工作过程导向的,教学从理论到实践一体化的课程;是从事工业工程第一线的生产、技术、管理等工作的人员,尤其是机械类专业人员必须具备的知识与能力。

本课程理论与实训、实验相互融合,强调学生技术应用能力的培养,是高等职业院校机械类专业的必修课程。本课程是在整合"金属材料及热处理""金工实习""工程材料""材料成型工艺""工程材料及焊接工艺基础""金属工艺学"等相近课程,充实和重组课程内容,改革教学方法,强化实践教学的基础上,构建的新课程体系。本课程以工作过程为导向,通过学习,学生能够掌握钳工划线、锯、锉、錾、钻孔、攻丝等操作技能,具有综合运用工艺知识,选择毛坯种类、成型方法及工艺分析的初步能力,可以为后续课程的学习和今后从事材料加工、机械设计与制造和无损检测奠定必要的基础,同时对拓宽专业面、培养复合型人才、满足市场对人才的需求是不可缺少的重要环节。"零件手工制作与成型技术"课程对工科院校学生整体素质及工程实践能力的提高,起着举足轻重的作用,因此该课程是工科院校机械类专业学生的一门十分重要的技术基础课。

本书的特点是以项目教学思路组织教学内容,形成新的课程体系,将理论知识融合于项目实践过程中,学中做,做中学,学做结合,每个项目的完成,都将使学生经历一次理论与实践结合、知识与技能交融的完整过程。同时,本书的每一个项目中还提供了典型操作案例,可供学生操作和自学时参考。

教材通篇始终贯穿"以人为本"的教育理念和"自主—探究—合作—创新"的学习理念,坚持基础性与时代性、常规工艺与新技术的结合,首先考虑仍广泛应用于现代机械制造企业的常规工艺、常用技术,为所有学生的发展奠定必要的基础;同时为学有余力的学生提供了更多可选择的新技术、新工艺等学习内容,甚至是暂时还不能完全掌握,但又可开阔学生科学视野的内容,为学生提供更广阔的发展空间。在教学过程、方法以及情感、态度与价值观等方面,也有较充分的体现。

本书由扬州工业职业技术学院王庭俊、王波任主编,戴红霞、田万英任副主编,岳金方、朱向楠、吴一鹏、朱明君、梁宝、潘毅等参编。全书由扬州工业职业技术学院柳青松教授、刘伯玉副教授担任主审。本书在编写过程中引用了许多同行所编著的教材和著作中的大量资料,在此表示衷心感谢!

本书编写部分基于工作过程系统化,并采用项目引导和任务驱动理念,对以前的知识技能内容进行了部分重组和编排,力求使学生在学习知识、掌握技能后形成一定的职业素养。由于是初次尝试,加之编者水平有限以及时间仓促,书中定有许多错误和不足之处,恳请广大师生批评指正。

编者

2015 年 6 月

目　　录

上篇　材料基础

下篇　钳工实训

上篇　材料基础

绪论　材料的发展历史和新材料的应用

材料用于制造机器零件、工程构件以及生活日用品,是生产和生活的物质基础。20 世纪 70 年代,材料、能源、信息被誉为现代社会发展的三大支柱,而能源和信息的发展,在一定程度上又依赖于材料的进步,因此许多国家都把材料科学作为重点发展科学之一,使之成为新技术革命的坚实基础。

历史表明,生产中使用的材料性质直接反映了人类社会的文明水平。所以,历史学家根据制造生产工具的材料,将人类生活的时代划分为石器时代、陶器时代、铁器时代,如今人类正跨入人工合成材料、复合材料、功能材料的新时代。

约在 50 万年前,人类学会了用火。在六七千年前,人类开始用火烧制陶器,我国东汉时期(公元 25—220 年)出现了陶瓷,于 9 世纪传至东非和阿拉伯,13 世纪传到日本,15 世纪传到欧洲,对世界文明产生了很大的影响,陶瓷已经成为中国文化的象征。

4000 年前,我们的祖先冶炼了红铜和青铜。春秋战国时期,我国已大量使用铁器。西汉后期,我国发明了炼钢法,这种方法在欧洲 18 世纪才获得应用。2000 年前,我国已经使用热处理工艺,热处理技术已经有了相当高的水平。

1863 年,第一台光学显微镜问世,出现了“金相学”,人们对材料的观察和研究进入了微观领域。1912 年,人们采用 X 射线衍射技术研究材料的晶体微观结构。1932 年,电子显微镜问世,各种先进能谱仪相继出现,将人类对材料微观世界的认识带入了更深的层次,形成了跨学科的材料科学。

新中国成立以来,我国的工业生产、农业生产以及人们的日常生活水平得到了迅速发展,钢的年产能力从 1949 年的 17 万吨增至目前的 1 亿多吨,非金属材料的产量也有了很大的增长。

随着原子能、航空航天、通信电子、海洋开发等现代工业的发展,对材料提出了更为严格的要求,出现了一大批相对密度更小、强度更高、加工性能更好并能满足特殊性能要求的新材料。20 世纪末,纳米材料的开发和应用,引起了世界各国政府、科学技术界、军工界的重视。专家预测,纳米材料科学技术将成为 21 世纪信息时代的核心。

新中国成立 60 多年来,机械制造工业已取得了很大的成就。在机床及工具、仪表、轴承、汽车、重型机械和农业机械等方面已具有相当的生产规模,初步形成了产品门类基本齐全、布局比较合理的机械制造工业体系,不仅为国民经济各部门提供了必要的技术装备,还研制和生产出了一批具有世界先进水平的产品,其中一些产品已进入国际市场。

由于我国原有的工业基础比较薄弱,与世界先进水平相比,机械制造工艺水平还存在着相当大的差距。因此,我们必须抓住机遇,把引进的国外先进技术和自己的研究创新结合起来,奋发图强,加快发展速度,使我国的机械制造工业跨入世界先进行列,为社会主义经济建设打下更坚实的基础。

情景一 箱体零件材料与成型

任务一 金属材料的性能

金属材料在现代工业、农业、交通运输、国防和科学技术等各个部门都占有极其重要的地位,为了充分认识金属材料的特点,更有效地发挥材料的潜力,必须了解材料的性能。

材料性能包括使用性能和工艺性能。使用性能是指材料在某种工作条件下表现出来的性能,如物理性能(密度、熔点、导电性、导热性、热膨胀性、磁性等)、化学性能(耐腐蚀性、抗氧化性等)、力学性能(强度、塑性、硬度、冲击韧度、疲劳及疲劳强度等)等;工艺性能是指材料在某种加工过程中表现出来的性能,如铸造性能、压力加工性能、焊接性能、切削加工性能等。本任务主要介绍金属材料的力学性能。

一、金属材料的工艺性能

金属材料的工艺性能一般是指切削加工性能、铸造性能、可锻性能、可焊性能和热处理性能。

（一）切削加工性

切削加工性是指金属材料接受切削成型的能力,是在一定的切削条件下,根据工件的精度和表面粗糙度以及刀具的磨损速度和切削力的大小等进行评定的。

实践证明,硬度过高或过低的金属材料,其切削加工性能较差。碳钢硬度 HBS 在 160 ～ 230 范围内时,切削加工性能最佳。

（二）铸造性

铸造性是指金属熔化后,浇注成合格铸件的难易程度。评定金属材料的铸造性,主要是依据其流动性(液态金属能够充满铸型的能力)、收缩性(金属由液态凝固时和凝固后的体积收缩程度)和偏析倾向(金属在凝固过程中因结晶先后而造成的内部化学成分和组织的不均匀现象)等三项内容。灰铸铁、铸造铝合金、青铜和铸钢等,都具有较好的铸造性。

（三）可锻性

可锻性是指金属材料在热加工过程中成型的难易程度。如材料的塑性和塑性变形抗力及应力裂纹倾向等都反映锻压性能的好坏。低碳钢、低碳合金钢具有良好的锻压性能,而铸铁则不能锻压加工。

（四）可焊性

可焊性是指金属材料能适应普通常用的焊接方法和焊接工艺,其焊缝质量能达到要求的特性。焊接性能好的金属材料能获得无裂缝、气孔等缺陷的焊缝及较好的力学性能。低碳钢的焊接性能比较好,而铸铁的焊接性能较差。

（五）热处理性

热处理性是指金属材料通过热处理改变或改善性能的能力。钢是采用热处理最为广泛的金属材料,通过热处理可以改善切削加工性能,提高力学性能,延长使用寿命。

二、金属材料的力学性能

金属材料的力学性能是指金属材料在外力作用下表现出来的性能,包括强度、塑性、硬度、冲击韧度、疲劳及疲劳强度等。

(一)强度和塑性

材料的强度和塑性通常用拉伸试验来测定,按国家标准加工的标准试样在外加拉力作用下,塑性材料一般先发生弹性变形,再产生塑性变形,最后被拉断。常采用的试验装置是万能材料试验机,其结构如图 1-1 所示。

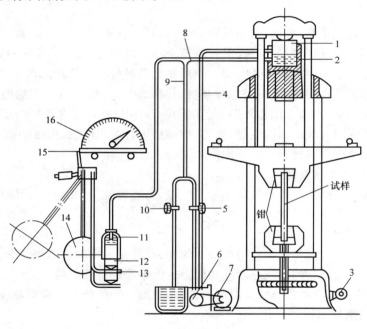

图 1-1 万能材料试验机结构

1—大活塞;2—工作液压缸;3—下夹头电动机;4—渗油回油管;5—送油阀;
6—液压泵;7—电动机;8—测力油管;9—送油管;10—回油阀;11—测力液压缸;
12—测力活塞;13—测力拉杆;14—摆杆;15—推杆;16—测力盘

外力作用下的试样内部会产生内力,其数值与外力相等,方向相反,材料单位面积上的内力称为应力(Pa),以 σ 表示,有

$$\sigma = F/A_0$$

式中　F——试验时所加的外力(载荷)(N);

　　　A_0——试样原始横截面面积(m^2)。

1. 强度

材料在外力作用下,抵抗塑性变形或断裂的能力称为强度。按外力作用的方式不同,可分为抗拉强度、抗压强度、抗弯强度、抗剪强度等,工程上最常用的金属材料强度指标有屈服强度和抗拉强度等。

1)拉伸曲线

在进行拉伸试验时,载荷 F 和试样伸长量 ΔL 之间的关系曲线,称为"力—伸长量"曲线,简称拉伸曲线。通常把载荷 F 作为纵坐标,伸长量 ΔL 作为横坐标,退火低碳钢的拉伸曲线如图 1 - 2 所示。

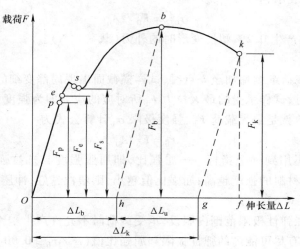

图 1 - 2 退火低碳钢的拉伸曲线

观察拉伸曲线,将会发现在拉伸试验的开始阶段,试样的伸长量 ΔL 与载荷 F 之间成正比关系,拉伸曲线 Op 为一条斜直线,即试样伸长量与载荷成正比增加,当去除载荷后试样伸长变形消失,恢复到原来形状,其变形规律符合胡克定律,试样处于弹性变形阶段。当载荷在 $F_p \sim F_e$,试样的伸长量与载荷已不再成正比关系,拉伸曲线不成直线,但试样仍处于弹性变形阶段,去除载荷后仍能恢复到原来形状。

当载荷不断增加,超过 F_e 后,去除载荷,变形不能完全恢复,即有塑性变形产生,塑性伸长将被保留下来。当载荷继续增加到 F_s 时,拉伸曲线在 s 点后出现一个平台,即在载荷不再增加的情况下,试样也会明显伸长,这种现象称为屈服现象,载荷 F_s 称为屈服载荷。

当载荷超过 F_s 后,试样抵抗变形的能力将会增加,此现象为冷变形强化,即抗力增加现象。其在拉伸曲线上表现为一段上升曲线,即随着塑性的增大,试样变形抗力也逐渐增大。

当载荷达到 F_b 时,试样的局部截面开始收缩,即产生了颈缩现象。由于颈缩使试样局部截面迅速缩小,最终导致试样被拉断。颈缩现象在拉伸曲线上表现为一段下降的曲线。F_b 是试样拉断前能承受的最大载荷,称为极限载荷。

从完整的拉伸试验和拉伸曲线可以看出,试样从开始拉伸到断裂要经过弹性变形阶段、屈服阶段、变形强化阶段、颈缩与断裂四个阶段。

2)屈服强度

在图 1 - 2 中,当载荷达到 e 点时,试样仅产生弹性变形,故 e 点所对应的应力称为弹性极限。当载荷超过 s 点后,试样开始产生塑性变形,虽然不再增加载荷,但变形仍在继续,使拉伸曲线出现平台或水平波动,这种现象称为屈服。s 点所对应的应力值称为屈服强度,用 σ_s 表示。它表示外力 F 使材料开始产生明显塑性变形时的最低应力值。屈服强度计算公式为

$$\sigma_s = F_s / A_0$$

式中 F_s——试样发生屈服时的最大外力(载荷)(N)。

许多金属材料在拉伸时并没有明显的屈服点,难以确定材料开始产生塑性变形时的最小应力值,因此工程上规定试样产生 0.2% 塑性变形时的应力值作为屈服强度指标,称为条

件屈服强度,用 $\sigma_{0.2}$ 表示,有

$$\sigma_{0.2} = F_{0.2}/A_0$$

式中　$F_{0.2}$——试样产生 0.2% 塑性变形时的外力(载荷)(N)。

3)抗拉强度

在图 1-2 中,载荷继续增加至 b 点时,试样横截面出现局部变细的颈缩现象,至 k 点时试样被拉断。试验时,试样承受的最大拉力 F_b 所对应的应力即为强度极限。试样断裂后指针所指示的载荷读数就是最大载荷 F_b,强度极限 σ_b 计算公式为

$$\sigma_b = F_b/A_0$$

在工程中经常还用到一个指标——屈强比,即屈服强度与抗拉强度的比值(σ_s/σ_b)。屈强比值越大,则该材料的强度越高;屈强比值越小,则塑性越好,冲压成型性能越好。如深冲钢板的屈强比值 $\leqslant 0.65$。

弹簧钢一般均在弹性极限范围内服役,承受载荷时不允许产生塑性变形,因此要求弹簧钢经淬火、回火后具有尽可能高的弹性极限和屈强比值($\sigma_s/\sigma_b \geqslant 0.90$)。此外,疲劳寿命与抗拉强度及表面质量往往有很大关联。

2. 塑性

材料在外力作用下产生塑性变形而不被破坏的性能称为塑性。常用的塑性指标有伸长率 δ 和断面收缩率 Ψ,两者的计算公式为

$$\delta = (L_1 - L_0)/L_0 \times 100\%$$
$$\Psi = (A_0 - A_1)/A_0 \times 100\%$$

其中　L_0——标距(试样原始标准距离)(mm);

　　　L_1——拉断后的试样标距(将断口密合在一起,用游标卡尺直接量出)(mm);

　　　A_0——试样原始横截面面积(mm^2);

　　　A_1——试样断裂后颈缩处的横截面面积(将断口密合在一起,用游标卡尺量出直径计算)(mm^2),如图 1-3 所示。

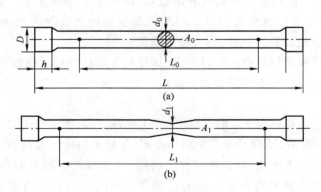

图 1-3　拉伸试样

(a)拉伸前　(b)拉伸后

伸长率 δ 和断面收缩率 Ψ 的数值越大,表示材料的塑性越好。工程上一般把 $\delta > 5\%$ 的材料称为塑性材料,如低碳钢、退火铝合金等;把 $\delta < 5\%$ 的材料称为脆性材料,如铸铁等。金属材料具有一定的塑性是进行压力加工的必要条件。塑性还可以提高工件工作的可靠

性,以防工件突然断裂。

（二）硬度

硬度是衡量金属材料软硬程度的指标,是指材料表面抵抗更硬物体压入其内的能力。最常用的硬度值表示方法有布氏硬度和洛氏硬度。

1. 布氏硬度

布氏硬度试验（图1-4）是施加一定大小的载荷 F,将直径为 D 的钢球压入被测金属表面保持一定时间,然后卸除载荷 F,根据钢球在金属表面上所压出的凹痕面积求出平均应力值,以此作为硬度值的计量指标,并用符号 HB 表示。

$$HB = 0.102 \frac{2F}{\pi D(D - \sqrt{D^2 - d^2})}$$

式中　F——所加载荷（N）;

D——压头直径（mm）;

d——压痕直径（mm）。

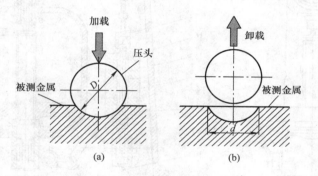

图1-4　布氏硬度试验的原理示意图
（a）加载　（b）卸载

当压头为淬火钢球时,布氏硬度用 HBS 表示,适于布氏硬度值为 140～450 的材料;当压头为硬质合球时,用 HBW 表示,适于布氏硬度值为 450～650 的材料。

布氏硬度的优点是测量方法简单,且由于其压痕面积较大,所测硬度值比较准确,但正是由于压痕较大而不适宜测定成品和薄片材料,受压头硬度的限制而不宜测定硬度太高的材料,主要用于测定较软的金属材料及半成品,如有色金属、低合金结构钢、铸铁等。

2. 洛氏硬度

洛氏硬度测定同布氏硬度一样也采用压入法,但它不是测定压痕面积,而是根据压痕深度来确定硬度值指标。洛氏硬度试验所用压头有两种:一种是顶角为 120°的金刚石圆锥（图1-5）,另一种是直径为 1.588 mm 的淬火钢球。根据金属材料软硬程度不同,可选用不同的压头和载荷配合使用,常用的是 HRA、HRB 和 HRC,且以 HRC 应用最为广泛,测定时应满足三种洛氏硬度的压头、负荷及使用范围。HR-150A 洛氏硬度试验装置结构如图1-6所示。

洛氏硬度测量操作简便、效率高、压痕小、不损伤工件,应用不同规范（表1-1）可测量较软、很硬或较薄的成品件。其缺点是压痕小、读数不够准确,故需多测几点,再取其平均值。

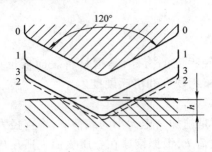

图 1 − 5　洛氏硬度试验的原理示意图

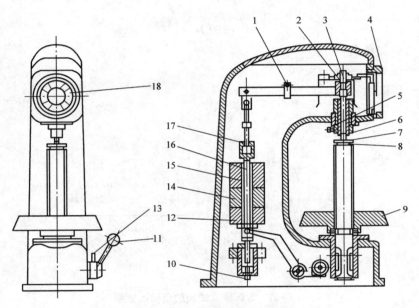

图 1 − 6　HR − 150A 洛氏硬度试验装置结构

1—调整块;2—顶杆;3—调整螺钉;4—调整盘;5—按钮;6—紧固螺母;
7—试样;8—工作台;9—手轮;10—放油螺钉;11—操纵手柄;12—砝码座;
13—油针;14、15—砝码;16—杆;17—吊套;18—指示器

表 1 − 1　洛氏硬度的试验规范

符号	压头	负荷/N	硬度值有效范围	使用范围
HRA	120°金刚石圆锥体	588.4	60 ~ 85	适用测量硬质合金、表面淬火层、渗碳层
HRB	φ1.588 mm 淬火钢球	980	25 ~ 100	适用测量有色金属、退火及正火钢
HRC	120°金刚石圆锥体	1 470	20 ~ 67	适用测量调质钢、淬火钢

作为重要的综合力学性能指标,布氏硬度与强度之间有一定的关系,表 1 − 2 的经验数据可供参考。

表 1 − 2　常用金属材料的布氏硬度与强度换算表

材料	低碳钢	高碳钢	调质合金钢	灰铸铁
抗拉强度 σ_b/MPa	≈0.36HBS	≈0.34HBS	≈0.325HBS	≈0.1HBS

（三）冲击韧度

有些机器零件（如内燃机的活塞连杆、锻锤锤杆、火车车厢挂钩等）和工具（如冲模和锻模）是在冲击载荷作用下工作的，由于冲击载荷所引起的应力和变形比静载荷下大得多，因此对受冲击载荷作用的零件，在选材时必须考虑其冲击韧度。

冲击韧度是金属材料抵抗冲击载荷的作用而不破坏的能力。通常用一次摆锤冲击试验来测量材料的冲击韧度，目前常用试样为 10 mm×10 mm×55 mm、带 2 mm 深的 V 形缺口夏氏冲击试样。一次摆锤冲击试验示意图如图 1-7 所示。把按国标制成的标准试样放在试验机的支座上，然后用摆锤将试样一次冲断，将摆锤升高到规定高度 H_1，试验时按动开关，使摆锤从 H_1 高度自由落下，冲断试样后向另一方向回升至高度 H_2，摆锤产生的势能差 A_{kV} 即是消耗在试样断口上的冲击吸收功，用其除以试样断口处的原始横截面积 A，即可得到材料的冲击韧度值 a_{kV}。

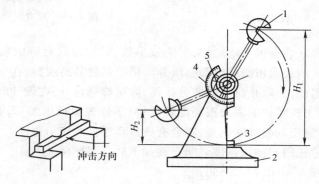

图 1-7　一次摆锤冲击试验示意图
1—摆锤；2—支座；3—试样；4—刻度盘；5—指针

冲击韧度值 a_{kV} 可由下式计算：

$$a_{kV} = \frac{A_{kV}}{A}$$

式中　A_{kV}——冲断试样所消耗的能量（冲击功）（J）；

　　　A——试样断口处的原始横截面积（cm²）。

显然，冲击功 A_{kV} 越小说明冲击韧度值越低，材料脆性越大。由于冲击韧度对组织缺陷很敏感，它能灵敏地反映材料的内部质量，因此在生产上常用来检验原材料缺陷、铸锻件及热处理工艺的质量，而不作为选材设计计算的指标。

（四）疲劳及疲劳强度

金属材料在低于屈服强度的交变应力作用下发生破裂的现象称为疲劳。疲劳强度是指金属材料承受无限次交变载荷作用而不破裂的最大应力。

为防止机器零件的疲劳断裂，在成批生产之前，对机器的重要零件，如汽车的连杆、钢板弹簧、齿轮等，需做疲劳试验，以保证使用的可靠性。材料的疲劳抗力可用图 1-8 所示应力与应力循环次数之间的关系曲线，即疲劳曲线加以说明。当金属材料承受较大应力 σ 时，应力循环较少的次数，就可发生断裂；降低交变应力，发生断裂所需应力循环次数增加。

从疲劳曲线上可以看出，当应力降到一定值时，曲线为一条水平线，说明在该应力作用下,循环次数可以是无限的。当应力对称循环时(图 1-9),疲劳极限用符号 σ_{-1} 表示。

实际上,试验规定,交变载荷循环试验钢为 $10^6 \sim 10^7$ 次、有色金属为 $10^7 \sim 10^8$ 次就可发生断裂。

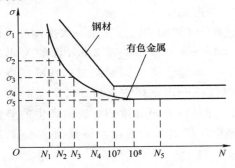

图 1-8　疲劳曲线

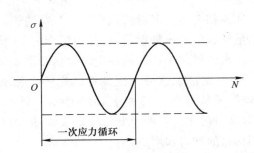

图 1-9　应力对称循环

机器零件的疲劳断裂有很大危险性,常造成事故,必须引起足够的重视。疲劳的实质,主要是由于金属材料的表面粗糙或内部杂质等缺陷引起疲劳裂纹源,在交变应力作用下,逐渐扩展导致断裂。因此,为防止材料的疲劳破坏,除正确选材外,在设计时应避免截面突变,防止应力集中;在加工时零件的表面粗糙度要低;对零件表面精细加工,必要时可对零件进行表面热处理、表面滚压和喷丸强化等,都会有效提高零件的疲劳强度。

金属材料的疲劳极限与抗拉强度之间存在如下的近似比例关系:

(1)非合金钢,$\sigma_{-1} = (0.4 \sim 0.55)\sigma_b$;

(2)灰铸铁,$\sigma_{-1} \approx 0.4\sigma_b$;

(3)非铁合金,$\sigma_{-1} = (0.3 \sim 0.4)\sigma_b$。

三、金属材料的物理和化学性能

(一)金属材料的物理性能

金属材料的物理性能是指金属本身所固有的属性,包括密度、熔点、热膨胀性、导电性、导热性和导磁性。不同用途的机器零件,对其物理性能的要求也各不相同。

1. 密度

密度是指单位体积物质的质量,用符号 ρ 表示,单位为 kg/m^3。材料的密度关系到产品的质量和效能。对于金属材料,按照密度的大小可分为轻金属和重金属。如铝、镁、钛及其合金属于轻金属,铁、铅和钨等属于重金属。

实际生产中,一些零部件的选材必须考虑材料的密度,如在制造质量轻、运动惯性小的发动机活塞时,一般要采用密度小的铝合金。生产中还常用密度和体积来计算钢材的质量。

2. 熔点

熔点是指材料由固态转变成液态的温度。熔点是冶炼、铸造和焊接等热加工工艺规范的一个重要参数,也是选材的重要依据之一。钨、钼和钒等难熔金属可以用来制造耐高温零件,在火箭、导弹、燃气轮机和喷气式飞机等方面获得广泛应用。而锡和铅等易熔金属,则可用来制造熔断丝和防火安全阀等零件。

3. 热膨胀性

热膨胀性是指材料随着温度的变化产生膨胀、收缩的特性。在金属加工和使用过程中,许多地方都要考虑到热胀冷缩现象。例如,在铸模设计时应考虑到铸件冷却时的体积收缩;在铺设钢轨时,各接头处应留有一定的间隙,给热胀留有余地;在装配机器时,轴与轴瓦之间也要根据线膨胀系数来控制其间隙尺寸。

4.导电性

材料传导电流的能力称为导电性。金属中银的导电性最好,铜、铝次之。一般来说,金属的纯度越高,其导电性就越好。合金的导电性较纯金属差。生产中常用的导电材料是纯铜和纯铝;电阻率大和抗氧化性较好的金属(如康铜、铁铬铝合金)适用于制作电热元件。

5.导热性

材料传导热量的能力称为导热性。纯金属中银的导热性最好,铜、铝次之。一般来说,金属的纯度越高,其导热性就越好。合金的导热性较纯金属差。导热性好的材料,其散热性能也好,例如制造散热器、热交换器与活塞等零件应选用导热性好的材料。

6.导磁性

材料能被磁场吸引或磁化的性能称为导磁性或磁性。磁性是金属的基本属性之一。金属材料根据其磁性不同,可分为以下几类。

(1)铁磁性材料:在外磁场中能强烈地被磁化,如铁、钴和镍等,主要用于制造变压器、继电器的铁芯、电动机转子和定子等零部件。

(2)顺磁性材料:在外磁场中只能微弱地被磁化,如铬、锰、钼和钨等。

(3)抗磁性材料:能够抗拒或削弱外磁场的磁化作用,如铜、锌、铅、锡和钛等,多用于仪表壳等要求不被磁化或能避免电磁干扰的零件。

金属的磁性只存在于一定的温度内,在高于一定温度时,磁性就会消失。如铁在770 ℃以上就会失去磁性,这一温度称为"居里点"。

(二)金属材料的化学性能

材料的化学性能主要是指它们在室温或高温时抵抗各种介质化学侵蚀的能力,包括以下几个方面。

1.耐腐蚀性

材料在常温下抵抗周围介质(如大气、燃气、水、酸和盐等)腐蚀的能力称为耐腐蚀性。金属材料被腐蚀的原因是产生化学腐蚀或电化学腐蚀,其中电化学腐蚀的危害性更大。因此,对金属制品的腐蚀防护十分重要。如铬镍不锈钢中的铬可以在金属表面形成一层致密的氧化膜,提高抗化学腐蚀的能力;一定含量的铬镍能大幅度地提高钢的电极电位,提高抗电化学腐蚀的能力。

2.抗氧化性

材料在高温下抵抗氧化的能力称为抗氧化性。在钢中加入铬和硅等元素,可大大提高钢的抗氧化性。如在高温下工作的发动机气门和内燃机排气阀等就是采用抗氧化性好的4Cr9Si2等材料来制造的。

3.化学稳定性

化学稳定性是金属的耐腐蚀性和抗氧化性的总称。

4.热稳定性

金属在高温下的化学稳定性称为热稳定性。

任务二　金属材料基础知识

一、金属的晶体结构

在化学元素周期表中,约有四分之三的元素是金属(金属材料包括纯金属和合金),其具有优良的使用性能和工艺性能,广泛用于制造机器零件和工具。

(一)晶体与非晶体

根据原子在物质内部聚集状态的不同,可将固体分为晶体和非晶体两大类,自然界中绝大多数固态的无机物都是晶体,例如固态金属、食盐、单晶硅等都是晶体;只有玻璃、松香、沥青、橡胶等少数固态物质是非晶体。

晶体与非晶体的区别在于内部原子排列不同,晶体内的原子按一定规律排列,而非晶体则是无规则散乱分布。晶体与非晶体由于内部结构不同,性能也不同。晶体都具有规则的几何外形,而非晶体没有;晶体具有一定的熔点,如冰的熔点为 0 ℃,而非晶体则没有固定的熔化温度,是在某一温度范围内熔化。另外,金属单晶体的力学性能在各个方向都不相同,即存在性能的各向异性;而非晶体是各向同性。

(二)纯金属的晶体结构

金属的性能不仅与原子间结合方式有关,而且与其内部晶体结构有密切关系,金属常见的晶体结构形式有体心立方晶格、面心立方晶格和密排六方晶格等,如图 1 - 10 所示。

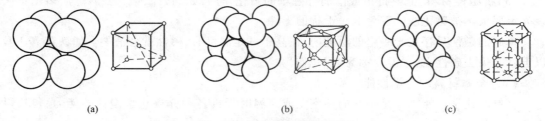

（a）　　　　　　　　　　（b）　　　　　　　　　　（c）

图 1 - 10　金属常见晶格示意图

（a）体心立方晶格　　（b）面心立方晶格　　（c）密排六方晶格

具有体心立方晶格结构形式的常见金属有铬(Cr)、钨(W)、钼(Mo)、钒(V)、α - Fe 铁(912 ℃以下的纯铁)等。

具有面心立方晶格结构形式的常见金属有铜(Cu)、铝(Al)、银(Ag)、镍(Ni)、铅(Pb)、γ - Fe 铁(912 ~ 1 394 ℃的纯铁)等。

具有密排六方晶格结构形式的常见金属有镁(Mg)、锌(Zn)、铍(Be)、镉(Cd)及室温下的钛(Ti)等。

金属的晶体结构不同,性能也不同。例如,同是纯铁,面心立方晶格结构的 γ - Fe 比体心立方晶格结构的 α - Fe 有更好的塑性。

(三)金属的同素异构转变

某些金属,如铁(Fe)、钴(Co)、锰(Mn)、钛(Ti)、锡(Sn)等在温度变化时可能发生晶体结构的变化,从一种晶格转变为另一种晶格。金属在固态下由一种晶格转变为另一种晶格的现象,称为同素异构转变。

纯铁在常温下为体心立方晶格,这种晶格的铁叫 α - Fe 铁;当加热到 912 ℃以上时,铁原子就要重新排列,而呈面心立方晶格,这种铁叫 $\gamma-Fe$ 铁;再继续加热到 1 394～1 538 ℃,铁原子又要重新排列,而呈体心立方晶格,这种铁叫 $\delta-Fe$ 铁,它与 $\alpha-Fe$ 铁的区别仅在于所处的温度不同。从室温开始加热时,存在着上述转变,从高温开始冷却时,则存在着相反的变化,这些变化都叫同素异构转变。转变时的温度叫做临界点。纯铁的冷却曲线及各温度区所具有的晶格类型如图 1－11 所示。

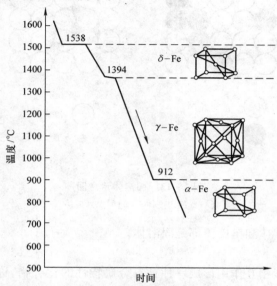

图 1－11　纯铁的冷却曲线及结构变化图

钢的成分绝大部分是铁,含碳量很少,所以钢中也存在这种同素异构转变。这种转变极为重要,它是钢进行热处理的基础。

二、合金的相结构

合金是以一种金属元素为基体,与其他金属或非金属元素熔合在一起所组成的具有金属特性的物质,组成合金最基本的独立物质称为组元。例如工业上广泛应用的碳钢和铸铁,就是由铁和碳两组元组成的合金。

因为纯金属的力学性能较差,所以除了要求导电性好的电器材料外,工业上很少使用纯金属,合金不仅具有较高的力学性能,而且常常可以得到纯金属不具备的特殊性能。

在合金中,具有相同的物理和化学性能,并与其余部分界面分开的物质称为相。如室温下的纯铁是由单相的 $\alpha-Fe$ 铁组成的。合金的性能是由组成合金的各相的性能、数量和各相的组成情况决定的。

根据合金元素之间的相互作用不同,合金中相结构可以分为固溶体和金属化合物两大类。合金中还存在由两种晶体按比例组成的机械混合物。

(一)固溶体

组成合金的各元素在液态时能互相溶解,在固态时也能互相溶解(但溶解度不一定相同),形成均匀一致的合金相,称为固溶体。固溶体中含量大且保留其原有晶格类型的元素称为溶剂,溶于溶剂中的元素为溶质。

工业上所用的合金大多数是单一固溶体或以固溶体为主的机械混合物。根据溶质原子在溶剂晶格里存在的位置不同,固溶体可分为置换固溶体和间隙固溶体两类,如图 1－12 所示。随着溶质含量的增加,固溶体的强度、硬度、电阻率升高,而塑性、韧度下降。适当控制固溶体中的溶质含量,可以在显著提高金属材料强度、硬度的同时,使其仍保持较好的塑性和韧度。

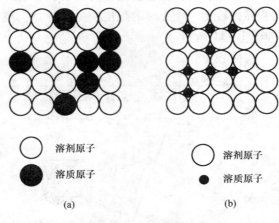

溶剂原子

溶质原子

溶剂原子

溶质原子

(a)　　　　　　　　　　(b)

图 1-12　固溶体示意图

(a)置换固溶体　(b)间隙固溶体

铁碳合金中的铁素体和奥氏体都是固溶体。

(二)金属化合物

组成合金的各元素相互作用形成一种具有金属特性的化合物,称为金属化合物。它的晶体类型不同于任何一种组成元素的晶格类型,一般都很复杂。金属化合物可用分子式表示,如铁碳合金中的渗碳体可写作 Fe_3C。金属化合物一般都具有高强度、高硬度、高脆性的特征。

(三)机械混合物

在液态组元互溶的合金凝固后,可能形成单相固溶体或单相金属化合物,还可能是两种固溶体或固溶体与金属化合物按一定比例组成的混合物,称为机械混合物。

机械混合物的性质决定于各组成物的性质、形状、大小、数量及分布,例如碳钢退火状态下的组织就是铁素体与渗碳体的混合物。铁素体软而韧,渗碳体硬而脆。不同含碳量的钢,渗碳体的含量不同,其性能就会有很大的差别。

三、金属材料的塑性变形

(一)单晶体的塑性变形

在切应力 τ 作用下,单晶体的一部分相对于另一部分产生滑动,称为晶体滑移。如图 1-13所示,在与某一晶面 MN 平行的切应力 τ 作用下,晶体(图 1-13(a))先产生弹性剪切变形(图 1-13(b));当 τ 足够大时,则晶体的一部分相对于另一部分沿晶面 MN 产生滑动(图 1-13(c)),即晶体滑移,其滑移距离为原子间距的整数倍;切应力 τ 去除后,晶体的弹性剪切变形消失而原子处于新的平衡位置(图 1-13(d)),与滑移前相比,晶体已产生了塑性变形。

上述晶体滑移是晶体的一部分相对于另一部分做整体滑动,称为刚性滑移。研究表明,实际的晶体滑移并非刚性滑移,而是在切应力作用下,晶体内的位错沿晶面从一端逐步运动到另一端的结果,如图 1-14 所示。由图可见,一个位错的运动引起一个原子间距的滑移量,运动的位错越多,引起的晶体滑移量越大。

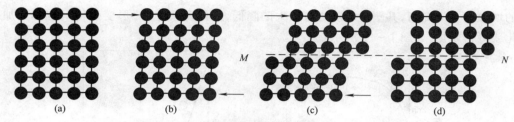

图 1-13　单晶体在切应力作用下的滑移示意图

（a）原晶体　（b）产生弹性剪切变形　（c）产生滑移　（d）新的平衡

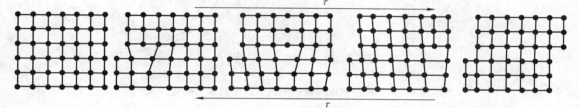

图 1-14　位错运动产生晶体滑移示意图

（二）多晶体金属的塑性变形

多晶体金属的塑性变形是通过各晶粒的晶体滑移而进行的。与单晶体滑移不同的是，多晶体中各晶粒的晶体滑移及位错运动受晶界和相邻晶粒位向差的阻碍，导致滑移阻力增大，且不同位向晶粒的滑移难易程度不同。因此，多晶体金属的塑性变形过程有如下特点：外力较小时仅有少量最易滑移的晶粒产生滑移，随外力增大有越来越多的晶粒产生滑移，由此逐渐显示宏观塑性变形。

多晶体金属的塑性变形会使金属组织发生变化并产生形变残余内应力。塑性变形金属的组织变化如图 1-15 所示。由图可见，随着变形度的增大，晶粒沿变形方向伸长，最终形成冷加工纤维组织。多晶体金属塑性变形时，因金属各部分变形度或变形特点不同而产生并残留在金属内部的应力，称为形变残余内应力。一般而言，残余内应力的存在对金属的应用有不良作用：当金属零件中的残余内应力方向与外力方向一致时，会降低零件的承载能力；随着时间的延长或进行各种加工，金属零件中的残余内应力会逐渐松弛或重新分布，从而引起零件变形并降低零件的尺寸稳定性。因此，金属冷塑性变形后一般应进行去应力退火或人工时效，以消除或减少其残余内应力。

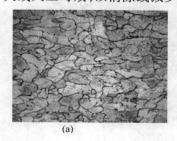 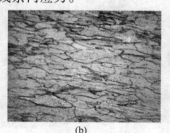 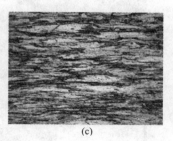

图 1-15　塑性变形度对金属显微组织的影响

（a）变形度 10%　（b）变形度 40%　（c）变形度 80%

（三）金属的形变强化

1. 加工硬化

金属经过冷态下的塑性变形后其性能发生很大的变化，最明显的特点是强度随塑性变形的增加而大为提高,其塑性却随之有较大的降低,这种现象称为"形变强化",也称为加工硬化或冷作硬化,如图1-16所示。

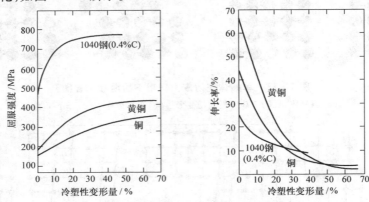

图1-16 冷塑性变形量在不同材料中的加工硬化对比

2. 产生加工硬化的原因

(1)随变形量增加,位错密度增加,由于位错之间的交互作用(堆积、缠结),使变形抗力增加,如图1-17所示。

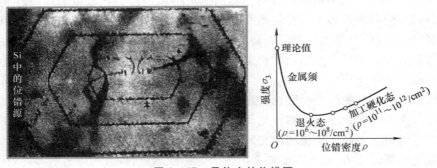

图1-17 晶体中的位错源

(2)随变形量增加,亚结构细化,如图1-18所示。

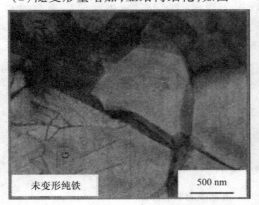
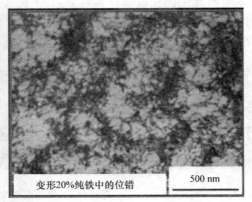

图1-18 变形量在纯铁中的位错

(3)随变形量增加,空位密度增加。

(4)几何硬化由晶粒转动引起。

由于加工硬化,使已变形部分发生硬化而停止变形,而未变形部分开始变形。没有加工硬化,金属就不会发生均匀塑性变形。

加工硬化是强化金属的重要手段之一,对于不能热处理强化的金属和合金尤为重要。

3. 塑性变形金属在加热时组织和性能的变化

金属经冷变形后,组织处于不稳定状态,有自发恢复到稳定状态的倾向。但在常温下,原子扩散能力小,不稳定状态可长时间维持。加热可使原子扩散能力增加,金属将依次发生回复、再结晶和晶粒长大,如图 1-19 所示。

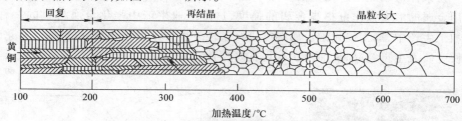

图 1-19 塑性变形金属加热时组织变化

1)回复

加工硬化后的金属,在加热到一定温度后,原子获得热能,使原子得以恢复正常排列,消除了晶格扭曲,可使加工硬化得到部分消除。这一过程称为"回复",这时的温度称为回复温度。

回复是指在加热温度较低时,由于金属中的点缺陷及位错近距离迁移而引起的晶内某些变化。如空位与其他缺陷合并、同一滑移面上的异号位错相遇合并而使缺陷数量减少等。

由于位错运动使其由冷塑性变形时的无序状态变为垂直分布,形成亚晶界,这一过程称为多边形化。

在回复阶段,金属组织变化不明显,其强度、硬度略有下降,塑性略有提高,但内应力、电阻率等显著下降,如图 1-20 所示。

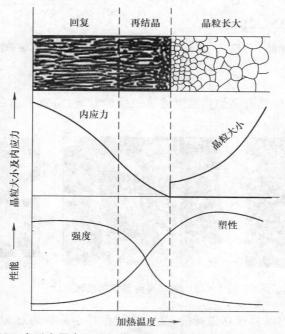

图 1-20 变形金属在不同加热温度时晶粒大小和性能的变化示意图

工业上,常利用回复现象将冷变形金属低温加热,既稳定组织又保留加工硬化,这种热处理方法称为去应力退火。

2)再结晶

当变形金属被加热到较高温度时,由于原子活动能力增大,晶粒的形状开始发生变化,由破碎拉长的晶粒变为完整的等轴晶粒。这个过程称为再结晶,这时的温度称为最低再结晶温度。铁素体再结晶示意图如图 1-21 所示。

利用金属的形变强化可提高金属的强度,这是工业生产中强化金属材料的一种手段。在塑性加工生产中,加工硬化给金属继续进行塑性变形带来困难,应加以消除。常采用加热的方法使金属发生再结晶,从而再次获得良好塑性,如图 1-22 所示。

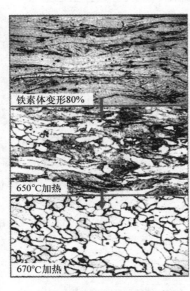

图 1-21 铁素体再结晶示意图

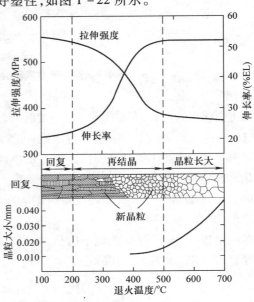

图 1-22 冷变形黄铜组织性能随温度的变化

3)晶粒长大

再结晶完成后,若继续升高加热温度或延长保温时间,将发生晶粒长大,这是一个自发的过程,如图 1-23 所示。

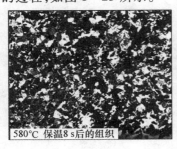

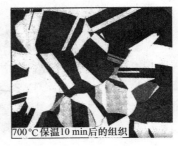

图 1-23 黄铜再结晶后的晶粒长大

晶粒的长大是通过晶界迁移进行的,是大晶粒吞并小晶粒的过程。晶粒粗大会使金属的强度,尤其是塑性和韧性降低。

任务三　铁　碳　合　金

铁和碳两种元素组成的合金叫做铁碳合金,碳钢和铸铁含其他元素不多,都可看作铁碳合金。碳在铁碳合金中对铁的影响极大,它可以与铁化合形成化合物,也可以溶解到铁的晶格之中。由于碳的原子远小于铁的原子,所以溶解时碳的原子分布于铁的晶格间隙,这种组织叫做间隙固溶体。

一、铁碳合金的基本组织和相

在铁碳合金中,碳能分别溶入 $\alpha-Fe$ 和 $\gamma-Fe$ 的晶格中而形成两种固溶体。当铁碳合金的含碳量超过固溶体的溶解度时,多余的碳与铁形成金属化合物 Fe_3C。因此,铁碳合金有以下基本相。

(一)铁素体(F)

铁素体是碳溶于 $\alpha-Fe$ 铁形成的间隙固溶体,$\alpha-Fe$ 铁属于体心立方晶格结构,间隙很小,很难容纳碳原子(图 1-24),常温时只能溶解微量的碳(约为 0.006%)。铁素体性能与纯铁相似,强度和硬度很低($\sigma_b \approx 250$ MPa,HB ≈ 80),塑性和韧度很高($\delta = 50\%$)。

(二)奥氏体(A)

奥氏体是碳溶于 $\gamma-Fe$ 铁形成的间隙固溶体,$\gamma-Fe$ 铁是面心立方晶格,它的晶胞中心可勉强容纳碳原子(图 1-25)。所以奥氏体溶解碳较多,1 148 ℃时可溶解碳 2.21%,727 ℃时可溶碳 0.77%。奥氏体性能与纯铁相比,它的强度、硬度有所提高,但它是较高温度组织,它的特征仍然是塑性较高($\delta = 40\% \sim 60\%$),变形抗力较低。

图 1-24　铁素体的晶胞示意图

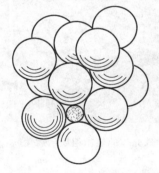

图 1-25　奥氏体的晶胞示意图

(三)渗碳体(Fe_3C)

碳的含量超过铁的溶解度时,未溶解的碳与铁化合生成 Fe_3C,叫做渗碳体。它的晶格复杂,硬度高(HB ≈ 860),脆性大($\delta = 0$),含碳量为 6.69%,如图 1-26 所示。

(四)珠光体(P)

珠光体是铁素体和渗碳体的混合物,用符号 P 表示。它是渗碳体和铁素体片层相间、交替排列形成的混合物,如图 1-27 所示。

在缓慢冷却条件下,珠光体的含碳量为 0.77%。由于珠光体是由硬的渗碳体和软的铁素体组成的混合物,所以其力学性能取决于铁素体和渗碳体的性能,大体上是两者性能的平均值,故珠光体的强度较高,硬度适中,具有一定的塑性,综合性能良好。

图 1-26 渗碳体的显微组织示意图

（五）莱氏体(L_d)

莱氏体是含碳量为 4.3% 的铁碳合金，是在 1 148 ℃时从液相中同时结晶出的奥氏体 A 和渗碳体 Fe_3C 的混合物，用符号 L_d 表示。由于奥氏体在 727 ℃时还将转变为珠光体，所以在室温下的莱氏体由珠光体 P 和渗碳体 Fe_3C 组成。这种混合物称为变态莱氏体，用符号 L'_d 表示。莱氏体的力学性能和渗碳体相似，硬度很高，塑性很差。莱氏体的显微组织如图 1-28 所示。

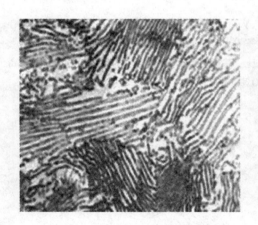

图 1-27 珠光体的显微组织示意图

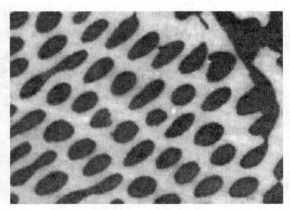

图 1-28 莱氏体的显微组织示意图

铁碳合金基本组织的力学性能见表 1-3。

表 1-3 铁碳合金基本组织的力学性能

组织名称	符号	含碳量/%	力学性能		
			σ_b/MPa	δ/%	HBS(HBW)
铁素体	F	0~0.021 8	180~280	30~50	50~80
奥氏体	A	0.021 8~2.11	—	40~60	120~220
渗碳体	Fe_3C	6.69	30	0	800
珠光体	P	0.77	800	20~35	180
莱氏体	L_d/L'_d	4.30	—	0	>700

二、铁碳合金相图

各种不同成分的铁碳合金在各种不同温度时的组织状态到底是怎样的呢？金属学家经

过长期的、大量的试验研究,绘制了它在极缓慢冷却或加热时组织状态的示意图,即铁碳合金相图。铁碳合金相图简明扼要地将各种不同成分、不同温度的铁碳合金的组织状态表示出来,为学习、掌握钢铁组织及其性能,研究解决铸、锻、焊接及热处理的工艺问题,提供了重要的科学依据。

（一）Fe – Fe₃C 相图概述

铁碳合金相图(图 1 – 29)的纵坐标表示温度,横坐标表示成分(即含碳量)。含碳量为零即是纯铁,含碳量为 6.69% 即是渗碳体。铁碳合金相图本身既可以表示加热时的组织状态及其转变过程,也可以表示冷却时组织状态及其转变过程。为了简单起见,只介绍冷却时的情况。加热时的组织转变正好相反,例如冷却时凝固,加热时就是熔化;冷却时析出某组织,加热时就是溶解某组织等。

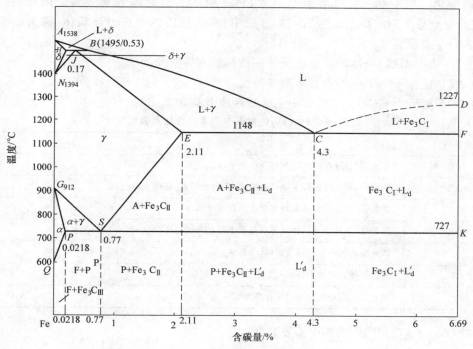

图 1 – 29 简化后的 Fe – Fe₃C 相图

Fe – Fe₃C 相图中主要特性点的符号、温度、含碳量以及含义如表 1 – 4 所示。

表 1 – 4 Fe – Fe₃C 相图中主要特性点的符号、温度、含碳量以及含义

特性点	温度/℃	含碳量/%	含　义
A	1 538	0	纯铁的熔点
C	1 148	4.3	共晶点,发生共晶转变($L_c \leftrightarrow A_E + Fe_3C$)
D	1 227	6.69	渗碳体的熔点
E	1 148	2.11	碳在铁中的最大溶解度,钢与铁的分界点
G	912	0	纯铁的同素异构转变点($\alpha - Fe \leftrightarrow \gamma - Fe$)
P	727	0.021 8	碳在 $\alpha - Fe$ 中的最大溶解度
S	727	0.77	共析点,发生共析转变($A_s \leftrightarrow F_P + Fe_3C$)
Q	600	0.006	碳在 $\alpha - Fe$ 中的溶解度

（二）Fe – Fe₃C 相图中的特性线

ACD 线为液相线，在 ACD 线以上合金为液态，用符号 L 表示，液态合金冷却到此线时开始结晶，在 AC 线以下结晶出奥氏体，在 CD 线以下结晶出渗碳体，称为一次渗碳体，用符号 Fe_3C_I 表示。

$AECF$ 线为固相线，又称 A_4 线，在此线以下合金为固态。液相线与固相线之间为合金的结晶区域，在这个区域内液体和固体共存。

ECF 线为共晶线，温度为 1 148 ℃。

PSK 线为共析线，又称 A_1 线，温度为 727 ℃。

ES 线是碳在 γ – Fe 中的溶解度曲线，又称 A_{cm} 线。随着温度变化，奥氏体的溶碳量将沿 ES 线变化。在 1 148 ℃时溶解度为 2.11%，到 727 ℃时降为 0.77%。因此，在 $w_C >$ 0.77%的合金自 1 148 ℃冷却到 727 ℃过程中，将从奥氏体中析出渗碳体，称为二次渗碳体，用 Fe_3C_{II} 表示。

GS 线，又称 A_3 线，是冷却时由奥氏体中析出铁素体的开始线。

PQ 线是碳在 γ – Fe 中的固态溶解度曲线。

表 1 – 5 所示为 Fe – Fe₃C 相图中主要特性线及其含义。

表 1 – 5　Fe – Fe₃C 相图中主要特性线及其含义

特性线	含　义
ACD	液相线，温度在此线以上时合金处于液态
$AECF$	固相线，在此线温度下结晶结束，合金处于固态，常称 A_4 线
ECF	共晶线，液态合金在此线上发生共晶转变：$L_c \leftrightarrow L_d(A_E + Fe_3C)$
PSK	共析线，常称 A_1 线，奥氏体在此线上发生共析转变：$A_s \leftrightarrow P(F_P + Fe_3C)$
ES	碳在奥氏体中的溶解度曲线，常称 A_{cm} 线
GS	奥氏体转变为铁素体的开始线，常称 A_3 线
PQ	碳在 α – Fe 中的固态溶解度曲线

（三）Fe – Fe₃C 相图中的两个重要转变

1. 共析转变

铁碳合金中奥氏体慢冷至 727 ℃温度的 S 点时，发生恒温共析转变，即奥氏体（$w_C =$ 0.77%）同时转变为铁素体 F_P（$w_C = 0.02\%$）和渗碳体 Fe_3C（$w_C = 6.69\%$），即 $A_s \leftrightarrow P(F_P + Fe_3C)$。

铁碳合金共析转变的产物是由铁素体和渗碳体以片层状交替排列而组成的机械混合物，即（$F_P + Fe_3C$），称为珠光体，用 P 表示。当 $w_C > 0.02\%$ 的铁碳合金冷却到 727 ℃时，其中的奥氏体均会发生共析转变。

2. 共晶转变

铁碳合金慢冷至 1 148 ℃的 C 点时，发生恒温共晶转变，即液相铁碳合金（$w_C = 4.3\%$）同时转变为奥氏体 A_E（$w_C = 2.11\%$）和渗碳体 Fe_3C（$w_C = 6.69\%$），即 $L_c \leftrightarrow L_d(A_E + Fe_3C)$。

铁碳合金共晶转变的产物是由奥氏体和渗碳体组成的机械混合物，即（$A_E + Fe_3C$），称为莱氏体，用 L_d 表示。当 $w_C > 2.11\%$ 的铁碳合金冷却到 1 148 ℃时，均会发生共晶转变。

3. 铁碳合金的分类

铁碳合金按含碳量不同,可以分为以下三类。

(1)工业纯铁:$w_C \leq 0.02\%$。

(2)碳钢:$0.02\% < w_C \leq 2.11\%$。按室温组织不同,碳钢又分为共析钢($w_C = 0.77\%$)、亚共析钢($w_C < 0.77\%$)和过共析钢($w_C > 0.77\%$)三种。

(3)白口铸铁(生铁):$2.11\% < w_C \leq 6.69\%$。按室温组织不同,白口铸铁又分为共晶白口铸铁($w_C = 4.3\%$)、亚共晶白口铸铁($w_C < 4.3\%$)和过共晶白口铸铁($w_C > 4.3\%$)三种。

4. 典型铁碳合金的结晶与组织转变分析

为了进一步认识和理解 $Fe - Fe_3C$ 相图,现以非合金钢和白口铸铁的几种典型合金为例,分析其结晶过程及在室温下的显微组织。

1)碳钢的结晶与组织转变分析

碳钢的结晶过程为从液相线 AC 以上温度慢冷至固相线 AE 以下温度时,液态钢经过匀晶结晶得到相应含碳量的单相奥氏体。继续冷却时,奥氏体所发生的固态组织转变过程如下。

Ⅰ. 共析钢的组织转变

以含碳 0.77% 的铁碳合金为例,其冷却曲线和平衡结晶过程如图 1 – 30 所示。

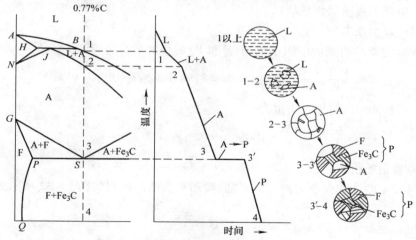

图 1 – 30　共析钢结晶过程示意图

合金冷却时,从 1 点起自 L 中结晶出 A,至 2 点全部结晶完成;在 2、3 点间 A 冷却不变;至 3 点时,A 发生共析反应生成 P;从 3′继续冷却至 4 点,P 皆不发生转变。因此,共析钢的室温平衡组织全部为 P,P 呈层片状。

共析钢的室温组织组成物也全部是 P,而组成相为 F 和 Fe_3C,它们的相对质量为

$$F\% = \frac{6.69 - 0.77}{6.69} \times 100\% = 88\%; \quad Fe_3C\% = 1 - F\% = 12\%$$

Ⅱ. 亚共析钢的组织转变

以含碳 0.4% 的铁碳合金为例,其冷却曲线和平衡结晶过程如图 1 – 31 所示。

合金冷却时,从 1 点起自 L 中结晶出 δ,至 2 点时,L 成分变为 0.53%C,δ 变为 0.09%C,发生包晶反应生成 $A_{0.17}$,反应结束后尚有多余的 L;2′点以下,自 L 中不断结晶出 A,至 3

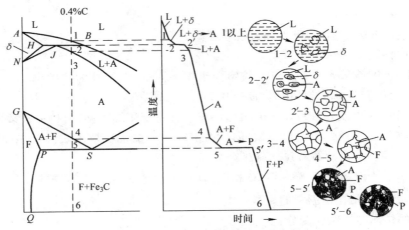

图 1-31 亚共析钢结晶过程示意图

点合金全部转变为 A;在 3、4 点间 A 冷却不变;从 4 点起,冷却时由 A 中析出 F,F 在 A 晶界处优先生核并长大,而 A 和 F 的成分分别沿 GS 和 GP 线变化;至 5 点时,A 的成分变为 0.77%C,F 的成分变为 0.021 8%C,此时 A 发生共析反应,转变为 P,F 不变化;从 5′ 继续冷却至 6 点,合金组织不发生变化。因此,亚共析钢室温平衡组织为 F+P,F 呈白色块状,P 呈层片状,放大倍数不高时呈黑色块状。含碳量大于 0.6% 的亚共析钢,室温平衡组织中的 F 常呈白色网状,包围在 P 周围。

含 0.4%C 的亚共析钢的组织组成物(F 和 P)的相对质量为

$$P\% = \frac{0.4 - 0.02}{0.77 - 0.02} \times 100\% = 51\% ; F\% = 1 - P\% = 49\%$$

组成相(F 和 Fe_3C)的相对质量为

$$F\% = \frac{6.69 - 0.4}{6.69} \times 100\% = 94\% ; Fe_3C\% = 1 - F\% = 6\%$$

Ⅲ. 过共析钢的组织转变

以含碳 1.2% 的铁碳合金为例,其冷却曲线和平衡结晶过程如图 1-32 所示。

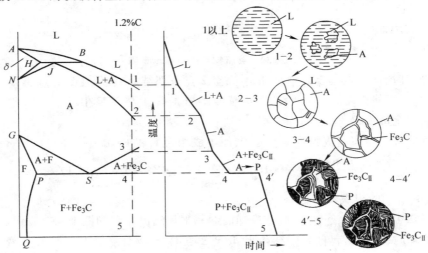

图 1-32 过共析钢结晶过程示意图

合金冷却时,从1点起自L中结晶出A,至2点全部结晶完成,在2、3点间A冷却不变,从3点起,由A中析出Fe_3C_{II},Fe_3C_{II}呈网状分布在A晶界上;至4点时A的含碳量降为0.77%;4、4′点间发生共析反应转变为P,而Fe_3C_{II}不变化;在4′、5点间冷却时组织不发生转变。因此,室温平衡组织为Fe_3C_{II} + P。在显微镜下,Fe_3C_{II}呈网状分布在层片状P周围。

含1.2% C的过共析钢的组成相为F和Fe_3C,组织组成物为Fe_3C_{II}和P,它们的相对质量为

$$Fe_3C_{II}\% = \frac{1.2 - 0.77}{6.69 - 0.77} \times 100\% = 7\% ; P\% = 1 - Fe_3C_{II}\% = 93\%$$

2)白口铸铁结晶过程

Ⅰ.共晶白口铸铁

共晶白口铸铁的冷却曲线和平衡结晶过程如图1－33所示。

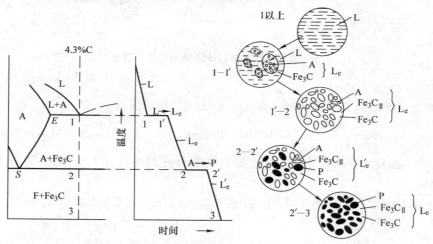

图1－33　共晶白口铸铁结晶过程示意图

合金在1点发生共晶反应,由L转变为(高温)莱氏体L_e(A + Fe_3C);在1′、2点间,Le中的A不断析出Fe_3C_{II},Fe_3C_{II}与共晶Fe_3C无界线相连,在显微镜下无法分辨,但此时的莱氏体由A + Fe_3C_{II} + Fe_3C组成,由于Fe_3C_{II}的析出,至2点时A的含碳量降为0.77%,并发生共析反应转变为P,高温莱氏体L_e转变成低温莱氏体L'_e(P + Fe_3C_{II} + Fe_3C);从2′至3点组织不变化。所以,室温平衡组织仍为L'_e,由黑色条状或粒状P和白色Fe_3C基体组成。

Ⅱ.亚共晶白口铸铁

以含碳3%的铁碳合金为例,其冷却曲线和平衡结晶过程如图1－34所示。

合金自1点起,从L中结晶出初生A,至2点时L的成分变为含4.3% C(A成分含量变为2.11%),发生共晶反应转变为L_e,而A不参与反应;在2′、3点间继续冷却时,初生A不断在其外围或晶界上析出Fe_3C_{II},同时L_e中的A也析出Fe_3C_{II};至3点温度时,所有A的成分均变为0.77%,初生A发生共析反应转变为P,高温莱氏体L_e也转变为低温莱氏体L'_e;在3′以下到4点,冷却不引起转变。因此,室温平衡组织为P + Fe_3C_{II} + L'_e,网状Fe_3C_{II}分布在粗大块状P的周围,L'_e则由条状或粒状P和Fe_3C基体组成。

亚共晶白口铸铁的组成相为F和Fe_3C,组织组成物为P、Fe_3C_{II}和L'_e,它们的相对质量

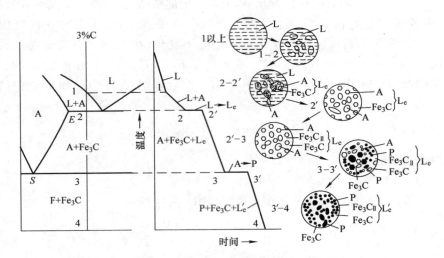

图1-34 亚共晶白口铸铁结晶过程示意图

可以两次利用杠杆定律求出。

先求合金钢冷却到2点温度时初生 $A_{2.11}$ 和 $L_{4.3}$ 的相对质量：

$$A_{2.11}\% = \frac{4.3 - 3}{4.3 - 2.11} \times 100\% = 59\%; L_{4.3}\% = 1 - A_{2.11}\% = 41\%$$

$L_{4.3}$ 通过共晶反应全部转变为 L_e，并随后转变为低温莱氏体 L'_e，所以 $L'_e\% = L_e\% = L_{4.3}\% = 41\%$。

再求3点温度时（共析转变前）由初生 $A_{2.11}$ 析出的 Fe_3C_{II} 及共析成分 $A_{0.77}$ 的相对质量：

$$Fe_3C_{II}\% = \frac{2.11 - 0.77}{6.69 - 0.77} \times 59\% = 13\%; A_{0.77}\% = \frac{6.69 - 2.11}{6.69 - 0.77} \times 59\% = 46\%$$

由于 $A_{0.77}$ 发生共析反应转变为P，所以P的相对质量就是46%。

Ⅲ．过共晶白口铸铁

过共晶白口铸铁的结晶过程与亚共晶白口铸铁大同小异，唯一的区别是其先析出相是一次渗碳体（Fe_3C_I）而不是A，而且因为没有先析出A，进而其室温组织中除 L'_e 中的P以外再没有P，即室温下组织为 $L'_e + Fe_3C_I$，组成相也同样为 F 和 Fe_3C，它们的质量分数的计算仍然利用杠杆定律，方法同上。

5. 含碳量与铁碳合金平衡组织、力学性能的关系

1）按组织划分的 $Fe - Fe_3C$ 相图

由 $Fe - Fe_3C$ 相图可知，铁碳合金室温平衡组织都由 Fe 和 Fe_3C 两相组成，随含碳量增高，Fe 含量下降，由100%按直线关系变至0（含6.69%C时）；Fe_3C 含量相应增加，由0按直线关系变至100%（含6.69%C时）。改变含碳量，不仅引起组成相的质量分数变化，而且产生不同结晶过程，从而导致组成相的形态、分布变化，也即改变了铁碳合金的组织。由图1-35可见，随着含碳量增加，室温组织变化如下：$F(+ Fe_3C_{III}) \rightarrow F + P \rightarrow P \rightarrow P + Fe_3C_{II} \rightarrow P + Fe_3C_{II} + L'_e \rightarrow L'_e \rightarrow L'_e + Fe_3C_I$。

组成相的相对含量及组织形态的变化，会对铁碳合金性能产生很大影响。

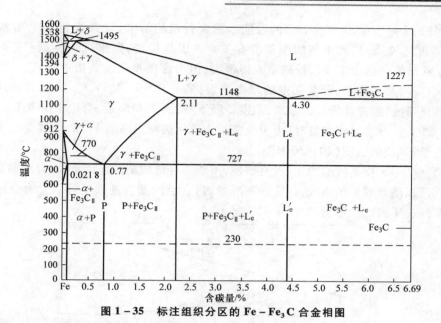

图1-35　标注组织分区的 Fe-Fe₃C 合金相图

2)碳钢的力学性能与含碳量的关系

对图1-35进行分析,得知铁碳合金的含碳量:小于0.021 8%时组织全部为F,等于0.77%时全部为P,等于4.3%时全部为L'ₑ,等于6.69%时全部为Fe₃C,在它们之间的组织则为相应组织的混合物。利用杠杆定律对其质量分数进行计算可得如图1-36所示的含碳量与组织(F、P、Fe₃C_Ⅱ、L'ₑ、Fe₃C_Ⅰ)的数量关系。

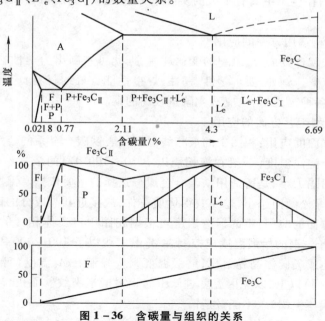

图1-36　含碳量与组织的关系

硬度(HB)主要决定于组织中组成相或组织组成物的硬度和相对数量,而受它们的形态的影响相对较小。随含碳量的增加,由于硬度高的 Fe₃C 增多,硬度低的 F 减少,所以合金的硬度呈直线关系增大,由全部为 F 的硬度约80HB增大到全部为 Fe₃C 时的约800HB。

强度是一个对组织形态很敏感的性能。随含碳量的增加,亚共析钢中 P 增多而 F 减少。P 的强度比较高,其大小与细密程度有关。组织越细密,则强度值越高。F 的强度较低,所以亚共析钢的强度随含碳量的增大而增大;但当含碳量超过共析成分之后,由于强度很低的 Fe_3C_{II} 沿晶界析出,合金强度的增高变慢;到约 0.9% 时,Fe_3C_{II} 沿晶界形成完整的网,强度迅速降低;随着含碳量的增加,强度不断下降,到 2.11% 后,合金中出现 L'_e 时,强度已降到很低的值;再增加含碳量时,由于合金基体都为脆性很高的 Fe_3C,强度变化不大且值很低,趋近于 Fe_3C 的强度(20 ~ 30 MPa)。

铁碳合金中 Fe_3C 是极脆的相,没有塑性,不能为合金的塑性作出贡献,合金的塑性全部由 F 提供,所以随含碳量的增大,F 量不断减少时,合金的塑性连续下降。到合金成为白口铸铁时,塑性就降到近于零值,如图 1 - 37 所示。

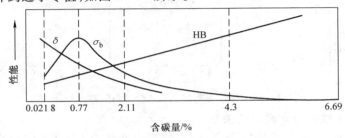

图 1 - 37 性能随含碳量的变化

3)$Fe - Fe_3C$ 相图的应用

$Fe - Fe_3C$ 相图在生产中具有重大的实际意义,主要应用在钢铁材料的选用和加工工艺的制定两个方面。

Ⅰ. 在钢铁材料选用方面的应用

相图表明了铁碳合金成分、组织的变化规律,据此可判断出力学性能变化特点,从而为选材提供可靠的依据。例如,要求塑性、韧性、焊接性能良好的材料,应选低碳钢;而要求硬度高、耐磨性好的各种工具材料,应选含碳量较高的钢。

Ⅱ. 在制定成型工艺方面的应用

在铸造工艺方面的应用:相图中的液相线温度代表铁碳合金系的熔点,它是选用铸造熔炉和确定铁碳合金浇注温度(一般在液相线以上 50 ~ 100 ℃)的依据。相图中液相线和固相线之间的温度间隔大小,是铸造用铁碳合金成分选择的重要依据。温度间隔越小,铁碳合金的流动性越好,缩松倾向越小,越易获得优质铸件,故接近共晶成分的铸铁应用最广。

在锻造工艺方面的应用:钢的锻造温度可根据相图中奥氏体相区的 A_4 温度、A_3 温度或者 A_1 温度进行选择。钢的始锻温度应控制在 A_4 温度线以下 100 ~ 200 ℃,以免因温度过高造成钢的严重氧化或奥氏体晶界熔化;终锻温度则应控制在 A_3 温度(亚共析钢)或 A_1 温度(共析钢或过共析钢)以上,以免因温度过低引起钢料锻造裂纹。而白口铸铁加热至高温时仍有硬而脆的莱氏体组织,故不能锻造。

在热处理工艺方面的应用:由相图可知,铁碳合金在固态加热或冷却时均发生组织转变,故铁碳合金可进行热处理。相图中的相变临界点 A_1、A_3 和 A_{cm} 则是确定热处理加热温度的依据。此外,根据奥氏体溶碳能力强的特点,还可对钢进行表面渗碳热处理。

相图除对制定铸造、锻造和热处理工艺具有指导作用外,还是分析钢焊件焊缝区组织转变及焊接质量的重要工具。

相图虽然应用广泛,但仍有一定的局限性。相图只反映了平衡条件下的组织转变规律,实际生产中冷却速度较快时不能用此图分析问题;相图只反映了二元合金中相平衡的关系,若钢中有其他合金元素,其平衡关系会发生变化。

任务四　铸　铁

铸铁是 $w_C > 2.11\%$ 的铁碳合金。它是以铁、碳、硅为主要组成元素,并比碳钢含有较多的锰、硫、磷等杂质元素的多元合金。铸铁件生产工艺简单、成本低廉,并且具有优良的铸造性、切削加工性、耐磨性和减振性等。因此,铸铁件广泛应用于机械制造、冶金、矿山及交通运输等部门。

一、铸铁的成分及性能特点

与碳钢相比,铸铁的化学成分中除了含有较多的 C、Si 等元素外,还含有较多的 S、P 等杂质元素。在特殊性能铸铁中,还含有一些合金元素。这些元素含量的不同,将直接影响铸铁的组织和性能。

（一）成分与组织特点

工业上常用铸铁的成分(质量分数)一般为含碳 2.5% ~ 4.0%、含硅 1.0% ~ 3.0%、含锰 0.5% ~ 1.4%、含磷 0.01% ~ 0.5%、含硫 0.02% ~ 0.2%。为了提高铸铁的力学性能或某些物理、化学性能,还可以添加一定量的 Cr、Ni、Cu、Mo 等合金元素,得到合金铸铁。

铸铁中的碳主要是以石墨(G)形式存在的,所以铸铁的组织是由钢的基体和石墨组成的。铸铁的基体有珠光体、铁素体、珠光体 + 铁素体三种,它们都是钢中的基体组织。因此,铸铁的组织特点,可以看作是在钢的基体上分布着不同形态的石墨。

（二）铸铁的性能特点

铸铁的力学性能主要取决于铸铁的基体组织及石墨的数量、形状、大小和分布。石墨的硬度仅为 3 ~ 5 HBS,抗拉强度约为 20 MPa,伸长率接近于零,故分布于基体上的石墨可视为空洞或裂纹。由于石墨的存在,减少了铸件的有效承载面积,且受力时石墨尖端处产生应力集中,大大降低了基体强度的利用率。因此,铸铁的抗拉强度、塑性和韧性比碳钢低。

由于石墨的存在,使铸铁具有了一些碳钢所没有的性能,如良好的耐磨性和减振性、低的缺口敏感性以及优良的切削加工性。此外,铸铁的成分接近共晶成分,因此铸铁的熔点低,约为 1 200 ℃,液态铸铁流动性好;由于石墨结晶时体积膨胀,所以铸造收缩率低,其铸造性能优于钢。

二、铸铁的石墨化及其影响因素

（一）铁碳合金双重相图

碳在铸件中存在的形式有渗碳体(Fe₃C)和游离状态的石墨(G)两种。渗碳体是由铁原子和碳原子所组成的金属化合物,具有较复杂的晶格结构。石墨的晶体结构为简单六方晶格,如图 1 - 38 所示。晶体中碳原子呈层状排列,同一层上的原子间为共价键,原子间距为 14.2 nm,结合力强;层与层之间为分子键,而间距为 34.0 nm,结合力较弱。

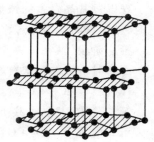

图 1 - 38　石墨的晶体结构

若将渗碳体加热到高温,则可分解为铁素体或奥氏体与石墨,即 $Fe_3C \rightarrow F(A) + G$。这表明石墨是稳定相,而渗碳体仅是介(亚)稳定相。成分相同的铁液在冷却时,冷却速度越慢,析出石墨的可能性越大;冷却速度越快,析出渗碳体的可能性越大。因此,描述铁碳合金结晶过程的相图应有两个,即前述的 $Fe - Fe_3C$ 相图(说明了介稳相 Fe_3C 的析出规律)和 $Fe - G$ 相图(说明了稳定相石墨的析出规律)。为了便于比较和应用,习惯上把这两个相图合画在一起,称为铁碳合金双重相图。

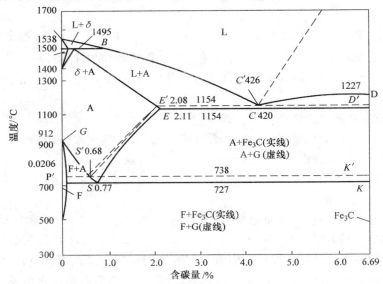

图 1 - 39 铁碳合金双重相图

(二)石墨化过程

1. 石墨化方式

铸铁组织中石墨的形成过程称为石墨化(graphitization)过程。铸铁的石墨化有以下两种方式。

(1)按照 $Fe - G$ 相图,从液态和固态中直接析出石墨。在生产中经常出现的石墨飘浮现象,就证明了石墨可从铁液中直接析出。

(2)按照 $Fe - Fe_3C$ 相图,结晶出渗碳体,随后渗碳体在一定条件下分解出石墨。在生产中,白口铸铁经高温退火后可获得可锻铸铁,就证实了石墨也可由渗碳体分解得到。

2. 石墨化过程

现以过共晶合金的铁液为例,当它以极缓慢的速度冷却,并全部按 $Fe - G$ 相图进行结晶时,则铸铁的石墨化过程可分为三个阶段。

第一阶段(液相 - 共晶阶段):从液体中直接析出石墨,包括过共晶液相沿着液相线 $C'D'$ 冷却时析出的一次石墨 G_I 以及共晶转变时形成的共晶石墨 $G_{共晶}$,其反应式可写成 $L \rightarrow L'_C + G_I$,$L'_C \rightarrow A'_E + G_{共晶}$。

第二阶段(共晶 - 共析阶段):过饱和奥氏体沿着 $E'S'$ 冷却时析出的二次石墨 G_{II},其反应式可写成 $A'_E \rightarrow A'_S + G_{II}$。

第三阶段(共析阶段):在共析转变阶段,由奥氏体转变为铁素体和共析石墨 $G_{共析}$,其反

应式可写成 $A'_S \rightarrow F'_P + G_{共析}$。

（三）影响石墨化的因素

影响铸铁石墨化的主要因素是化学成分和结晶过程中的冷却速度。

1. 化学成分的影响

化学成分的影响主要为碳、硅、锰、硫、磷的影响，具体影响如下。

1）碳和硅

碳和硅是强烈促进石墨化的元素，铸铁中碳和硅的含量越高，便越容易石墨化。这是因为随着含碳量的增加，液态铸铁中石墨晶核数增多，所以促进了石墨化。硅与铁原子的结合力较强，硅溶于铁素体中，不仅会削弱铁、碳原子间的结合力，而且还会使共晶点的含碳量降低、共晶温度提高，这都有利于石墨的析出。

实践表明，铸铁中硅的质量分数每增加 1%，共晶点碳的质量分数相应降低 0.33%。为了综合考虑碳和硅的影响，通常把含硅量折合成相当的含碳量，并把这个碳的总量称为碳当量 w_{CE}，即 $w_{CE} = w_C + 1/3 w_{Si}$。

用碳当量代替 Fe－G 相图横坐标中的含碳量，就可以近似地估算出铸铁在 Fe－G 相图上的实际位置。因此，调整铸铁的含碳量，是控制其组织与性能的基本措施之一。由于共晶成分的铸铁具有最佳的铸造性能，因此在灰铸铁中，一般将其碳当量控制在 4% 左右。

2）锰

锰是阻止石墨化的元素。但锰与硫能形成硫化锰，从而减弱硫的有害作用，结果又间接地起着促进石墨化的作用，因此铸铁中含锰量要适当。

3）硫

硫是强烈阻止石墨化的元素，硫不仅增强铁、碳原子间的结合力，而且形成硫化物后，常以共晶体形式分布在晶界上，阻碍碳原子的扩散。此外，硫还降低铁液的流动性和促使高温铸件开裂。所以，硫是有害元素，铸铁中含硫量越低越好。

4）磷

磷是微弱促进石墨化的元素，同时它能提高铁液的流动性，但形成的 Fe_3P 常以共晶体形式分布在晶界上，增加铸铁的脆性，使铸铁在冷却过程中易开裂，所以一般铸铁中含磷量也应严格控制。

2. 冷却速度的影响

在实际生产中，往往存在同一铸件厚壁处为灰铸铁，而薄壁处却出现白口铸铁的情况。这种情况说明，在化学成分相同的情况下，铸铁结晶时，厚壁处由于冷却速度慢，有利于石墨化过程的进行，薄壁处由于冷却速度快，不利于石墨化过程的进行。

冷却速度对石墨化程度的影响，可用铁碳合金双重相图进行解释：由于 Fe－G 相图较 Fe－Fe_3C 相图更为稳定，因此成分相同的铁液在冷却时，冷却速度越缓慢，即过冷度较小时，越有利于按 Fe－G 相图结晶，析出稳定相石墨的可能性就越大；相反，冷却速度越快，即过冷度增大时，越有利于按 Fe－Fe_3C 相图结晶，析出介稳定相渗碳体的可能性就越大。

根据上述影响石墨化的因素可知，当铁液的碳当量较高，结晶过程中的冷却速度较慢时，易于形成灰铸铁；相反，则易形成白口铸铁。生产中铸铁冷却速度可由铸件的壁厚来调整。图 1－40 综合了铸铁化学成分和冷却速度对铸铁组织的影响，可见碳硅含量增加、壁厚增加，易得到灰口组织，石墨化越完全；反之，碳硅含量减少、壁厚越小，越易得到白口组织，石墨化过程越不易进行。

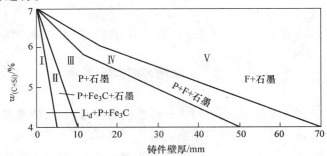

图 1-40　铸件壁厚(冷速)和化学成分对铸件组织的影响

三、铸铁的分类

(一)按石墨化程度分类

根据铸铁在结晶过程中石墨化过程进行的程度可分为以下三类。

1. 白口铸铁

它是第一、二、三阶段石墨化过程全部被抑制,而完全按照 Fe-Fe$_3$C 相图进行结晶而得到的铸铁,其中的碳几乎全部以 Fe$_3$C 形式存在,断口白亮,故称为白口铸铁。此类铸铁组织中存在大量莱氏体,性能硬而脆,切削加工较困难。除少数用来制造不需加工的硬度高、耐磨零件外,主要用作炼钢原料。

2. 灰口铸铁

它是第一、二阶段石墨化过程充分进行而得到的铸铁,其中碳主要以石墨形式存在,断口呈暗灰色,故称灰口铸铁,是工业上应用最多、最广的铸铁。

3. 麻口铸铁

它是第一阶段石墨化过程部分进行而得到的铸铁,其中一部分碳以石墨形式存在,另一部分以 Fe$_3$C 形式存在,其组织介于白口铸铁和灰口铸铁之间,断口呈黑白相间构成麻点,故称为麻口铸铁。该铸铁性能硬而脆、切削加工困难,故工业上使用较少。

(二)按灰口铸铁中石墨形态分类

根据灰口铸铁中石墨存在的形态不同,可将铸铁分为以下四种。

1. 灰铸铁

铸铁组织中的石墨呈片状。这类铸铁力学性能较差,但生产工艺简单、价格低廉,故工业上应用最广。

2. 可锻铸铁

铸铁中的石墨呈团絮状。这类铸铁力学性能好于灰铸铁,但生产工艺较复杂、成本高,故只用来制造一些重要的小型铸件。

3. 球墨铸铁

铸铁组织中的石墨呈球状。这类铸铁生产工艺比可锻铸铁简单,且力学性能较好,故得到广泛应用。

4. 蠕墨铸铁

铸铁组织中的石墨呈短小的蠕虫状。蠕墨铸铁的强度和塑性介于灰铸铁和球墨铸铁之间。此外,它的铸造性、耐热疲劳性比球墨铸铁好,因此可用来制造大型复杂的铸件以及在较大温度梯度下工作的铸件。

四、灰铸铁

（一）普通灰铸铁的化学成分与组织

1. 灰铸铁的化学成分

铸铁中碳、硅、锰是调节组织的元素,磷是控制使用的元素,硫是应限制的元素。目前生产中,灰铸铁的化学成分范围一般为 $w_C = 2.5\% \sim 4.0\%$, $w_{Si} = 1.0\% \sim 3.0\%$, $w_{Mn} = 0.5\% \sim 1.3\%$, $w_P \leqslant 0.3\%$, $w_S \leqslant 0.15\%$。

2. 灰铸铁的组织

灰铸铁是第一阶段和第二阶段石墨化过程都能充分进行时形成的铸铁。它的显微组织特征是片状石墨分布在各种基体组织上。由于第三阶段石墨化程度的不同,可以获得三种不同基体组织的灰铸铁,如图1-41所示。

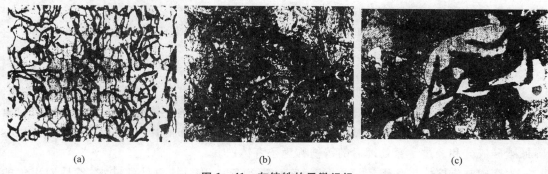

(a)   (b)   (c)

图1-41 灰铸铁的显微组织

(a)铁素体灰铸铁 (b)珠光体灰铸铁 (c)铁素体+珠光体灰铸铁

3. 灰铸铁的性能特点

1）力学性能

灰铸铁的抗拉强度、塑性、韧性和弹性模量远比相应基体的钢低。石墨片的数量越多、尺寸越粗大、分布越不均匀,对基体的割裂作用和应力集中现象越严重,则铸铁的强度、塑性与韧性就越低。

由于灰铸铁的抗压强度、硬度与耐磨性主要取决于基体,石墨的存在对其影响不大,故灰铸铁的抗压强度一般是其抗拉强度的3~4倍。同时,珠光体基体比其他两种基体的灰铸铁具有较高的强度、硬度与耐磨性。

2）其他性能

石墨虽然会降低铸铁的抗拉强度、塑性和韧性,但也正是由于石墨的存在,使铸铁具有一系列其他优良性能。

Ⅰ. 铸造性能良好

由于灰铸铁的碳当量接近共晶成分,故与钢相比,不仅熔点低、流动性好,而且铸铁在凝固过程中要析出比容较大的石墨,部分地补偿了基体的收缩,从而减小了灰铸铁的收缩率,所以灰铸铁能浇注形状复杂与壁薄的铸件。

Ⅱ. 减摩性好

减摩性是指减少对偶件被磨损的性能。灰铸铁中石墨本身具有润滑作用,而且当它从铸铁表面掉落后,所遗留下的孔隙具有吸附和储存润滑油的能力,使摩擦面上的油膜易于保持而具有良好的减摩性。所以,承受摩擦的机床导轨、气缸体等零件可用灰铸铁制造。

Ⅲ．减振性强

铸铁在受振动时,石墨能阻止振动的传播,起缓冲作用,并把振动能量转变为热能,灰铸铁减振能力约比钢大 10 倍,故常用于制造承受压力和振动的机床底座、机架、机床床身和箱体等构件。

Ⅳ．切削加工性良好

由于石墨割裂了基体的连续性,使铸铁切削时容易断屑和排屑,且石墨对刀具具有一定润滑作用,故可使刀具磨损减少。

Ⅴ．缺口敏感性小

钢常因表面有缺口(如油孔、键槽、刀痕等)造成应力集中,使力学性能显著降低,故钢的缺口敏感性大。灰铸铁中石墨本身已使金属基体形成了大量缺口,致使外加缺口的作用相对减弱,所以灰铸铁具有小的缺口敏感性。

由于灰铸铁具有以上一系列的优良性能,而且价廉、易于获得,故在目前工业生产中,它仍然是应用最广泛的金属材料之一。

(二)灰铸铁的孕育处理

灰铸铁组织中石墨片比较粗大,因而它的力学性能较低。为了提高灰铸铁的力学性能,生产上常进行孕育处理。孕育处理(inoculation)就是在浇注前往铁液中加入少量孕育剂,改变铁液的结晶条件,从而获得细珠光体基体加上细小均匀分布的片状石墨组织的工艺过程。降低碳硅成分和经过孕育处理后的铸铁称为孕育铸铁。

生产中常先熔炼出含碳(2.7% ~3.3%)、硅(1% ~2%)均较低的铁水,然后向出炉的铁水中加入孕育剂,经过孕育处理后再浇注。常用的孕育剂为含硅75%的硅铁,加入量为铁水重量的 0.25% ~0.6%。

因孕育剂增加了石墨结晶的核心,故经过孕育处理的铸铁石墨细小、均匀,并获得珠光体基体。孕育铸铁的强度、硬度较普通灰铸铁均高,如 $\sigma_b = 250 \sim 400$ MPa,硬度达 170 ~270 HBS。孕育铸铁的石墨仍为片状,塑性和韧性仍然很低,其本质仍属灰铸铁。

(三)灰铸铁的牌号和应用

1．灰铸铁的牌号

灰铸铁的牌号以其力学性能来表示。灰铸铁的牌号以"HT"起首,其后以三位数字来表示,其中"HT"表示灰铸铁,数字为其最低抗拉强度值。灰铸铁共分为 HT100、HT150、HT200、HT250、HT300、HT350 六个牌号。其中,HT100 为铁素体灰铸铁,HT150 为珠光体－铁素体灰铸铁,HT200 和 HT250 为珠光体灰铸铁,HT300 和 HT350 为孕育铸铁。

2．灰铸铁的应用

选择铸铁牌号时必须考虑铸件的壁厚和相应的强度值。例如,某铸件的壁厚为 40 mm,要求抗拉强度值为 200 MPa,此时应选 HT250,而不是 HT200。

(四)灰铸铁的热处理

1．消除内应力的退火

铸件在铸造冷却过程中容易产生内应力,可能导致铸件变形和裂纹,为保证尺寸的稳定,防止变形开裂,对一些大型复杂的铸件,如机床床身、柴油机气缸体等,往往需要进行消除内应力的退火处理(又称人工时效)。工艺规范一般为加热温度 500~600 ℃,加热速度 60~120 ℃/h,经一定时间保温后,炉冷到 150~220 ℃后出炉空冷。

2. 改善切削加工性的退火

灰铸铁的表层及一些薄截面处,由于冷却速度较快,可能产生白口、硬度增加、切削加工困难,故需要进行退火降低硬度,其工艺规程是将铸件加热至 850~900 ℃,保温 2~5 h,使渗碳体分解为石墨,而后随炉缓慢冷却至 400~500 ℃,再空冷。若需要提高铸件的耐磨性,采用空冷可得到以珠光体为主要基体的灰铸铁。

3. 表面淬火

表面淬火的目的是提高灰铸铁件的表面硬度和耐磨性。其方法除感应加热表面淬火外,还可以采用接触电阻加热表面淬火。

图 1-42 所示为机床导轨进行接触电阻加热表面淬火的示意图。其原理是用一个电极(紫铜滚轮)与欲淬硬的工件表面紧密接触,通以低压(2~5 V)、大电流(400~750 A)的交流电,利用电极与工件接触处的电阻热将工件表面迅速加热到淬火温度,操作时将电极以一定的速度移动,于是被加热的表面依靠工件本身的导热而迅速冷却下来,从而达到表面淬火的目的。

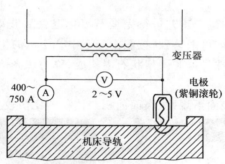

图 1-42　接触电阻加热表面淬火示意图

接触电阻加热表面淬火层的深度可达 0.20~0.30 mm,组织为极细的马氏体(或隐针马氏体)+片状石墨,硬度达 59~61 HRC,可使导轨的寿命提高 1.5 倍以上。这种表面淬火方法设备简单、操作方便,且工件变形很小。为了保证工件淬火后获得高而均匀的表面硬度,铸铁原始组织应是珠光体基体上分布细小均匀的石墨。

五、可锻铸铁

(一)可锻铸铁的生产方法

第一步,浇注出白口铸件坯件。为了获得纯白口铸件,必须采用碳和硅的含量均较低的铁水。为了后面缩短退火周期,也需要进行孕育处理,常用孕育剂为硼、铝和铋。

第二步,石墨化退火。其工艺是将白口铸件加热至 900~980 ℃并保温约 15 h,使其组织中的渗碳体发生分解,得到奥氏体和团絮状的石墨组织;在随后缓冷过程中,从奥氏体中析出二次石墨,并沿着团絮状石墨的表面长大;当冷却至 720~750 ℃共析温度时,奥氏体发生转变生成铁素体和石墨,最终得到铁素体可锻铸铁。其退火工艺曲线如图 1-43 中①所示,如果在共析转变过程中冷却速度较快,如图 1-43 中的曲线②所示,最终将得到珠光体可锻铸铁。

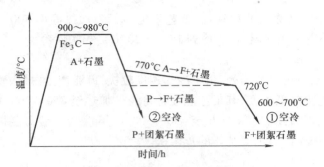

图 1 - 43 可锻铸铁的石墨化退火工艺曲线

(二)可锻铸铁的成分、组织与性能特点

1. 可锻铸铁的成分

目前生产中,可锻铸铁的含碳量 $w_C = 2.2\% \sim 2.6\%$,含硅量 $w_{Si} = 1.1\% \sim 1.6\%$,含锰量 w_{Mn} 可在 $0.42\% \sim 1.2\%$ 范围内选择,含硫与含磷量应尽可能降低,一般要求 $w_P < 0.1\%$、$w_S < 0.2\%$。

2. 可锻铸铁的组织

按图 1 - 43 中①所示的生产工艺进行完全石墨化退火后获得的铸铁,由铁素体和团絮状石墨构成,称为铁素体基体可锻铸铁;按图 1 - 43 中②所示的生产工艺只进行第一阶段石墨化退火后获得的铸铁,由珠光体和团絮状石墨构成,称为珠光体基体可锻铸铁,如图1 - 44所示。

团絮状石墨的特征是表面不规则、表面面积与体积的比值较大。

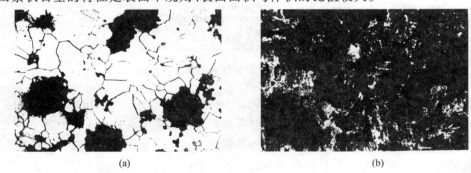

(a)   (b)

图 1 - 44 可锻铸铁的显微组织

(a)铁素体可锻铸铁 (b)珠光体可锻铸铁

3. 可锻铸铁的性能特点

可锻铸铁的力学性能优于灰铸铁,并接近于同类基体的球墨铸铁,但与球墨铸铁相比,具有铁水处理简易、质量稳定、废品率低等优点。因此,生产中常用可锻铸铁制作一些截面较薄而形状较复杂、工作时受振动而对强度和韧性要求较高的零件,因为这些零件如用灰铸铁制造,则不能满足力学性能要求,如用球墨铸铁铸造,易形成白口,如用铸钢制造,则因铸造性能较差,质量不易保证。

(三)可锻铸铁的牌号与应用

可锻铸铁牌号中"KT"是"可铁"两字汉语拼音的第一个字母,其后面的"H"表示黑心可锻铸铁,"Z"表示珠光体可锻铸铁,符号后面的两组数字分别表示其最小的抗拉强度值(MPa)和伸长率值(%)。

可锻铸铁的强度和韧性均较灰铸铁高,并具有良好的塑性与韧性,常用作汽车与拖拉机的后桥外壳、机床扳手、低压阀门、管接头、农具等承受冲击、振动和扭转载荷的零件;珠光体可锻铸铁塑性和韧性不及黑心可锻铸铁,但其强度、硬度和耐磨性高,常用作曲轴、连杆、齿轮、摇臂、凸轮轴等强度与耐磨性要求较高的零件。

六、球墨铸铁

(一)球墨铸铁的生产方法

1. 制取铁水

制造球墨铸铁所用的铁水含碳量要高(3.6% ~ 3.9%),但硫、磷含量要低。为防止浇注温度过低,出炉的铁水温度必须高达 1 400 ℃以上。

2. 球化处理和孕育处理

球化处理和孕育处理是制造球墨铸铁的关键,必须严格操作。

球化剂的作用是使石墨呈球状析出,国外使用的球化剂主要是金属镁,我国广泛采用的球化剂是稀土镁合金。稀土镁合金中的镁和稀土都是球化元素,其含量均小于10%,其余为硅和铁。以稀土镁合金作球化剂,结合了我国的资源特点,其作用平稳,减少了镁的用量,还能改善球墨铸铁的质量。球化剂的加入量一般为铁水重量的1.0% ~ 1.6%(视铸铁的化学成分和铸件大小而定)。一般采用冲入法球化处理,如图 1 - 45 所示。

图 1 - 45 冲入法球化处理

孕育剂的主要作用是促进石墨化,防止球化元素所造成的白口倾向。常用的孕育剂为含硅 75% 的硅铁,加入量为铁水重量的 0.4% ~ 1.0%。

3. 铸型工艺

球墨铸铁较灰铸铁容易产生缩孔、缩松、皮下气孔和夹渣等缺陷,因此在工艺上要采取防范措施。

4. 热处理

由于铸态的球墨铸铁多为珠光体和铁素体的混合基体,有时还存有自由渗碳体,形状复杂件还存有残余内应力。因此,多数球铁件铸后要进行热处理,以保证应有的力学性能。常用的热处理是退火和正火,退火可获得铁素体基体,正火可获得珠光体基体。

(二)球墨铸铁的成分、组织与性能特点

1. 球墨铸铁的成分

球墨铸铁的化学成分与灰铸铁相比,其特点是含碳与含硅量高,含锰量较低,含硫与含磷量低,并含有一定量的稀土与镁。

由于球化剂镁和稀土元素都起阻止石墨化的作用,并使共晶点右移,所以球墨铸铁的碳当量较高。一般 $w_C = 3.6\%$ ~ 3.9% ,$w_{Si} = 2.2\%$ ~ 2.7%。

2. 球墨铸铁的组织

球墨铸铁的显微组织由球形石墨和金属基体两部分组成。随着成分和冷速的不同,球墨铸铁在铸态下的金属基体可分为铁素体、铁素体 + 珠光体、珠光体三种,如图 1 - 46 所示。

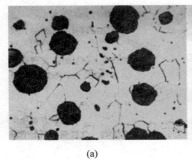 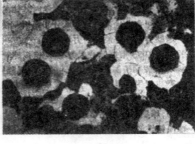 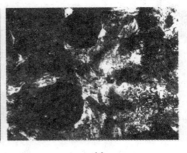

(a)   (b)   (c)

图 1-46　球墨铸铁的显微组织

(a)铁素体球墨铸铁　(b)铁素体+珠光体球墨铸铁　(c)珠光体球墨铸铁

3. 球墨铸铁的性能特点

1）力学性能

球墨铸铁的抗拉强度、塑性、韧性不仅高于其他铸铁，而且可与相应组织的铸钢相媲美，对于承受静载荷的零件，用球墨铸铁代替铸钢，可以减轻机器重量。但球墨铸铁的塑性与韧性却低于钢。球墨铸铁中的石墨球越小、越分散，球墨铸铁的强度、塑性与韧性越好，反之则越差。

球墨铸铁的力学性能还与其基体组织有关。铁素体基体具有高的塑性和韧性，但强度与硬度较低，耐磨性较差。珠光体基体强度较高，耐磨性较好，但塑性、韧性较低。铁素体+珠光体基体的性能介于前两种基体之间。经热处理后，具有回火马氏体基体的硬度最高，但韧性很低；下贝氏体基体则具有良好的综合力学性能。

2）其他性能

由于球墨铸铁有球状石墨存在，使它具有近似于灰铸铁的某些优良性能，如铸造性能、减摩性、切削加工性等。但球墨铸铁的过冷倾向大，易产生白口现象，而且铸件也容易产生缩松等缺陷，因而球墨铸铁的熔炼工艺和铸铁工艺都比灰铸铁要求高。

（三）球墨铸铁的牌号与应用

球墨铸铁牌号的表示是由"QT"符号及其后面的两组数字组成。"QT"为球铁二字的汉语拼音第一个字母，第一组数字代表最低抗拉强度值，第二组数字代表最低伸长率值。

球墨铸铁通过热处理可获得不同的基体组织，其性能可在较大范围内变化，加上球墨铸铁的生产周期短、成本低（接近于灰铸铁），因此球墨铸铁在机械制造业中得到了广泛的应用。它成功地代替了不少碳钢、合金钢和可锻铸铁，用来制造一些受力复杂，强度、韧性和耐磨性要求高的零件。如具有高强度与耐磨性的珠光体球墨铸铁，常用来制造拖拉机或柴油机中的曲轴、连杆、凸轮轴，各种齿轮、机床的主轴、蜗杆、蜗轮以及轧钢机的轧辊、大齿轮，大型水压机的工作缸、缸套、活塞等。具有高的韧性和塑性的铁素体球墨铸铁，常用来制造受压阀门、机器底座、汽车的后桥壳等。

（四）球墨铸铁的热处理

球墨铸铁常用的热处理方法有退火、正火、等温淬火、调质处理等。

1. 退火

1）去应力退火

球墨铸铁的弹性模量以及凝固时收缩率比灰铸铁高，故铸造内应力比灰铸铁约大两倍。

对于不再进行其他热处理的球墨铸铁铸件,都应进行去应力退火。

去应力退火工艺是将铸件缓慢加热到 500 ~ 620 ℃,保温 2 ~ 8 h,然后随炉缓冷。

2)石墨化退火

石墨化退火的目的是消除白口、降低硬度、改善切削加工性能以及获得铁素体球墨铸铁。根据铸态基体组织不同,分为高温石墨化退火和低温石墨化退火两种。

Ⅰ. 高温石墨化退火

为了获得铁素体球墨铸铁,需要进行高温石墨化退火,即将铸件加热到共析温度以上,即 900 ~ 950 ℃,保温 2 ~ 4 h,使自由渗碳体石墨化,然后随炉缓冷至 600 ℃,使铸件发生第二和第三阶段石墨化,再出炉空冷,如图 1 - 47 所示。

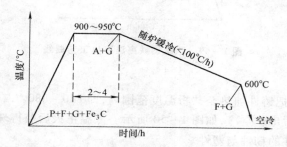

图 1 - 47　球墨铸铁高温石墨化退火工艺曲线

Ⅱ. 低温石墨化退火

当铸态基体组织为珠光体 + 铁素体,而无自由渗碳体存在时,为了获得塑性、韧性较高的铁素体球墨铸铁,可进行低温石墨化退火。

低温退火工艺是把铸件加热至共析温度范围附近,即 700 ~ 760 ℃,保温 2 ~ 8 h,使铸件发生第二阶段石墨化,然后随炉缓冷至 600 ℃,再出炉空冷,如图 1 - 48 所示。

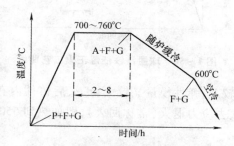

图 1 - 48　球墨铸铁低温石墨化退火工艺曲线

2. 正火

球墨铸铁正火的目的是为了获得珠光体组织,并使晶粒细化、组织均匀,从而提高零件的强度、硬度和耐磨性,并可作为表面淬火的预先热处理。正火可分为高温正火和低温正火两种。

1)高温正火

高温正火工艺是把铸件加热至共析温度范围以上,一般为 900 ~ 950 ℃,保温 1 ~ 3 h,使基体组织全部奥氏体化,然后出炉空冷,使其在共析温度范围内,由于快冷而获得珠光体基体,如图1-49所示。对含硅量高的厚壁铸件,则应采用风冷或者喷雾冷却,以确保正火后能获得珠光体球墨铸铁。

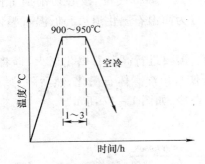

图1-49　球墨铸铁高温正火工艺曲线

2)低温正火

低温正火工艺是把铸件加热至共析温度范围内,即840~880 ℃,保温1~4 h,使基体组织部分奥氏体化,然后出炉空冷,如图1-50所示。低温正火后获得珠光体+分散铁素体球墨铸铁,可以提高铸件的韧性与塑性。

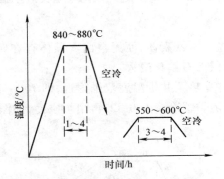

图1-50　球墨铸铁低温正火工艺曲线

由于球墨铸铁导热性较差,弹性模量又较大,正火后铸件内有较大的内应力,因此多数工厂在正火后,还进行一次去应力退火(常称回火),即加热到550~600 ℃,保温3~4 h,然后出炉空冷。

3. 等温淬火

球墨铸铁等温淬火工艺是把铸件加热至860~900 ℃,保温一定时间(约比钢长一倍),然后迅速放入温度为250~300 ℃的等温盐浴中进行0.5~1.5 h的等温处理,然后取出空冷。

等温淬火后的组织为下贝氏体+少量残余奥氏体+少量马氏体+球状石墨。

4. 调质处理

调质处理的淬火加热温度和保温时间,基本上与等温淬火相同,即加热温度为860~900 ℃,保温2~4 h。除形状简单的铸件采用水冷外,一般都采用油冷。淬火后组织为细片状马氏体和球状石墨,然后再加热到 550~600 ℃回火 2~4 h。

球墨铸铁经调质处理后,获得回火索氏体和球状石墨组织,硬度为 250~380 HBS,具有良好的综合力学性能,故常用调质处理来处理柴油机曲轴、连杆等重要零件。

球墨铸铁除能进行上述各种热处理外,为了提高球墨铸铁零件表面的硬度、耐磨性、耐蚀性及疲劳极限,还可以进行表面热处理,如表面淬火、渗氮等。

七、特殊性能铸铁

(一)耐磨铸铁

有些零件,如机床的导轨、托板,发动机的缸套,球磨机的衬板、磨球等,要求更高的耐磨性,一般铸铁满足不了工作条件要求,应当选用耐磨铸铁。耐磨铸铁根据组织不同可分为下面几类。

1. 耐磨灰铸铁

耐磨灰铸铁可用于在润滑条件下工作的耐磨铸铁。可在灰铸铁中加入少量合金元素(如磷、钒、钼、锑、稀土等),可以增加金属基体中珠光体数量,且使珠光体细化,同时也细化了石墨。由于铸铁的强度和硬度升高,显微组织得到改善,使得这种灰铸铁(如磷铜钛铸铁、磷钒钛铸铁、铬钼铜铸铁、稀土磷铸铁、锑铸铁等)具有良好的润滑性和抗咬合、抗擦伤的能力。耐磨灰铸铁广泛应用于制造机床导轨、气缸套、活塞环、凸轮轴等零件。

2. 抗磨白口铸铁

抗磨白口铸铁可用于在润滑条件下工作的耐磨铸铁。通过控制化学成分和增加铸件冷却速度,可以使铸件获得没有游离石墨存在,而只有珠光体、渗碳体和碳化物组成的组织。这种白口组织具有高硬度和高耐磨性。如果加入合金元素,例如铬、钼、钒等,可以促使白口化。含铬大于 12% 的高铬白口铸铁,经热处理后,基体为高强度的马氏体,另外还有高硬度的碳化物,故具有很好的抗磨料磨损性能。抗磨白口铸铁广泛应用于制造犁铧、泵体以及各种磨煤机、矿石破碎机、水泥磨机、抛丸机的衬板、磨球、叶片等零件。

3. 冷硬铸铁(激冷铸铁)

对于如冶金轧辊、发动机凸轮轴、气门摇臂及挺杆等零件,要求表面应具有高硬度和耐磨性,芯部具有一定的韧性。这些零件可以采用冷硬铸铁制造,冷硬铸铁实质上是一种加入少量硼、铬、钼、碲等元素的低合金铸铁经表面激冷处理获得的。

4. 中锰抗磨球墨铸铁

中锰抗磨球墨铸铁是一种含锰量为 4.5%~9.5% 的抗磨合金铸铁。当含锰量在 5%~7% 时,基体部分主要为马氏体;当含锰量增加到 7%~9% 时,基体部分主要为奥氏体。另外,组织中还存在有复合型的碳化物,如 $(Fe,Mn)_3C$。马氏体和碳化物具有高的硬度,是一种良好的抗磨组织。奥氏体具有加工硬化现象,使铸件表面硬度升高,提高耐磨性,而其芯部仍具有一定韧性,所以中锰抗磨球墨铸铁具有较高的力学性能、良好的抗冲击性和抗磨性。中锰抗磨球墨铸铁可用于制造磨球、煤粉机锤头、耙片、机引犁铧、拖拉机履带板等。

(二)耐热铸铁

普通灰铸铁的耐热性较差,只能在低于 400 ℃ 的温度下工作。研究表明,铸铁在高温下的损坏形式,主要是在反复加热、冷却过程中,发生相变和内氧化引起铸铁的"热生长"(体积膨胀)和微裂纹的形成。提高铸铁耐热性的途径可以采取下面几方面的措施。

1. 合金化

在铸铁中加入硅、铝、铬等合金元素进行合金化,可使铸铁表面形成一层致密的、稳定性高的氧化膜,如 SiO_2、Al_2O_3、Cr_2O_3,阻止氧化气氛渗入铸铁内部产生内部氧化,从而抑制铸铁的生长。

2. 球化处理或调质处理

经过球化处理或调质处理,使石墨转变成球状和蠕虫状,提高铸铁金属基体的连续性,减少氧化气氛渗入铸铁内部的可能性,从而有利于防止铸铁内部氧化和生长。

3. 加入合金元素

使基体为单一的铁素体或奥氏体,这样使其在工作范围内不发生相变,从而减少因相变而引起的铸铁生长和微裂纹。

常用耐热铸铁有中硅耐热铸铁(RTSi5.5)、中硅球墨铸铁(RQTSi5.5)、高铝耐热铸铁(RTAl22)、高铝球墨铸铁(RQTAl22)、低铬耐热铸铁(RTCr1.5)和高铬耐热铸铁(RTCr28)等。

(三)耐蚀铸铁

耐蚀铸铁不仅具有一定的力学性能,而且在腐蚀性介质中工作时具有抗蚀的能力,广泛应用于化工部门,用来制造管道、阀门、泵类、反应锅及盛贮器等。

耐蚀铸铁的化学和电化学腐蚀原理以及提高耐蚀性的途径基本上与不锈耐酸钢相同。即铸件表面形成牢固、致密而又完整的保护膜,阻止腐蚀继续进行,提高铸铁基体的电极电位。铸铁组织最好在单相组织的基体上分布彼此孤立的球状石墨,并控制石墨量。

目前生产中,主要通过加入硅、铝、铬、镍、铜等合金元素来提高铸铁的耐蚀性。耐蚀铸铁用"蚀铁"两字汉语拼音的第一个字母"ST"表示,后面为合金元素及其含量。GB/T 8491—2009 中规定的耐蚀铸铁牌号较多,其中应用最广泛的是高硅耐蚀铸铁(STSi15),它的含碳量 $w_C < 1.4\%$、含硅量 $w_{Si} = 10\% \sim 18\%$,组织为含硅合金铁素体 + 石墨 + Fe_3Si(或 FeSi)。这种铸铁在含氧酸类(如硝酸、硫酸)中的耐蚀性不亚于 1Cr18Ni9 钢,而在碱性介质和盐酸、氢氟酸中,由于铸铁表面的 Fe_2SO_4 保护膜受到破坏,使耐蚀性下降。目前使用的耐蚀铸铁还有高硅钼铸铁(STSi15Mo4)、铝铸铁(STAl5)、铬铸铁(STCr28)、抗碱球铁(STQNiCrR)等。

任务五　铸　　造

铸造是金属液态成型的一种方法,它能铸造各种尺寸、形状复杂的毛坯或零件。铸造具有适应性广、成本低廉的优点,是机械零件毛坯或零件成品热加工的一种重要工艺方法。

制造与零件形状相适应的铸型,将熔融金属浇入铸型中,待其冷却凝固后获得所需毛坯或零件的方法,称为铸造。用铸造方法制造的毛坯或零件称为铸件。

铸造的实质就是材料的液态成型。由于液态金属易流动,所以各种金属材料都能用铸造的方法制成具有一定尺寸和形状的铸件,并使其形状和尺寸尽量与零件接近,以节省金属、减少加工余量、降低成本。因此,铸造在机械制造工业中占有重要地位,据统计在一般的机械设备中,铸件占机器总重量的 45% ~ 90%,而铸件成本仅占机器总成本的 20% ~ 25%。但是,液态金属在冷却凝固过程中,形成的晶粒较粗大,容易产生气孔、缩孔和裂纹等缺陷。

所以,铸件的力学性能不如相同材料的锻件好,而且存在生产工序多、铸件质量不稳定、废品率高、工作条件差、劳动强度较高等问题。随着生产技术不断发展,铸件的性能和质量正在进一步提高,劳动条件正在逐步改善。当前铸造技术发展的趋势是在加强铸造基础理论研究的同时,发展新的铸造工艺,研制新的铸造设备,在稳定提高铸件质量和精度、减小表面粗糙度的前提下发展专业化生产,积极实现铸造生产过程的机械化、自动化,减少公害,节约能源,降低成本,使铸造技术进一步成为可与其他成型工艺相竞争的少余量、无余量成型工艺。

一、合金的铸造性能

铸造过程中,铸件的质量与合金的铸造性能密切相关。所谓合金的铸造性能,是指在铸造生产过程中,合金铸造成型的难易程度,容易获得外形正确、内部健全的铸件,其铸造性能就好。应该指出合金的铸造性能是一个复杂的综合性能,通常用充型能力、收缩性等来衡量。影响铸造性能的因素很多,除合金元素的化学成分外,还有工艺因素等。因此,掌握合金的铸造性能,采取合理的工艺措施,可以防止铸造缺陷、提高铸件质量。

(一)合金的充型能力

熔融金属充满型腔,形成轮廓清晰、形状完整的铸件的能力叫做液态合金的充型能力。影响液态合金的充型能力的因素有两个:一是合金的流动性,二是外界条件。

1. 合金的流动性

铸造合金流动性的好坏,通常以螺旋形流动性试样的长度来衡量。将金属液浇入图1－51所示的螺旋形试样的铸型中,在相同的铸型及浇注条件下,得到的螺旋形试样越长,表示该合金的流动性越好。不同种类合金的流动性差别较大。如表1－6所示,铸铁和硅黄铜的流动性最好,铝硅合金次之,铸钢最差。在铸铁中,流动性随碳、硅含量的增加而提高;同类合金的结晶温度范围越小,结晶时固液两相区越窄,对内部液体的流动阻力越小,合金的流动性越好。

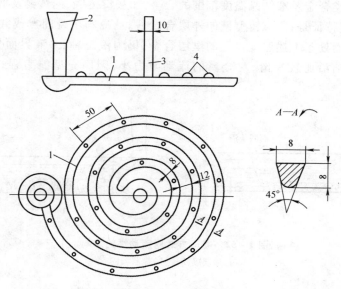

图1－51　螺旋形流动性试样铸型示意图
1—试样;2—浇口杯;3—冒口;4—试样凸点

表 1 - 6　常用合金的流动性比较

合金	造型材料	浇注温度/℃	螺旋形试样长度/mm
铸铁（$w_{C+Si}=6.2\%$）		1 300	1 800
（$w_{C+Si}=5.9\%$）	砂型	1 300	1 300
（$w_{C+Si}=5.2\%$）		1 300	1 000
（$w_{C+Si}=4.2\%$）		1 300	600
铸钢（$w_C=0.4\%$）	砂型	1 600	100
		1 640	200
铝硅合金	金属型（300 ℃）	690 ~ 720	100 ~ 800
镁合金（Mg - Al - Zn）	砂型	700	400 ~ 600
锡青铜（$w_{Sn}=9\%~11\%$）		1 040	420
（$w_{Zn}=2\%~4\%$）	砂型		
硅黄铜（$w_{Si}=1.5\%~4.5\%$）		1 100	1 000

　　流动性好的合金，充型能力强，易得到形状完整、轮廓清晰、尺寸准确、薄而复杂的铸件；反之，铸件容易产生浇不足、冷隔等铸造缺陷。流动性好，还有利于金属液中的气体、非金属夹杂物的上浮与排除，有利于补充铸件凝固过程中的收缩。流动性不好，则铸件容易产生气孔、夹渣以及缩孔、缩松等铸造缺陷。

　　铸件的凝固方式对合金的流动性也有影响，除纯金属和共晶成分合金外，一般合金在凝固过程中都要经过固相区、凝固（固 - 液两相）区和液相区这三个区域。根据凝固区宽度的不同，铸件的凝固方式可分为逐层凝固、糊状凝固和中间凝固三种。

　　1）逐层凝固

　　纯金属、共晶类合金及窄结晶温度范围的合金，如灰口铸铁、硅黄铜及低碳钢等，倾向于逐层凝固方式。其特征是：紧靠铸型壁的外层合金，一旦冷却至凝固点或共晶点温度时，即凝固成固态晶体；而处于上述温度以上的里层合金，仍为液态，固 - 液界面分明、平滑，不存在固液交错，凝固前沿比较平滑，对金属的流动阻力小，因而充型能力强，如图 1 - 52（a）所示。

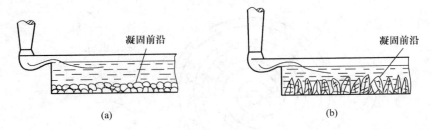

图 1 - 52　凝固方式对流动性的影响

（a）逐层凝固　（b）糊状凝固

　　2）糊状凝固

　　结晶温度范围大的合金，如锡青铜、球墨铸铁及高碳钢等，倾向于糊状凝固方式。这些合金一旦冷却至液相线温度时，结晶出的第一批晶粒即被周围剩余的液体合金所包围，温度继续下降,新形成的另一批晶粒又被液体合金包围,枝晶与液体合金互相交错充斥整个断面,固液交错,这种凝固方式犹如水泥凝固,先呈糊状而后固化,凝固前沿粗糙,对金属流动的阻力大,因而充型能力差,容易产生铸造缺陷,如图1-52(b)所示。

3)中间凝固

中碳钢、白口铸铁以及部分特种黄铜等,倾向于中间凝固方式。它介于逐层凝固和糊状凝固之间。

所以,从流动性考虑,宜选用共晶成分或窄结晶温度范围的合金作为铸造合金。除此之外,合金液的黏度、结晶潜热、导热系数等物理性能对合金的流动性都有影响。

2. 外界条件

影响充型能力的外界因素有铸型条件、浇注条件和铸件结构等。这些因素主要是通过影响金属与铸型之间的热交换条件,从而改变金属液的流动时间,或是影响金属液在铸型中的动力学条件,从而改变金属液的流动速度来影响合金充型能力的。如果能够使金属液的流动时间延长,或加快流动速度,就可以改善金属液的充型能力。

1)铸型条件

铸型的导热速度越大或对金属液流动阻力越大,合金的充型能力越差。例如,液态合金在金属型中的充型能力比在砂型中差。型砂中水分过多,排气不好,浇注时产生大量气体,会增加充型的阻力,使合金的充型能力变差。

2)浇注条件

在一定范围内,提高浇注温度,可使液态合金黏度下降、流速加快,还能使铸型温度升高、金属散热速度变慢,从而大大提高金属液的充型能力。但如果浇注温度过高,容易产生粘砂、缩孔、气孔、粗晶等缺陷。因此,在保证金属液具有足够充型能力的前提下应尽量降低浇注温度,例如铸钢的浇注温度范围为1 520~1 620 ℃,铸铁的浇注温度范围为1 230~1 450 ℃,铝合金的浇注温度范围为680~780 ℃,薄壁复杂件取上限,厚大件取下限。提高金属液的充型压力和浇注速度可使充型能力增加(如增加直浇口的高度),也可以用人工加压方法(压力铸造、真空吸铸及离心铸造等)。此外,浇注系统结构越复杂,流动阻力越大,充型能力越低。

3)铸件结构

当铸件壁厚过小、壁厚急剧变化、结构复杂以及有大的水平面等结构时,都使金属液的流动困难。因此,设计铸件时,铸件的壁厚必须大于最小允许壁厚值(见表1-7)。有的铸件还需设计流动通道。

表1-7　不同金属和不同铸造方法铸造的铸件最小壁厚　　　　　　　　(mm)

合金种类	砂型	金属型	熔模	压铸
灰铸铁	3	>4	0.4~0.8	—
铸钢	4	8~10	0.5~1	—
铝合金	5	3~4	—	0.6~0.8

(二)合金的收缩性

铸件在冷却过程中,其体积和尺寸缩小的现象叫做收缩。合金的收缩量通常用体收缩率和线收缩率来表示。金属从液态到常温的体积改变量称为体收缩,金属在固态由高温到常温的线性尺寸改变量称为线收缩。铸件的收缩与合金成分、温度、收缩系数和相变体积改变等因素有关,除此之外,还与结晶特性、铸件结构以及铸造工艺等有关。

1. 收缩三阶段

铸造合金收缩要经历三个相互联系的收缩阶段,即液态收缩、凝固收缩和固态收缩。

(1)液态收缩是指合金从浇注温度冷却到凝固开始温度之间的体积收缩,此时的收缩表现为型腔内液面的降低。合金的过热度越大,则液态收缩也越大。

(2)凝固收缩是指合金从凝固开始温度冷却到凝固终止温度之间的体积收缩。在一般情况下,这个阶段仍表现为型腔内液面的降低。

(3)固态收缩是指合金从凝固终止温度冷却到室温之间的体积收缩。它表现为三个方向线尺寸的缩小,即三个方向的线收缩。

金属的总体收缩为上述三个阶段收缩之和。液态收缩和凝固收缩(这两个过程称为体收缩)是铸件产生缩孔和缩松的主要原因,固态收缩是铸件产生内应力、变形和裂纹等缺陷的主要原因。

2. 影响收缩的因素

合金总的收缩为液态收缩、凝固收缩和固态收缩三个阶段收缩之和,它和金属本身的化学成分、浇注温度以及铸型条件和铸件结构等因素有关。

1)化学成分

不同成分合金的收缩率不同,如碳素钢随含碳量的增加,凝固收缩率增加,而固态收缩率略减。灰铸铁中,碳、硅含量越高,硫含量越低,收缩率越小。表1-8列出了几种铁碳合金的收缩率。

表1-8　几种铁碳合金的收缩率

合金种类	含碳量 w_C /%	浇注温度 /℃	液态收缩率 /%	凝固收缩率 /%	固态收缩率 /%	总体收缩率 /%
碳素铸钢	0.25	1 610	1.6	3.0	7.86	12.46
白口铸铁	3.00	1 400	2.4	4.2	5.4 ~ 6.3	12 ~ 12.9
灰铸铁	3.50	1 400	3.5	0.1	3.3 ~ 4.2	6.9 ~ 7.8

2)浇注温度

浇注温度主要影响液态收缩。浇注温度升高,使液态收缩率增加,则总收缩量相应增大。为减小合金液态收缩及氧化吸气,并且兼顾流动性,浇注温度一般控制在高于液相线温度50 ~ 150 ℃。

3)铸件结构与铸型条件

铸件的收缩并非自由收缩,而是受阻收缩。其阻力来源于两个方面:一是由于铸件壁厚不均匀,各部分冷速不同,收缩先后不一致,而相互制约,产生阻力;二是铸型和型芯对收缩的机械阻力。铸件收缩时受阻越大,实际收缩率就越小。因此,在设计和制造模样时,应根据合金种类和铸件的受阻情况,采用合适的收缩率。

3. 收缩对铸件质量的影响

1)缩孔与缩松

如果铸件的液态收缩和凝固收缩得不到合金液体的补充,在铸件最后凝固的某些部位会出现孔洞,大而集中的孔洞称为缩孔,细小而分散的孔洞称为缩松。

缩孔产生的基本原因是合金的液态收缩和凝固收缩值远大于固态收缩值。缩孔形成的条件是金属在恒温或很小的温度范围内结晶,如纯金属、共晶成分的合金,铸件壁是以逐层凝固方式进行凝固。图1－53所示为缩孔形成过程示意图。液态合金注满铸型型腔后,开始冷却阶段,液态收缩可以从浇注系统得到补偿,如图1－53(a)所示;随后,由于型壁的传热,使得与型壁接触的合金液温度降至其凝固点以下,铸件表层凝固成一层细晶薄壳,并将内浇口堵塞,使尚未凝固的合金被封闭在薄壳内,如图1－53(b)所示;温度继续下降,薄壳产生固态收缩,液态合金产生液态收缩和凝固收缩,而且远大于薄壳的固态收缩,致使合金液面下降,并与硬壳顶面分离,形成真空孔洞,在负压及重力作用下,壳顶向内凹陷,如图1－53(c)所示;温度再度下降,上述过程重复进行,凝固的硬壳逐层加厚,孔洞不断加大,直至整个铸件凝固完毕,这样在铸件最后凝固的部位形成一个倒锥形的大孔洞,如图1－53(d)所示;铸件冷至室温后,由于固态收缩,使缩孔的体积略有减小,如图1－53(e)所示。通常缩孔产生的部位一般在铸件最后凝固区域,如壁的上部或中心处以及铸件两壁相交处即热节处。若在铸件顶部设置冒口,缩孔将移至冒口,如图1－53(f)所示。

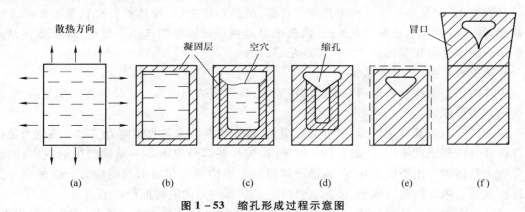

散热方向　　　　　　　凝固层　空穴　　缩孔　　　　　　冒口

(a)　　　　　(b)　　　　　(c)　　　　　(d)　　　　　(e)　　　　　(f)

图1－53　缩孔形成过程示意图

缩松形成的基本原因虽然和形成缩孔的原因相同,但是形成的条件却不同,它主要出现在结晶温度范围宽、呈糊状凝固的合金中。图1－54所示为缩松形成过程示意图。这类合金倾向于糊状凝固或中间凝固方式,凝固区液固交错、枝晶交叉,将尚未凝固的液体合金彼此分隔成许多孤立的封闭液体区域。此时,如同形成缩孔一样,在继续凝固收缩时得不到新的液体合金补充,在枝晶分叉间形成许多小而分散的孔洞,这就是缩松。它分布在整个铸件断面上,一般出现在铸件壁的轴线区域、热节处、冒口根部和内浇口附近,也常分布在集中缩孔的下方。

2)缩孔与缩松的防止

不论是缩孔还是缩松,都使铸件的力学性能、气密性和物理及化学性能大大降低,以致成为废品。所以,缩孔和缩松是极其有害的铸造缺陷,必须设法防止。

为了防止铸件产生缩孔、缩松,在铸件结构设计时,应避免局部金属积聚。工艺上,应针对合金的凝固特点制定合理的铸造工艺,常采取"顺序凝固"措施,可获得没有缩孔的致密铸件。

所谓顺序凝固,就是在铸件上可能出现缩孔的厚大部位通过安放冒口等工艺措施,使铸件上远离冒口的部位先凝固,而后是靠近冒口部位凝固,最后才是冒口本身的凝固。按照这

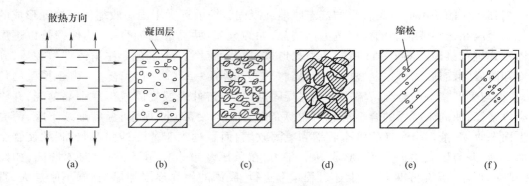

图 1-54 缩松形成过程示意图

样的凝固顺序,先凝固部位的收缩,由后凝固部位的金属液来补充;后凝固部位的收缩,由冒口中的金属液来补充,从而使铸件各个部位的收缩均能得到补充,而将缩孔转移到冒口之中。冒口为铸件的多余部分,在铸件清理时将其去除即可。

必须指出,对于结晶温度范围甚宽的合金,结晶开始之后,发达的树枝状骨架布满了整个截面,使冒口的补缩道路严重受阻,因而难以避免显微缩松的产生。显然,选用近共晶成分或结晶温度范围较窄的合金生产铸件是适宜的。

4.铸造内应力、变形和裂纹

铸件的固态收缩受到阻碍而引起的内应力,称为铸造内应力。它是铸件产生变形、裂纹等缺陷的主要原因。

铸造内应力按其产生原因,可分为热应力、固态相变应力和收缩应力三种。热应力是指铸件各部分冷却速度不同,造成在同一时期内,铸件各部分收缩不一致而产生的应力;固态相变应力是指铸件由于固态相变,各部分体积发生不均衡变化而引起的应力。收缩应力是铸件在固态收缩时因受到铸型、型芯、浇冒口、箱挡等外力的阻碍而产生的应力。

铸造内应力可能是暂时的,当引起应力的原因消除以后,应力随之消失,称为临时应力;也可能是长期存在的,称为残留应力。

减小和消除铸造内应力的方法有:采用同时凝固的原则,通过设置冷铁、布置浇口位置等工艺措施,使铸件各部分在凝固过程中温差尽可能小;提高铸型温度,使整个铸件缓冷,以减小铸型各部分温度差;改善铸型和型芯的退让性,避免铸件在凝固后的冷却过程中受到机械阻碍;进行去应力退火,这是一种消除内应力最彻底的方法。

当铸件中存在内应力时,如内应力超过合金的屈服点,常使铸件产生变形。为防止变形,在铸件设计时,应力求壁厚均匀、形状简单而对称。对于细而长、大而薄等易变形铸件,可将模样制成与铸件变形方向相反的形状,待铸件冷却后,变形正好与相反的形状抵消。(此方法称为"反变形法")

当铸件的内应力超过了合金的强度极限时,铸件便会产生裂纹。裂纹是铸件的严重缺陷。防止裂纹的主要措施是:合理设计铸件结构;合理选用型砂和芯砂的黏结剂与添加剂,以改善其退让性;大的型芯可制成中空的或内部填以焦炭;严格限制钢和铸铁中硫的含量;选用收缩率小的合金等。

二、砂型铸造

砂型铸造是实际生产中应用最广泛的一种铸造方法,其基本工艺过程如图 1-55 所示,主要工序为制造模样、制备造型材料、造型、造芯、合型、熔炼、浇注、落砂清理与检验等。

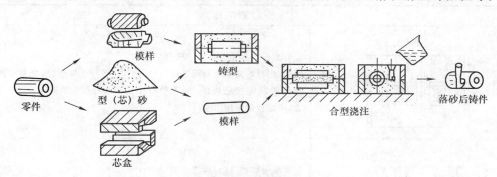

图1-55 砂型铸造工艺过程示意图

（一）制造模样

造型时需要模样和芯盒。模样是用来形成铸件外部轮廓的；芯盒是用来制造砂芯，形成铸件的内部轮廓的。制造模样和芯盒所用的材料，根据铸件大小和生产规模的大小而有所不同。产量小的一般用木材制作模样和芯盒，产量大的可用金属或塑料制作模样和芯盒。

在设计和制造模样和芯盒时，必须考虑下列问题。

（1）分型面的选择，分型面是两半铸型相互接触的表面，分型面选择要恰当。

（2）起模斜度的确定，一般木模斜度为 $1° \sim 3°$，金属模斜度为 $0.5° \sim 1°$。

（3）考虑到铸件冷却凝固过程中的体积收缩，为了保证铸件的尺寸，模样的尺寸应比铸件的尺寸大一个收缩量。

（4）铸件上凡是需要机械加工的部分，都应在模样上增加加工余量，加工余量的大小与加工表面的精度、加工面尺寸、造型方法以及加工面在铸件上的位置有关。

（5）为了减少铸件出现裂纹的倾向以及造型、造芯方便，应将模样和芯盒的转角处都做成圆角。

（6）当有型芯时，为了能安放型芯，模样上要考虑设置芯座头。

（二）造型

造型是砂型铸造的最基本工序，通常分为手工造型和机器造型两种。

1. 手工造型

手工造型时，紧砂和起模两道工序是用手工来进行的。手工造型操作灵活、适应性强、造型成本低、生产准备时间短；但铸件质量差、生产率低、劳动强度大、对工人技术水平要求较高。因此，主要用于简单件、小批量生产，特别是重型和形状复杂的铸件。

在实际生产中，由于铸件的尺寸、形状、生产批量、使用要求以及生产条件不同，应选择的手工造型方法也不同，具体见表1-9。

表1-9 手工造型方法、特点及适用范围

造型方法		主要特点	适用范围
按砂箱特征区分	两箱造型 浇注系统 型芯 型芯通气孔 上型 下型	铸型由上型和下型组成，造型、起模、修型等操作方便	适用于各种生产批量，各种大、中、小铸件

49

造 型 方 法	主 要 特 点	适 用 范 围
三箱造型 上型 中型 下型 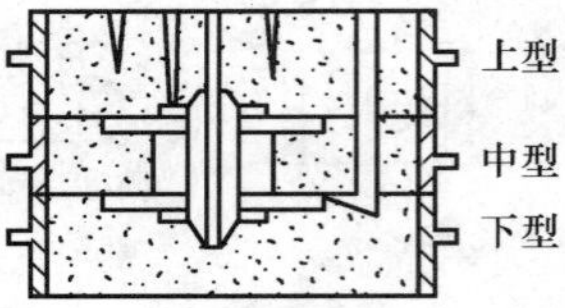	铸型由上型、中型、下型三部分组成,中型的高度须与铸件两个分型面的间距相适应;三箱造型费工,应尽量避免使用	主要用于单件、小批量生产具有两个分型面的铸件
地坑造型  上型 地坑	在车间地坑内造型,用地坑代替下砂箱,只要一个上砂箱,可减少砂箱的投资,但造型费工,而且要求操作者的技术水平较高	常用于砂箱数量不足,批量不大的大、中型铸件的生产
脱箱造型 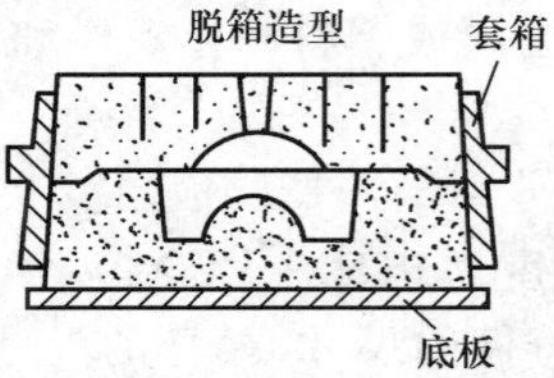 套箱 底板	铸型合型后,将砂箱脱出,重新用于造型。浇注前,须用型砂将脱箱后的砂型周围填紧,也可在砂型上加套箱	主要用于生产小铸件,砂箱尺寸较小
整模造型 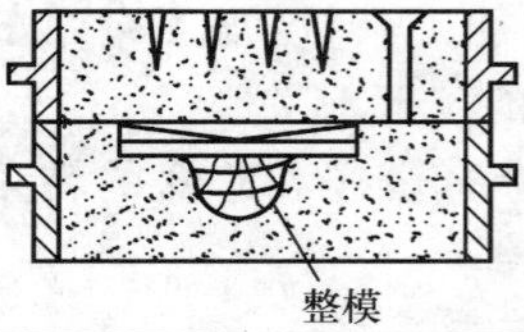 整模	模样是整体的,多数情况下,型腔全部在下半型内,上半型无型腔;造型简单,铸件不会产生错型缺陷	适用于生产一端为最大截面,且为平面的铸件
挖砂造型 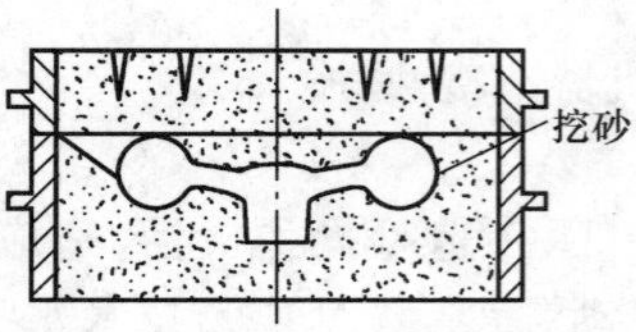 挖砂	模样是整体的,但铸件的分型面是曲面;为了起模方便,造型时用手工挖去阻碍起模的型砂;每造一件,就挖砂一次,费工、生产率低	用于单件或小批量生产分型面不是平面的铸件
假箱造型  木模 用砂做的成型底板(假箱)	为了克服挖砂造型的缺点,先将模样放在一个预先做好的假箱上,然后放在假箱上造下型,省去挖砂操作;操作简便,分型面整齐	用于成批生产分型面不是平面的铸件
分模造型 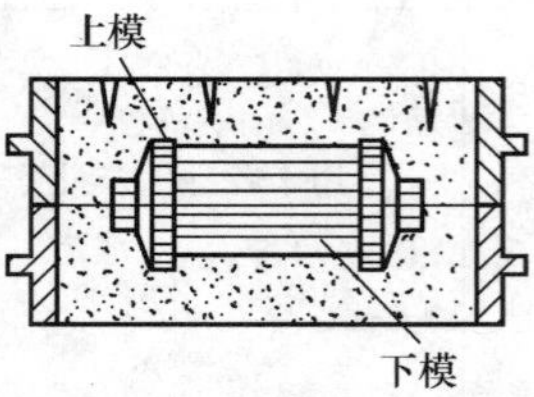 上模 下模	将模样沿最大截面处分为两半,型腔分别位于上、下两个半型内;造型简单,节省工时	常用于生产最大截面在中部的铸件

按砂箱特征区分

按模样特征区分

续表

造型方法	主要特点	适用范围
按模样特征区分 活块造型 木模主体 活块	铸件上有妨碍起模的小凸台、肋条等,制模时将此部分做成活块,在主体模样起出后,从侧面取出活块;造型费工,要求操作者的技术水平较高	主要用于单件、小批量生产带有突出部分、难以起模的铸件
刮板造型 刮板 木桩	用刮板代替模样造型,可大大降低模样成本、节约木材、缩短生产周期;但生产率低,要求操作者的技术水平较高	主要用于有等截面的或回转体的大、中型铸件的单件或小批量生产

2. 机器造型

机器造型是将手工造型中的紧砂和起模工步实现机械化的方法。与手工造型相比,不仅提高了生产率、改善了劳动条件,而且提高了铸件精度和表面质量。但是机器造型所用的造型设备和工艺装备的费用高、生产准备时间长,只适用于中、小型铸件成批或大量的生产。

机器造型按照不同的紧砂方式分为震实、压实、震压、抛砂、射砂造型等多种方法,其中以震压式造型和射砂造型应用最广。图1-56所示为震压式造型机示意图。工作时打开砂斗门向砂箱中放型砂。压缩空气从震实出口进入震实活塞的下面,工作台上升过程中先关闭震实进气通路,然后打开震实排气口,于是工作台带着砂箱下落,与活塞顶部产生了一次撞击。如此反复震击,可使型砂在惯性力作用下被初步震实。砂型震实后,压缩空气推动压力油进入起模压缸,四根起模顶杆将砂箱顶起,使砂型与模样分开,完成起模。

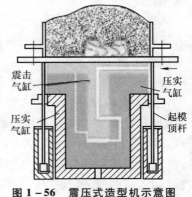

图1-56　震压式造型机示意图

机器造型采用单面模样来造型,其特点是上、下型以各自的模板,分别在两台配对的造型机上造型,造好的上、下半型用箱锥定位而合型。对于小铸件生产,有时采用双面模板进行脱箱造型。双面模板把上、下两个模及浇注系统固定在同一模样的两侧,此时上、下两型均在同一台造型机制出,铸型合型后砂箱脱除,并在浇注前在铸型上加套箱,以防错箱。

机器造型不能进行三箱造型,同时也应避免活块,因为取出活块时,会使造型机的生产效率显著降低。

(三)造芯

造芯也可分为手工造芯和机器造芯。在大批量生产时采用机器造芯比较合理,但在一般情况下用得最多的还是手工造芯。手工造芯主要是用芯盒造芯。

为了提高砂芯的强度,造芯时在砂芯中放入铸铁芯骨(大芯)或铁丝制成的芯骨(小芯)。为了提高砂芯的透气能力,在砂芯里应做通气孔。做通气孔的方法是用通气针扎或通过埋蜡线形成复杂的通气孔。

（四）浇注系统

浇注时,金属液流入铸型所经过的通道称为浇注系统。浇注系统一般包括浇口杯、直浇道、横浇道和内浇道,如图 1 – 57 所示。

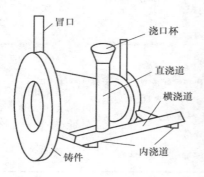

图 1 – 57　浇注系统示意图

（五）砂型和砂芯的干燥及合型

干燥砂型和砂芯的目的是为了增加砂型和砂芯的强度、透气性以及减少浇注时可能产生的气体。为提高生产率和降低成本,砂型只有在不干燥就不能保证铸件质量的时候,才进行烘干。

将砂芯及上、下箱等装配在一起的操作过程称为合型。合型时,首先应检查砂型和砂芯是否完好、干净;然后将砂芯安装在芯座上;在确认砂芯位置正确后,盖上上箱,并将上、下箱扣紧或在上箱上压上压铁,以免浇注时出现抬箱、跑火、错型等问题。

（六）浇注

将熔融金属液从浇包注入铸型的操作称为浇注。在浇注过程中必须掌握以下两点。

（1）浇注温度的高低对铸件的质量影响很大。温度高时,液体金属的黏度下降、流动性提高,可以防止铸件浇不到、冷隔及气孔、夹渣等铸造缺陷;但温度过高将增加金属的总收缩量、吸气量和氧化现象,使铸件容易产生缩孔、缩松、粘砂等缺陷。因此,在保证流动性足够的前提下,尽可能做到"高温出炉,低温浇注"。通常,灰铸铁的浇注温度为 1 200 ~ 1 380 ℃,碳素铸钢为 1 500 ~ 1 550 ℃。形状简单的铸件取较低的浇注温度,形状复杂或薄壁铸件则取较高的浇注温度。

（2）较高的浇注速度,可使金属液更好地充满铸型,铸件各部温差小,冷却均匀,不易产生氧化和吸气;但速度过高,会使金属液强烈冲刷铸型,容易产生冲砂缺陷。实际生产中,薄壁件应采取快速浇注,厚壁件则应按"慢—快—慢"的原则浇注。

（七）铸件的出砂清理

铸件的出砂清理一般包括落砂、去除浇冒口和表面清理。

1. 落砂

用手工或机械使铸件和型砂、砂箱分开的操作称为落砂。落砂时铸件的温度不得高于 500 ℃,如果过早取出,则会产生表面硬化或发生变形、开裂。

2. 去除浇冒口

对脆性材料,可采用锤击的方法去除浇冒口。为防止损伤铸件,可在浇冒口根部先锯槽然后击断。对于韧性材料,可用锯割、氧气割等方法。

3. 表面清理

铸件由铸型取出后,还需要进一步清理表面的粘砂。手工清除时,一般用钢刷或扁铲完成,这种方法劳动强度大、生产率低,且危害健康。因此,现代化生产主要是用振动机和喷砂喷丸设备来清理表面。所谓喷砂和喷丸,就是将砂子或铁丸,在压缩空气作用下,通过喷嘴射到被清理工件的表面进行清理的方法。

(八)铸件检验及铸件常见缺陷

铸件清理后应进行质量检验。根据产品要求不同,检验的项目主要有外观、尺寸、金相组织、力学性能、化学成分和内部缺陷等。其中,最基本的是外观检验和内部缺陷检验。铸件常见缺陷的种类、特征及预防措施见表1-10。

表1-10 铸件常见缺陷的种类、特征及预防措施

序号	缺陷名称	缺陷特征	预防措施
1	气孔	在铸件内部、表面或近表面处,有大小不等的光滑孔眼,形状有圆的、长的及不规则的,有单个的,也有聚集成片的,颜色有白色的或带一层暗色,有时覆有一层氧化皮	降低熔炼时金属的吸气量,减少砂型在浇注过程中的发气量,改进铸件结构,提高砂型和型芯的透气性,使型内气体能顺利排出
2	缩孔	在铸件厚断面内部、两交界面的内部及厚断面和薄断面交接处的内部或表面,形状不规则,孔内粗糙不平,晶粒粗大	壁厚小且均匀的铸件要采用同时凝固,壁厚大且不均匀的铸件采用由薄向厚的顺序凝固,合理放置冒口的冷铁
3	缩松	在铸件内部微小而不连贯的缩孔,聚集在一处或多处,晶粒粗大,各晶粒间存在很小的孔眼,水压试验时渗水	壁间连接处尽量减小热节,尽量降低浇注温度和浇注速度
4	渣气孔	在铸件内部或表面形状不规则的孔眼,孔眼不光滑,里面全部或部分充塞着熔渣	提高铁液温度,降低熔渣黏性,提高浇注系统的挡渣能力,增大铸件内圆角
5	砂眼	在铸件内部或表面有充塞着型砂的孔眼	严格控制型砂性能和造型操作,合型前注意打扫型腔
6	热裂	在铸件上有穿透或不穿透的裂纹(主要是弯曲形的),开裂处金属表皮氧化	严格控制铁液中的S、P含量,铸件壁厚尽量均匀,提高型砂和型芯的退让性,浇冒口不应阻碍铸件收缩,避免壁厚的突然改变,开型不能过早,不能激冷铸件
7	冷裂	在铸件上有穿透或不穿透的裂纹(主要是直的),开裂处金属表皮氧化	
8	粘砂	在铸件表面上,全部或部分覆盖着一层金属(或金属氧化物)与砂(或涂料)的混(化)合物或一层烧结的型砂,致使铸件表面粗糙	减少砂粒间隙,适当降低金属的浇注温度,提高型砂、芯砂的耐火度
9	夹砂	在铸件表面上,有一层金属瘤状物或片状物,在金属瘤(片)和铸件之间夹有一层型砂	严格控制型砂、芯砂性能,改善浇注系统,使金属液流动平稳,大平面铸件要倾斜浇注

续表

序号	缺陷名称	缺陷特征	预防措施
10	冷隔	在铸件上有一种未完全融合的缝隙或凹坑,其交界边缘是圆滑的	提高浇注温度和浇注速度,改善浇注系统,浇注时不断流
11	浇不到	由于金属液未完全充满型腔而产生的铸件缺肉	提高浇注温度和浇注速度,不要断流和防止跑火

三、特种铸造及铸造方法的选择

特种铸造是指与砂型铸造不同的其他铸造方法,常用的有熔模铸造、金属型铸造、压力铸造和离心铸造。

(一)熔模铸造

熔模铸造是用易熔材料(如石蜡)制成模样,然后在表面涂覆多层耐火材料,待硬化干燥后,将蜡模熔去,而获得具有与蜡模形状相应空腔的型壳,再经焙烧后进行浇注而获得铸件的一种方法。

1.熔模铸造的工艺过程

熔模铸造的工艺过程示意图如图 1-58 所示。

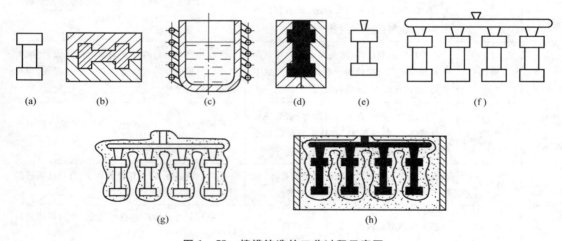

图 1-58 熔模铸造的工艺过程示意图

(a)母模 (b)压型 (c)熔蜡 (d)制造蜡模 (e)蜡模 (f)蜡模组 (g)结壳、脱蜡 (h)填砂、浇注

(1)母模是铸件的基本模样,材料为钢或铜,用它制造压型。

(2)压型是用来制造蜡模的特殊铸型。为保证蜡模质量,压型必须具有很高的精度和低表面粗糙度。当铸件精度高或大批量生产时,压型常采用钢或铝合金加工而成;小批量生产时,可采用易熔合金(Sn、Pb、Bi 等组成的合金)、塑料或石膏直接向模样(母模)上浇注而成。

(3)制造蜡模的材料有石膏、蜂蜡、硬脂酸和松香等,常用 50% 石蜡硬脂酸的混合料。蜡模压制时,将蜡料加热至糊状后,在 $(2 \sim 3) \times 10^5 Pa$ 下,将蜡料压入压型中,待蜡料冷却凝固便可从压型中取出,然后修分型面上的毛刺,即可得到单个蜡模。为了一次能铸出多个铸件,还需要将单个蜡模粘焊在预制的蜡质烧口棒上,制成蜡模组。

（4）蜡模制成后,再进行制壳,制壳包括结壳和脱蜡。结壳就是在蜡模上涂挂耐火涂料层,制成具有一定强度的耐火型壳的过程。首先用黏结剂（水玻璃）和石英粉配成涂料,将蜡模组浸挂涂料后,在其表面撒上一层硅砂,然后放入硬化剂（氯化铵溶液）中,利用化学反应产生的硅酸溶胶将砂粒粘牢并硬化。如此反复涂挂 4～8 层,直到型壳厚度达到 5～10 mm。型壳制好后,便可进行脱蜡。将其浸泡到 90～95 ℃的热水中,蜡模熔化而流出,就可得到一个中空的型壳。

（5）为进一步排除型壳内残余挥发物,蒸发水分,提高质量,增加型壳的强度,防止浇注时型壳变形或破裂,可将型壳放在铁箱中,周围用干砂填紧,将装着型壳的铁箱在 900～950 ℃下焙烧。

（6）为提高金属液的充型能力,防止浇不足、冷隔等缺陷产生,焙烧后立即进行浇注。

（7）待铸件冷却凝固后,将型壳打碎取出铸件,切除浇口,清理毛刺。对于铸钢件,还需进行退火或正火处理。

2.熔模铸造的特点及适用范围

（1）获得铸件精度高,尺寸公差可达 IT11～IT13;表面粗糙度好,Ra 值为 1.6～12.5 μm。因此,采用熔模铸造获得的涡轮发动机叶片等零件,无须机加工即可直接使用。

（2）适合于各种合金的铸件。无论是有色合金还是黑色金属,尤其是适用于高熔点、难切削的高合金铸钢件的制造,如耐热合金、不锈钢和磁钢等。

（3）可铸出形状较复杂、不能分型的铸件。其最小壁厚约 0.3 mm,可铸出孔的最小孔径为 0.5 mm。

（4）铸件的质量一般不超过 25 kg。

总之,熔模铸造是实现少切削或无切削的重要方法,主要用于制造汽轮机、燃气轮机和涡轮发动机的叶片和叶轮、切削刀具以及航空、汽车、拖拉机、机床的小零件等。

（二）金属型铸造

将金属液浇注到金属铸型中,待其冷却后获得铸件的方法称为金属型铸造。由于金属型能反复使用很多次,因此又称为永久型铸造。

1.金属型的结构

金属型一般用铸铁和铸钢制成。铸件的内腔既可用金属芯也可用砂芯。金属型的结构有多种,如水平分型、垂直分型及复合分型,如图 1-59 所示。其中,垂直分型便于开设内浇口和取出铸件;水平分型多用来生产薄壁轮状铸件;复合分型的上半型是由垂直分型的两半型采用铰链连接而成,下半型为固定不动的水平底板,主要应用于较复杂铸件的铸造。

2.金属型铸造的工艺特点

金属型的导热速度快、无退让性,使铸件易产生浇不足、冷隔、裂纹及白口等缺陷。此外,金属型反复经受灼热金属液的冲刷,会降低使用寿命,为此应采用以下辅助工艺措施。

1）保持铸型合理的工作温度（预热）

浇注前预热金属型,可减缓铸型的冷却能力,有利于金属液的充型及铸铁的石墨化过程。生产铸铁件,金属型预热至 250～350 ℃;生产有色金属件,预热至 100～250 ℃。

2）刷涂料

为保护金属型和方便排气,通常在金属型表面喷刷耐火涂料层,以免金属型直接受金属

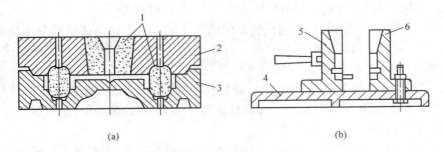

图 1-59 金属型的结构

(a)水平分型 (b)垂直分型

1—型芯;2—上型;3—下型;4—模底板;5—动型;6—定型

液冲蚀和热作用。因为调整涂料层厚度可以改变铸件各部分的冷却速度,并有利于金属型中的气体排出。浇注不同的合金,应喷刷不同的涂料。如铸造铝合金件,应喷刷由氧化锌粉、滑石粉和水玻璃制成的涂料;铸造灰铸铁件,则应采用由石墨粉、滑石粉、耐火黏土粉及桃胶和水组成的涂料。

3)浇注

金属型的导热性强,因此采用金属型铸造时,合金的浇注温度应比采用砂型高出 20 ~ 30 ℃。一般情况,铝合金为 680 ~ 740 ℃,铸铁为 1 300 ~ 1 370 ℃,锡青铜为 1 100 ~ 1 150 ℃,薄壁件取上限,厚壁件取下限。铸铁件的壁厚不小于 15 mm,以防出现白口组织。

4)控制开型时间

开型越晚,铸件在金属型内收缩量越大,取出困难,而且铸件易产生大的内应力和裂纹。通常铸铁件的出型温度为 700 ~ 950 ℃,开型时间为浇注后 10 ~ 60 s。

3. 金属型铸造的特点和应用范围

与砂型铸造相比,金属型铸造有以下优点:

(1)复用性好,可"一型多铸",节省了造型材料和造型工时;

(2)由于金属型对铸件的冷却能力强,使铸件的组织致密、力学性能高;

(3)铸件的尺寸精度高,公差等级为 IT12 ~ IT14,表面粗糙度较好,Ra 值为 6.3 μm;

(4)金属型铸造不用砂或用砂少,改善了劳动条件。

但是金属型的制造成本高、周期长、工艺要求严格,不适用于单件、小批量铸件的生产,主要适用于有色合金铸件的大批量生产,如飞机、汽车、内燃机、摩托车等用的铝活塞、气缸体、气缸盖、油泵壳体及铜合金的轴瓦、轴套等;对黑色合金铸件,也只限于形状较简单的中、小型铸件。

(三)压力铸造

将熔融金属在高压下快速压入压型,并在压力下凝固,而获得铸件的方法称为压力铸造,简称压铸。

压铸是通过压铸机完成的,图 1-60 所示为立式压铸机工作过程示意图。合型后把金属液浇入压室(图 1-60(a)),压射活塞向下推进,将液态金属压入型腔(图 1-60(b)),保压冷凝后,压射活塞退回,下活塞上移顶出余料,动型移开,利用顶杆顶出铸件(图 1-60(c))。

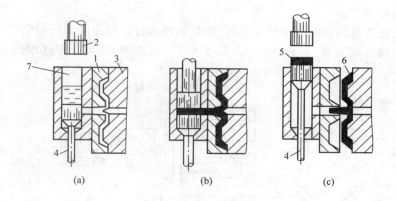

图 1 - 60　立式压铸机工作过程示意图
1—定型;2—压射活塞;3—动型;4—下活塞;5—余料;6—压铸件;7—压室

压力铸造具有以下特点:

(1)压铸件尺寸精度高,表面质量好,一般不需机加工即可直接使用;

(2)压力铸造在快速、高压下成型,可压铸出形状复杂、轮廓清晰的薄壁精密铸件,铝合金铸件最小壁厚约 0.5 mm,最小孔径约 0.7 mm;

(3)铸件组织致密,力学性能好,其强度比砂型铸件提高 25% ~ 40%;

(4)生产率高,劳动条件好;

(5)设备投资大,铸型制造费用高、周期长。

压力铸造主要用于大批量生产低熔点合金的中、小型铸件,如铝、锌、铜等合金铸件,在汽车、拖拉机以及航空、仪表、电器等部门获得广泛应用。

(四)离心铸造

离心铸造是将金属液浇入高速旋转(250 ~ 1 500 r/min)的铸型中,并在离心力作用下充型和凝固的铸造方法。其铸型可以是金属型,也可以是砂型。其既适合制造中空铸件,也能用来生产成型铸件。

1. 离心铸造机的分类

根据旋转空间位置不同,离心铸造机可分为立式和卧式两类。

1)立式离心铸造机

立式离心铸造机的铸型绕垂直轴旋转,金属液的自由表面在离心力作用下呈抛物面,所以它主要用来生产高度小于直径的盘、环类铸件,也可用于浇注成型铸件,如图 1 - 61 所示。

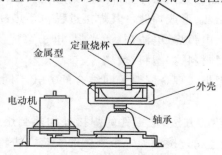

图 1 - 61　立式离心铸造机结构

2）卧式离心铸造机

卧式离心铸造机的铸型绕水平轴旋转，铸件的各部分冷却速度和成型条件相同，所以其壁厚沿径向和轴向都均匀，主要用来生产长度大于直径的套、管类铸件，如图 1-62 所示。

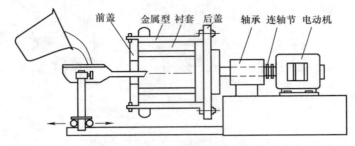

图 1-62　卧式离心铸造机结构

2. 离心铸造的特点及应用

（1）铸件组织致密且无缩孔、缩松、气孔和夹渣等缺陷，所以力学性能好。因为金属液在离心力作用下充型和凝固，铸件的凝固从外向内进行，不仅易于补缩，而且使气体、夹渣聚集在内表面便于消除。

（2）由于离心力的作用，金属液的充型能力好，可以浇注流动性差的合金和壁薄的铸件。

（3）便于铸造双层金属的铸件，如钢套镶铜轴承，可节约铜合金。

（4）生产中空铸件无须芯子和浇注系统，节约金属。

（5）易产生比重偏析缺陷，且内表面粗糙。

总之，离心铸造主要用来生产大批量套、管类铸件，如铸铁管、铜套、缸套、双金属钢背铜套等。此外，还可以用于生产轮盘类铸件，如泵轮、电机转子等铸件的制造。

任务六　焊　　接

焊接是使相互分离的金属材料借助于原子间的结合力连接起来的一种热加工工艺方法。即通过加热或加压（或者两者并用），使用或不用填充材料，使两个工件达到结合的目的。实质就是通过物理-化学过程，使两个分离表面的金属原子接近到晶格距离（0.3～0.5 nm）形成金属键，从而使两金属连为一体。

熔焊的焊接过程是利用热源先把工件局部加热到熔化状态，形成熔池，然后随着热源向前移去，熔池液体金属冷却结晶，形成焊缝。其焊接过程包括热过程、冶金过程和结晶过程。根据热源的不同可分为气焊、电弧焊、电渣焊、激光焊、电子束焊、等离子弧焊等。焊件可以是金属材料，也可以是非金属材料，如塑料、玻璃等。

焊接方法的种类很多，根据实现金属原子间结合的方式不同，可分为熔化焊、压力焊和钎焊三大类。

（1）熔焊是利用局部加热的方法，把工件的焊接处加热到熔化状态，形成熔池，然后冷却结晶，形成焊缝，将两部分金属连接成为一个整体的工艺方法。

（2）压焊是在焊接过程中需要加压的一类焊接方法。

（3）钎焊是利用熔点比母材低的填充金属熔化后，填充接头间隙并与固态的母材相互扩散实现连接的一种焊接方法。

一、手工电弧焊

（一）手工电弧焊的工艺过程

手工电弧焊是熔焊中最基本的一种焊接方法。它利用电弧产生的热熔化被焊金属，使之形成永久结合。由于它所需要的设备简单、操作灵活，可以对不同焊接位置、不同接头形式的焊缝方便地进行焊接，因此是目前应用最为广泛的焊接方法。手工电弧焊工艺过程如图1-63所示。

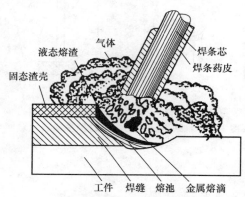

图1-63　手工电弧焊工艺过程示意图

按电极材料的不同手工电弧焊可分为熔化极手工电弧焊和非熔化极手工电弧焊。非熔化极手工电弧焊有手工钨极气体保护焊。熔化极手工电弧焊是以金属焊条作电极，电弧在焊条端部和母材表面燃烧的方法。

图1-64中的电路是以电弧焊电源为起点，通过焊接电缆、焊钳、焊条、工件、接地电缆形成回路。在有电弧存在时形成闭合回路，完成焊接过程。焊条和工件在这里既作为焊接材料，也作为导体。焊接开始后，电弧的高热瞬间熔化了焊条端部和电弧下面的工件表面，使之形成熔池，焊条端部的熔化金属以细小的熔滴状过渡到熔池中去，与母材熔化金属混合，凝固后成为焊缝。

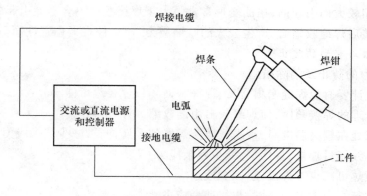

图1-64　手工电弧焊电路示意图

手工电弧焊所用的设备需根据焊条和被焊材料选取。电源分为交流电和直流电两种。

使用酸性焊条焊接低碳钢一般构件时,应优先考虑选用价格低廉、维修方便的交流弧焊机;使用碱性焊条焊接高压容器、高压管道等重要钢结构,或焊接合金钢、有色金属、铸铁时,则应选用直流弧焊机。购置能力有限而焊件材料的类型繁多时,可考虑选用通用性强的交、直流两用弧焊机。当采用某些碱性药皮焊条时,如结 507 时,必须选用直流焊接电源,而且要注意此时应将电焊机的负极接工件,正极接焊条,称为直流反接法;反之,称为直流正接法,如图 1-65 所示。

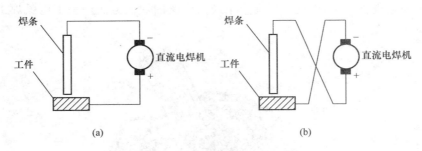

图 1-65 采用直流电焊机的极性接法示意图
（a）正接法 （b）反接法

（二）焊接应力与变形

1.焊接应力与变形产生原因

焊件在焊接过程中受到局部加热和冷却是产生焊接应力和变形的主要原因。金属构件在焊接以后,总要发生变形和产生焊接应力,且二者是彼此伴生的。

焊接应力的存在,对构件质量、使用性能和焊后机械加工精度都有很大影响,甚至导致整个构件断裂;焊接变形不仅给装配工作带来很大困难,还会影响构件的工作性能。变形量超过允许数值时必须进行校正,校正无效时只能报废。因此,在设计和制造焊接结构时,应尽量减小焊接应力和变形。

焊接变形的基本形式有收缩变形、角变形、弯曲变形、波浪变形和扭曲变形等五种。收缩变形是由于焊缝金属沿纵向和横向的焊后收缩而引起的;角变形是由于焊缝截面上下不对称,焊后沿横向上下收缩不均匀而引起的;弯曲变形是由于焊缝布置不对称,焊缝较集中的一侧纵向收缩较大而引起的;扭曲变形常常是由于焊接顺序不合理而引起的;波浪变形则是由于薄板焊接后焊缝收缩时,产生较大的收缩应力,使焊件丧失稳定性而引起的。

2.焊接应力与变形的防止

1）焊接应力的防止及消除措施

（1）结构设计要避免焊缝密集交叉,焊缝截面和长度要尽可能小。

（2）采取合理的焊接顺序,使焊缝较自由的收缩。

（3）焊缝仍处在较高温度时,锤击或辗压焊缝使金属伸长,减少残余应力。

（4）采用小线能量焊接,多层焊,减少残余应力。

（5）焊前预热可减少工件温差,减少残余应力。

（6）焊后进行去应力退火,消除焊接残余应力。

2）焊接变形的防止和消除措施

（1）结构设计要避免焊缝密集交叉，焊缝截面和长度要尽可能小，与防止应力一样也是减少变形的有效措施。

（2）焊前组装时，采用反变形法。

（3）刚性固定法，但会产生较大的残余应力。

（4）采用合理的焊接工艺参数。

（5）选用合理的焊接顺序，如对称焊、分段退焊。

（6）采用机械或火焰校正法来减少变形。

（三）常见的焊接缺陷

在焊接过程中，因焊接结构设计不当，或因焊接工艺选择、执行不当，均会导致焊接接头产生开裂、夹渣、咬边、未焊透、未熔合等焊接缺陷，如图1－66所示。

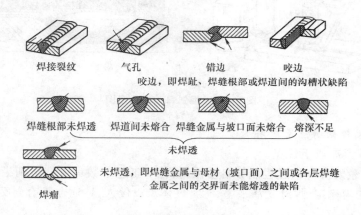

图1－66　常见焊接缺陷

焊接缺陷的存在，会降低焊件接头的使用可靠性和安全性，故需对焊接接头进行外观缺陷检验；而对重要焊件（如锅炉、压力容器）还需进行水压（或气压）试验以及必要的无损探伤检验。

二、其他常用焊接方法与焊接方法的选择

（一）埋弧焊

埋弧焊又称焊剂层下电弧焊。它是通过保持在焊丝和工件之间的电弧将金属加热，使被焊件之间形成刚性连接。按自动化程度的不同，埋弧焊分为半自动焊（移动电弧由手工操作）和自动焊。这里所指的埋弧焊都是指埋弧自动焊，半自动焊已基本上由气体保护焊代替。

1. 埋弧自动焊的焊接过程

如图1－67所示，埋弧自动焊的焊剂由给送焊剂管流出，均匀地堆敷在装配好的焊件（母材）表面；焊丝由自动送丝机构自动送进，经导电嘴进入电弧区；焊接电源分别接在导电嘴和焊件上，以便产生电弧。给送焊剂管、自动送丝机构及控制盘等通常都装在一台电动小车上，电动小车可以按调定的速度沿着焊缝自动行走。

插入颗粒状焊剂层下的焊丝末端与母材之间产生电弧，电弧热使邻近的母材、焊丝和焊剂熔化，并有部分被蒸发。焊剂蒸气将熔化的焊剂（熔渣）排开，形成一个与外部空气隔绝的封闭空间,这个封闭空间不仅很好地隔绝了空气与电弧和熔池的接触,而且可完全阻挡有碍操作的电弧光的辐射。电弧在这里继续燃烧,焊丝便不断熔化,呈滴状进入熔池与母材熔化的金属和焊剂提供的合金元素混合。熔化的焊丝不断被补充,送入到电弧中,同时不断地添加焊剂。随着焊接过程的进行,电弧向前移动,焊接熔池随之冷却而凝固,形成焊缝。密度较小的熔化焊剂浮在焊缝表面形成熔渣层,未熔化的焊剂可回收再用。

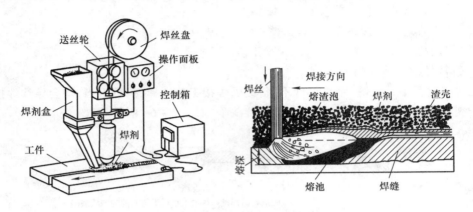

图 1-67　埋弧自动焊示意图

2. 埋弧自动焊的特点及应用

埋弧自动焊具有以下优点。

(1)焊接质量好。焊接过程能够自动控制,各项工艺参数可以调节到最佳数值,焊缝的化学成分比较均匀稳定,焊缝光洁平整,有害气体难以侵入,熔池金属冶金反应充分,焊接缺陷较少。

(2)生产率高。焊丝从导电嘴伸出长度较短,可用较大的焊接电流,而且连续施焊的时间较长,这样就能提高焊接速度。同时,焊件厚度在 14 mm 以内的对接焊缝可不开坡口、不留间隙、一次焊成,故生产率高。

(3)节省焊接材料。焊件可以不开坡口或开小坡口,可减少焊缝中焊丝的填充量,也可减少因加工坡口而消耗掉的焊件材料。同时,焊接时金属飞溅少,又没有焊条头的损失,所以可节省焊接材料。

(4)易实现自动化,劳动条件好,劳动强度低,操作简单。

埋弧自动焊的缺点是适应性差,通常只适用于水平位置焊接直缝和环缝,不能焊接空间焊缝和不规则焊缝,对坡口的加工、清理和装配质量要求较高。

埋弧自动焊通常用于碳钢、低合金结构钢、不锈钢和耐热钢等中厚板结构的长直缝、直径大于 300 mm 环缝的平焊。此外,它还用于耐磨、耐腐蚀合金的堆焊、大型球墨铸铁曲轴以及镍合金、铜合金等材料的焊接。

(二)气体保护焊

气体保护焊是指用外加气体作为电弧介质并保护电弧和焊接区的电弧焊。

气体保护焊是明弧焊接,焊接时便于监视焊接过程,故操作方便,可实现全位置自动焊接,焊后还不用清渣,可节省大量辅助时间,大大提高了生产率。另外,由于保护气流对电弧有冷却压缩作用,电弧热量集中,因而焊接热影响区窄、工件变形小,特别适合于薄板焊接。

1.氩弧焊

氩弧焊是以氩气(Ar)作为保护气体的气体保护电弧焊。氩气是一种惰性气体,在高温下,它不与金属和其他任何元素发生化学反应,也不溶于金属,因此保护效果良好,所焊接头质量高。

按使用的电极不同,氩弧焊可分为不熔化极氩弧焊(即钨极氩弧焊)和熔化极氩弧焊两种,如图1-68所示。

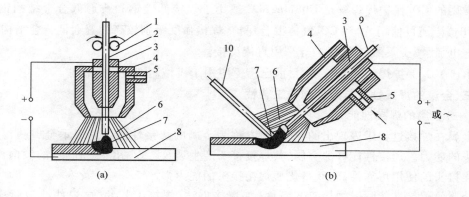

图1-68　氩弧焊示意图

(a)熔化极氩弧焊　(b)钨极氩弧焊

1—送丝轮;2—焊丝;3—导电嘴;4—喷嘴;5—进气管;
6—氩气流;7—电弧;8—工件;9—钨极;10—填充焊丝

2. CO_2 气体保护焊

CO_2 气体保护焊是利用廉价的 CO_2 气体作为保护气体的电弧焊。CO_2 保护焊的焊接装置如图1-69所示。它是利用焊丝作电极,焊丝由送丝机构通过软管经导电嘴送出。电弧在焊丝与工件之间发生。CO_2 气体从喷嘴中以一定的流量喷出,包围电弧和熔池,从而防止空气对液体金属的有害作用。CO_2 保护焊可分为自动焊和半自动焊,目前应用较多的是半自动焊。

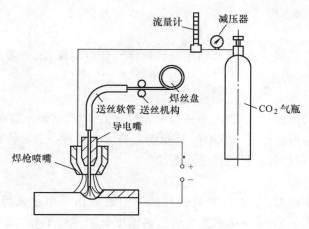

图1-69　CO_2 气体保护焊示意图

CO$_2$气体保护焊除具有前述的气体保护焊的优点外,还有焊缝含氢量低、抗裂性能好、CO$_2$气体价格便宜、来源广泛、生产成本低等优点。

由于CO$_2$气体是氧化性气体,高温时可分解成CO和氧原子,易造成合金元素烧损、焊缝吸氧,导致电弧稳定性差、飞溅较多、弧光强烈、焊缝表面成型不够美观等。若控制或操作不当,还容易产生气孔。为保证焊缝的合金元素,可采用含锰、硅较高的焊接钢丝或含有相应合金元素的合金钢焊丝。

常用的CO$_2$保护焊焊丝是H08Mn2SiA,适用于焊接低碳钢和普通低合金结构钢($\sigma_b <$ 600 MPa)。还可使用Ar和CO$_2$气体混合保护,焊接强度级别较高的普通低合金结构钢。为了稳定电弧、减少飞溅,CO$_2$保护焊采用直流反接。

由于CO$_2$保护焊的优点较多,目前已广泛应用于机械制造业各部门中。

三、金属的焊接性能与焊件结构工艺性

(一)金属的焊接性能

金属在焊接过程中表现出的工艺特性,称为金属的焊接性能。它表示金属获得优质焊接接头的能力。焊接性能好的金属,其焊接接头产生裂纹(或气孔、夹渣等)的倾向性较弱,且焊接接头的使用可靠性高,获得优质焊接接头的能力强。

金属的焊接性能除受焊接工艺条件(如焊接方法、焊接工艺参数、焊件结构形式等)影响外,还与其种类以及化学成分有关。例如,钢的焊接性能与其含碳量以及合金元素含量密切相关,生产中常根据钢的碳当量来判别钢的焊接性能。钢的碳当量是指钢中的合金元素折合为作用相当的含碳量与钢的含碳量的总和,以符号C_E表示。钢的$C_E < 0.4\%$时,钢的焊接性能良好;当$C_E = 0.4\% \sim 0.6\%$时,钢的焊接性能较差;当$C_E > 0.6\%$时,钢的焊接性能很差。

(二)常用金属材料的焊接性能及焊接特点

1. 碳钢

低碳钢的焊接性能良好,采用各种焊接方法均可获得优质的焊接接头;中碳钢的焊接性能较差,其热影响区的开裂倾向随含碳量升高而增大,常需进行焊前预热;高碳钢焊接性能差,需采用严格的焊接工艺措施(如焊前预热、选用抗裂性能较好的碱性焊条和小的焊接电流、采用分段式或对称式焊接方法等),方能保证焊接质量。

2. 合金结构钢

与相同含碳量的碳钢相比,合金结构钢的焊接性能有所降低,常需在焊前预热、焊后缓冷或及时退火,以减小焊接应力。

3. 不锈钢

奥氏体不锈钢的焊接性能良好,多采用手弧焊和氩弧焊,一般不需采用特殊的焊接工艺措施。但焊接不锈钢所用焊条(或焊丝)的化学成分应与焊件一致,并在焊后快冷或强制冷却,以防止焊接接头耐蚀性降低或产生热裂纹。

4. 铸铁

铸铁的焊接性能很差,一般只对铸铁件的缺陷或损伤采用手弧焊或气焊进行热补焊(预热至600~700 ℃)或冷焊补(不预热或预热温度低于400 ℃)。其中,冷焊补的生产率高、成本低、劳动条件好,但焊接质量难以保证。

5.铜及铜合金

铜及铜合金的焊接性能较差,其焊接应力大、变形大,易产生裂纹、气孔、未焊透和未熔合等缺陷。紫铜与青铜常采用氩弧焊,黄铜常采用气焊,对于受力不大的电子元器件常采用软钎焊。

6.铝及铝合金

铝及铝合金的焊接性能较差,焊接时易氧化和形成夹渣,焊接应力大,易产生焊接变形,且焊接接头的耐蚀性较差。铝及铝合金常采用氩弧焊、气焊或电阻焊,在焊前应进行去油、去氧化膜、干燥等处理。

(三)焊接结构工艺设计

焊接结构件种类各式各样,在其材料确定以后,对焊接结构件进行工艺设计主要包括三方面内容:焊缝布置、焊接方法选择和焊接接头设计。

1.焊缝布置

焊缝布置是否合理,直接影响结构件的焊接质量和生产率。因此,设计焊缝位置时应考虑下列原则。

1)焊缝应尽量处于平焊位置

各种位置的焊缝,其操作难度不同。以焊条电弧焊焊缝为例(图1-70),其中平焊操作最方便,易于保证焊接质量,是焊缝位置设计中的首选方案;立焊、横焊位置次之;仰焊位置施焊难度最大,不易保证焊接质量。

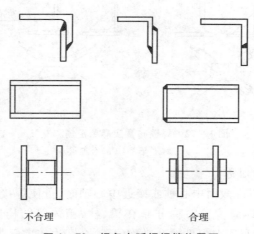

不合理　　　　　合理

图1-70　焊条电弧焊焊缝位置图

2)焊缝要布置在便于施焊的位置

焊条电弧焊时,焊条难以伸到焊缝位置,如图1-71(a)所示。点焊、缝焊时,电极要能伸到待焊位置,如图1-71(b)所示。埋弧焊时,要考虑焊缝所处的位置能否存放焊剂。设计时若忽略了这些问题,将难以施焊。

3)焊缝布置要有利于减少焊接应力与变形

Ⅰ.尽量减少焊缝数量及长度,缩小不必要的焊缝截面尺寸

设计焊件结构时,可通过选取不同形状的型材、冲压件来减少焊缝数量。如箱式结构,若用平板拼焊需四条焊缝,若改用槽钢拼焊只需两条焊缝,焊缝数量的下降,既可减少焊接

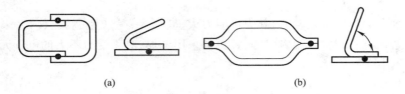

图 1－71　点焊、缝焊焊缝位置图
（a）电极难以伸入　（b）方便操作的设计

应力和变形，又可提高生产率。

　　焊缝截面尺寸的增大会使焊接变形量随之加大，但过小的焊缝截面尺寸，又可能降低焊件结构强度，且截面过小、焊缝冷速过快易产生缺陷，因此在满足焊件使用性能前提下，应尽量减小不必要的焊缝截面尺寸。

　　Ⅱ. 焊缝布置应避免密集或交叉

　　焊缝密集或交叉，会使接头处严重过热，导致焊接应力与变形增大，甚至开裂。因此，两条焊缝之间应隔开一定距离，一般要求大于 3 倍的板材厚度，且不小于 100 mm，如图 1－72 所示。处于同一平面焊缝转角的尖角处相当于焊缝交叉，易产生应力集中，应尽量避免，改为平滑过渡结构。即使不在同一平面的焊缝，若密集堆垛或排布在一列都会降低焊件的承载能力。

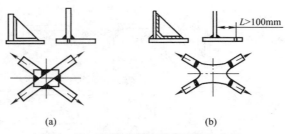

图 1－72　焊缝布置应避免密集和交叉
（a）不合理　（b）合理

　　Ⅲ. 焊缝布置应尽量对称

　　当焊缝布置对称于焊件截面中心轴或接近中心轴时，可使焊接中产生的变形相互抵消而减少焊后总变形量。焊缝位置对称分布在梁、柱、箱体等结构的设计尤其重要。如图 1－73所示，图（a）中焊缝布置在焊件的非对称位置，会产生较大弯曲变形，不合理；图（b）和图（c）将焊缝对称布置，均可减少弯曲变形。

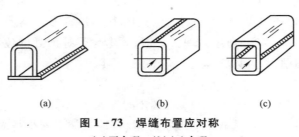

图 1－73　焊缝布置应对称
（a）不合理　（b）（c）合理

Ⅳ. 焊缝布置应尽量避开最大应力位置或应力集中位置

尽管优质的焊接接头能与母材等强度,但焊接时难免出现程度不同的焊接缺陷,使结构的承载能力下降。所以,在设计受力的焊接结构时,最大应力和应力集中的位置不应布置焊缝。在图1-74(a)中,大跨度钢梁的最大应力处在钢梁中间,若整个钢梁结构由两段型材焊接而成,焊缝正布置在最大应力处,整个结构的承载能力下降;若改用图1-74(b)所示结构,钢梁由三段型材焊成,虽增加了一条焊缝,但焊缝避开了最大应力处,提高了钢梁的承载能力。压力容器结构设计,为使焊缝避开应力集中的转角处,不应采用图1-74(c)所示的无折边封头结构,应采用图1-74(d)所示有折边封头结构。

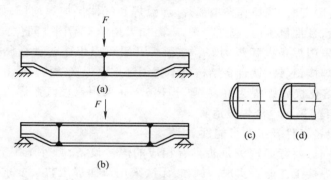

图1-74　焊缝布置应避开应力集中处
(a)(c)不合理　(b)(d)合理

Ⅴ. 焊缝布置应避开机械加工表面

有些焊件某些部位需切削加工,如采用焊接结构制造的零件等,如图1-75所示。为机加工方便,先车削内孔后焊接轮辐,为避免内孔加工精度受焊接变形影响,必须采用图1-75(b)所示结构,焊缝布置离加工面远些。对机加工表面要求高的零件,由于焊后接头处的硬化组织影响加工质量,焊缝布置应避开机加工表面,如图1-75(d)所示结构比图1-75(c)所示结构合理。

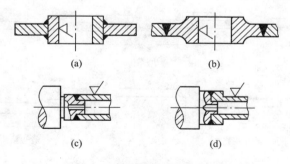

图1-75　焊缝布置应避开机加工表面
(a)(c)不合理　(b)(d)合理

2.焊接方法选择

各种焊接方法都有其各自特点及适用范围,选择焊接方法时要根据焊件的结构形状及材质、焊接质量要求、生产批量和现场设备等,在综合分析焊件质量、经济性和工艺可能性之后,确定最适宜的焊接方法。

选择焊接方法时应依据下列原则。

1)焊接接头使用性能及质量要符合结构设计要求

选择焊接方法时既要考虑焊件能否达到力学性能要求,又要考虑接头质量能否符合技术要求。如点焊、缝焊都适于薄板轻型结构焊接,缝焊才能焊出有密封要求的焊缝。又如氩弧焊和气焊虽都能焊接铝材容器,但接头质量要求高时,应采用氩弧焊。又如焊接低碳钢薄板,若要求焊接变形小时,应选用 CO_2 保护焊或点(缝)焊,而不宜选用气焊。

2)提高生产率,降低成本

若板材为中等厚度时,选择焊条电弧焊、埋弧焊和气体保护焊均可;如果是平焊长直焊缝或大直径环焊缝,且批量生产,应选用埋弧焊;如果是位于不同空间位置的短曲焊缝,且单件或小批量生产,采用焊条电弧焊为好。氩弧焊几乎可以焊接各种金属及合金,但成本较高,所以主要用于焊接铝、镁、钛合金结构及不锈钢等重要焊接结构。焊接铝合金工件,板厚大于 10 mm 采用熔化极氩弧焊为好,板厚小于 6 mm 采用钨极氩弧焊为好;若是板厚大于 40 mm钢材直立焊缝,采用电渣焊最适宜。

3)焊接现场设备条件及工艺可能性

选择焊接方法时,要考虑现场是否具有相应的焊接设备,野外施工有没有电源等。此外,要考虑拟定的焊接工艺能否实现。例如,无法采用双面焊工艺又要求焊透的工件,采用单面焊工艺时,若先用钨极氩弧焊(甚至钨极脉冲氩弧焊)打底焊接,更易于保证焊接质量。

3. 焊接接头设计

焊接接头设计包括焊接接头形式设计和坡口形式设计。设计接头形式主要考虑焊件的结构形状和板厚、接头使用性能要求等因素。设计坡口形式主要考虑焊缝能否焊透、坡口加工难易程度、生产率、焊材消耗量、焊后变形大小等因素。

焊接接头按其结合形式分为对接接头、盖板接头、搭接接头、T 形接头、十字形接头、角接接头和卷边接头等,如图 1-76 所示。其中,常见的焊接接头形式是对接接头、搭接接头、角接接头和 T 形接头。

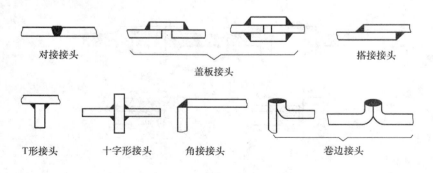

对接接头　　　　盖板接头　　　　搭接接头

T形接头　　十字形接头　　角接接头　　卷边接头

图 1-76　焊接接头形式

情景二　轴零件材料与成型

任务一　工业用钢

工业用钢按化学成分不同可分为碳钢和合金钢两大类。碳钢为含碳量小于 2.11% 的铁碳合金。而合金钢是指为了提高钢的性能,在碳钢的基础上有意加入一定量合金元素所获得的铁基合金。

一、钢的分类与编号

（一）钢的分类

钢的种类繁多,为了便于生产、使用、管理,可按以下几种方法分类。

1. 按化学成分分

按化学成分不同可将钢分为碳素钢和合金钢。碳素钢根据含碳量不同分为低碳钢（含碳量≤0.25%）、中碳钢（含碳量为 0.25%～0.6%）和高碳钢（含碳量＞0.6%）。合金钢根据合金元素总量分为低合金钢（合金元素总量＜5%）、中合金钢（合金元素总量为 5%～10%）和高合金钢（合金元素总量＞10%）。

2. 按质量分

钢的质量是以磷、硫的含量来划分的。根据磷、硫的含量可将钢分为普通质量钢、优质钢、高级优质钢和特级优质钢。根据现行标准,将各质量等级钢的磷、硫含量列于表 2-1。

表 2-1　各质量等级钢的磷、硫含量

钢　类	碳　素　钢		合　金　钢	
	P	S	P	S
普通质量钢	≤0.045%	≤0.050%	≤0.045%	≤0.045%
优质钢	≤0.040%	≤0.040%	≤0.035%	≤0.035%
高级优质钢	≤0.030%	≤0.030%	≤0.025%	≤0.025%
特级优质钢	≤0.025%、	≤0.020%	≤0.025%	≤0.015%

3. 按冶炼方法分

根据冶炼所用炼钢炉不同,可将钢分为平炉钢、转炉钢和电炉钢。根据冶炼时的脱氧程度不同又可将钢分为沸腾钢、镇静钢和半镇静钢。沸腾钢在冶炼时脱氧不充分,浇注时碳与氧反应发生沸腾。这类钢一般为低碳钢,其塑性好、成本低、成材率高,但不致密,主要用于制造用量大的冷冲压零件,如汽车外壳、仪器仪表外壳等。镇静钢脱氧充分、组织致密,但成材率低。半镇静钢介于前两者之间。

4. 按金相组织分

按退火组织可将钢分为亚共析钢、共析钢和过共析钢。而按正火组织可将钢分为珠光体钢、贝氏体钢、马氏体钢、铁素体钢、奥氏体钢和莱氏体钢等。

5. 按用途分

按用途可将钢分为结构钢、工具钢和特殊性能钢。结构钢包括工程用钢和机器用钢,工程用钢用于建筑、桥梁、船舶、车辆等,而机器用钢包括渗碳钢、调质钢、弹簧钢、滚动轴承钢和耐磨钢。工具钢包括模具钢、刃具钢和量具钢。特殊性能钢包括不锈钢、耐热钢等。

(二)钢的编号

我国钢的牌号一般采用汉语拼音字母、化学元素符号和阿拉伯数字相结合的方法表示。含碳量与合金元素含量用数字来表示;字母包括国际化学符号和汉语拼音。

钢牌号中的化学元素采用国际化学元素符号表示,如 Si、Mn、Cr、W 等;只有稀土元素,其含量不多但种类不少,用"RE"表示其总含量。

产品名称、用途、冶炼和浇注方法等采用汉语拼音字母来表示。(平炉—P,酸性转炉—S,碱性侧吹转炉—J,顶吹转炉—D,沸腾钢—F,镇静钢—Z,半镇静钢—b,易切钢—Y,铸钢—ZG,碳素工具钢—T,高级优质钢—A,滚动轴承钢—G,船用钢—C,桥梁钢—q,锅炉钢—g,钢轨钢—U,焊条用钢—H,容器用钢—R,磁钢—C。)

1. 碳素结构钢

钢的牌号由代表屈服点的字母、屈服点数值、质量等级符号、脱氧方法符号四部分按顺序组成,质量等级分为 A、B、C、D 四级,如 Q235—AF。

2. 优质碳素结构钢

钢号用两位数字表示,两位数字表示平均含碳量的万分之几。如 45 钢表示含碳量为 0.45% 的钢,08 钢表示含碳量为 0.08% 的钢。

含锰量较高的钢,需将锰元素标出。如平均含碳量为 0.16%,含锰量为 0.70% ~ 1.00% 的钢,其钢号为 16Mn。

沸腾钢、半镇静钢以及专门用途的优质碳素结构钢,应在钢号后特别标出。如 20g 表示平均含碳量为 0.20% 的锅炉钢。

高级优质碳素结构钢在牌号尾部加符号 A。如 20A 表示平均含碳量为 0.20% 的高级优质碳素结构钢。

3. 碳素工具钢

在钢号前加 T 表示碳素工具钢,其后跟表示含碳量的千分之几的数字。如平均含碳量为 0.8% 的碳素工具钢,其钢号为 T8。

含锰量较高的钢,在钢号后标出 Mn,如 T12Mn。

如果为高级优质碳素工具钢,在牌号尾部加符号 A,如 T10A。

4. 合金结构钢

合金结构钢的钢号由三部分组成,即"数字 + 元素 + 数字"。前面的两位数值表示平均含碳量的万分之几;合金元素以化学元素符号表示;合金元素后面的数字表示合金元素的含量,一般以百分之几表示,当其平均值 <1.5% 时,钢号中一般只标明元素符号而不标明其含量;当其平均值 ≥1.5%,≥2.5%,≥3.5% …时,则在元素符号后面相应标出 2,3,4…;钢中的 V、Ti、Al、B、RE 等合金元素,虽然它们的含量很低,但在钢中能起相当重要的作用,故仍应在钢号中标出。

如含碳量为 0.20%,含锰量为 1.0% ~ 1.3%,含钒量为 0.07% ~ 0.12%,含硼量为 0.001% ~ 0.005% 的钢,其钢号为 20MnVB。

如果为高级优质钢,在钢号后面加符号 A。

5. 合金工具钢

合金工具钢的编号原则与合金结构钢大体相同,所不同的是合金工具钢的含碳量表示方法不同,如平均含碳量≥1.0%,则不标出含碳量;如平均含碳量<1.0%,则在钢号前以千分之几的数字表示。如 CrMn 中的含碳量为 1.3% ~ 1.5%,而 9Mn2V 中的含碳量为 0.85% ~0.95%。

合金元素的表示方法与合金结构钢相同,只是含铬量低的钢,其含铬量以千分之几的数字表示,并在数字前加 0,以示区别。如平均含铬量为 0.6% 的低铬工具钢钢号为 Cr06。

在高速钢的钢号中,一般不标出含碳量,只标出合金元素平均值的百分之几。如 W18Cr4V 或 W6Mo5Cr4V2。

6. 铬滚动轴承钢

在钢号前加 G,其后为 Cr + 数字,数字表示含铬量平均值的千分之几。如 GCr15 就是平均含铬量为 1.5% 的滚动轴承钢。

7. 不锈钢与耐热钢

钢号前的数字表示含碳量的千分之几,如 9Cr18 表示含碳量为 0.9%。但含碳量小于 0.03% 和 0.08% 的,在钢号前分别加 00 或 0,如 00Cr18Ni10。

钢中主要合金元素也以百分之几的数字表示,但在钢中起重要作用的微量元素如 Ti、Nb、Zr、N 等也要在钢号中标出。

二、合金元素在钢中的主要作用

（一）合金元素对钢中基本相的影响

铁素体和渗碳体是碳素钢中的两个基本相,合金元素进入钢中将对这两个基本相的成分、结构和性能产生影响。

1. 溶于铁素体,起固溶强化作用

加入钢中的非碳化物形成元素及过剩的碳化物形成元素都将溶于铁素体,形成合金铁素体,起固溶强化作用。图 2－1 和图 2－2 所示为几种合金元素对铁素体硬度和韧性的影响。

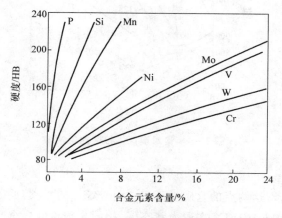

图 2－1 合金元素对铁素体硬度的影响

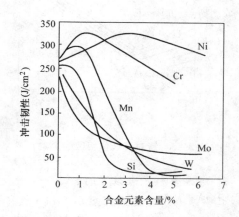

图 2－2 合金元素对铁素体冲击韧性的影响

可以看出,P、Si、Mn 的固溶强化效果最显著,但当其含量超过一定值后,铁素体的韧性将急剧下降;而 Cr、Ni 在适当的含量范围内不但能提高铁素体的硬度,而且还提高其韧性。因此,为了获得良好的强化效果,应控制固溶强化元素在钢中的含量。

2. 形成碳化物

加入到钢中的合金元素,除溶入铁素体外,还能进入渗碳体形成合金渗碳体,如铬进入渗碳体形成 $(Fe、Cr)_3C$。当碳化物形成元素超过一定量后,将形成这些元素自己的碳化物。合金元素与碳的亲和力从大到小的顺序为 Zr、Ti、Nb、V、W、Mo、Cr、Mn、Fe。合金元素与碳的亲和力越大,所形成化合物的稳定性、熔点、分解温度、硬度、耐磨性就越高。在碳化物形成元素中,钛、铌、钒是强碳化物形成元素,所形成的碳化物有 TiC、VC 等;钨、钼、铬是中碳化物形成元素,所形成的碳化物有 $Cr_{23}C_6$、Cr_7C_3、W_2C 等。锰、铁是弱碳化物形成元素,所形成的碳化物有 Fe_3C、Mn_3C 等。碳化物是钢中的重要组成相之一,其类型、数量、大小、形态及分布对钢的性能有着重要的影响。

(二)合金元素对铁碳相图的影响

1. 对奥氏体相区的影响

加入到钢中的合金元素,依其对奥氏体相区的作用可分为两类。

一类是扩大奥氏体相区的元素,如 Ni、Co、Mn、N 等,这些元素使 A_1、A_3 点下降,A_4 点上升。当钢中的这些元素含量足够高(如 Mn 含量大于 13% 或 Ni 含量大于 9%)时,A_3 点降到 0 ℃以下,因而室温下钢具有单相奥氏体组织,称为奥氏体钢,如图 2-3 所示。

另一类是缩小奥氏体相区的元素,如 Cr、Mo、Si、Ti、W、Al 等,这些元素使 A_1、A_3 点上升,A_4 点下降。当钢中的这些元素含量足够高(如 Cr 含量大于 13%)时,奥氏体相区消失,室温下钢具有单相铁素体组织,称为铁素体钢,如图 2-4 所示。

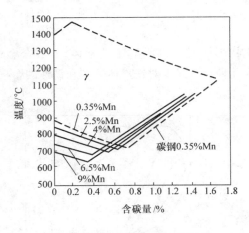

图 2-3 锰对奥氏体相区的影响

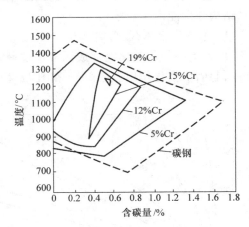

图 2-4 铬对奥氏体相区的影响

2. 对 S 点和 E 点位置的影响

几乎所有合金元素都使 E 点和 S 点左移,即这两点的含碳量下降。由于 S 点的左移,使含碳量低于 0.77% 的合金钢出现过共析组织(如 4Cr13),在退火状态下,相同含碳量的合金钢组织中的珠光体量比碳钢多,从而使钢的强度和硬度提高。同样,由于 E 点的左移,使含碳量低于 2.11% 的合金钢出现共晶组织,成为莱氏体钢,如 W18Cr4V(平均含碳量为

0.7% ~0.8%)。

（三）合金元素对钢中相变过程的影响

1.对钢加热时奥氏体化过程的影响

1）对奥氏体形成速度的影响

大多数合金元素（除镍、钴以外）都减缓钢的奥氏体化过程。因此,合金钢在热处理时,要相应地提高加热温度或延长保温时间,才能保证奥氏体化过程的充分进行。

2）对奥氏体晶粒长大倾向的影响

碳、氮化物形成元素阻碍奥氏体长大。合金元素与碳和氮的亲和力越大,阻碍奥氏体晶粒长大的作用也越强烈,因而强碳化物和氮化物形成元素具有细化晶粒的作用。Mn、P 对奥氏体晶粒的长大起促进作用,因此含锰钢加热时应严格控制加热温度和保温时间。

2.对钢冷却时过冷奥氏体转变过程的影响

1）对 C 曲线和淬透性的影响

除 Co 外,凡溶入奥氏体的合金元素均使 C 曲线右移,钢的临界冷却速度下降,淬透性提高。淬透性的提高,可使钢的淬火冷却速度降低,这有利于减少零件的淬火变形和开裂倾向。合金元素对钢淬透性的影响取决于该元素的作用强度和溶解量,钢中常用的提高淬透性的元素为 Mn、Si、Cr、Ni、B。如果采用多元少量的合金化原则,对提高钢的淬透性将会更为有效。

对于中强和强碳化物形成元素（如铬、钨、钼、钒等）,溶于奥氏体后,不仅使 C 曲线右移,而且还使 C 曲线的形状发生改变,使珠光体转变与贝氏体转变明显地分为两个独立的区域。合金元素对 C 曲线的影响如图 2-5 所示。

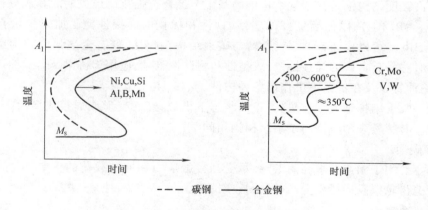

图 2-5　合金元素对 C 曲线的影响

2）对 M_s、M_f 点的影响

除 Co、Al 外,所有溶于奥氏体的合金元素都使 M_s、M_f 点下降,使钢在淬火后的残余奥氏体量增加。一些高合金钢在淬火后残余奥氏体量可高达 30% ~40%,这对钢的性能会产生不利的影响,可通过淬火后的冷处理和回火处理来降低残余奥氏体量。

3.对淬火钢回火转变过程的影响

1）提高耐回火性

淬火钢在回火过程中抵抗硬度下降的能力称为耐回火性。由于合金元素阻碍马氏体分解和碳化物聚集长大过程，使回火时的硬度降低过程变缓，从而提高钢的耐回火性。因此，当回火硬度相同时，合金钢的回火温度比相同含碳量的碳钢高，这对于消除内应力是有利的。而当回火温度相同时，合金钢的强度、硬度要比碳钢高。

2）产生二次硬化

含有高 W、Mo、Cr、V 等元素的钢在淬火后回火加热时，由于析出细小弥散的这些元素碳化物以及回火冷却时残余奥氏体转变为马氏体，使钢的硬度不仅不下降，反而升高，这种现象称为二次硬化。二次硬化使钢具有热硬性，这对于工具钢是非常重要的。

3）防止第二类回火脆性

在钢中加入 W、Mo 可防止第二类回火脆性。这对于需调质处理后使用的大型件有着重要的意义。

三、结构钢

结构钢按用途可分为工程用钢和机器用钢两大类。工程用钢主要是用于各种工程结构，包括碳素结构钢和低合金高强度结构钢，这类钢冶炼简便、成本低、用量大，一般不进行热处理。而机器用钢大多采用优质碳素结构钢和合金结构钢，它们一般都经过热处理后使用。

（一）碳素结构钢

碳素结构钢原称普通碳素结构钢，碳素结构钢含碳量低（0.06% ~ 0.38%），且含有较多的有害杂质。此类钢一般具有良好的塑性和焊接性能以及一定的强度，主要用于一般工程构件和要求不高的机械零件，经焊接或机械加工后直接使用。

（二）低合金高强度结构钢

低合金高强度结构钢是在碳素结构钢的基础上经合金强化而形成的。其成分特点是含碳量较低（$w_C \leqslant 0.2\%$），以保证良好的塑性、韧性和优良的焊接性能。加入少量合金元素 Si、Mn、Ti、V、Nb 等可以提高钢的强韧性。与碳素结构钢相比，低合金高强度结构钢的强度高、塑性和韧性好，有良好的焊接性、冷成型性和耐蚀性，广泛应用于桥梁、车辆、船舶、锅炉、压力容器、输油管以及在低温下工作的各种构件。

低合金高强度结构钢大多在热轧、正火状态下供应，经冷变形或焊接成型后，一般不再进行热处理。其牌号表示方法与碳素结构钢相同。

（三）渗碳钢

渗碳钢主要用于制造要求高耐磨性、承受高接触应力和冲击载荷的重要零件，如汽车、拖拉机的变速齿轮以及内燃机上凸轮轴、活塞销等。

1. 合金化原理

1）含碳量的选择

渗碳钢的含碳量实际上就是渗碳零件芯部的含碳量，若含碳量过低，表面的渗碳层易于剥落；含碳量过高，则芯部的塑性、韧性下降，并使表层的压应力减小，从而降低弯曲疲劳强度。含碳量一般选择为 0.1% ~ 0.25%。

2）提高淬透性的元素

提高芯部的强度将提高齿轮的承载能力，并防止渗碳层剥落。而芯部的强度取决于钢中的含碳量和淬透性。常加入的合金元素有 Cr、Ni、Mn、Mo、W、Si、B 等。Ni 对渗碳层和芯部的韧性和强度都十分有利。

3）阻止奥氏体晶粒长大的元素

渗碳操作是在 910～930 ℃高温下进行的,为了阻止奥氏体晶粒长大,渗碳钢用以铝脱氧的本质细晶粒钢。因为 Mn 在钢中有促进奥氏体晶粒长大的倾向,所以在含 Mn 渗碳钢中常加入少量的 V、Ti 等阻止奥氏体晶粒长大的元素。

2.常用钢种

1）低强度渗碳钢

抗拉强度级别在 800 MPa 以下,又称为低淬透性渗碳钢,只适用于芯部强度要求不高的小型渗碳件。常用的钢号有 15、20、20Mn、20MnV、15Cr 等。

2）中强度渗碳钢

抗拉强度级别在 800～1 200 MPa 范围内,又称为中淬透性渗碳钢,钢的淬透性与芯部的强度均较高,用于制造一般机器中较为重要的渗碳件。常用的钢号有 20CrMnTi、20MnVB、20MnTiB 等。

3）高强度渗碳钢

抗拉强度级别在 1 200 MPa 以上,又称为高淬透性渗碳钢。由于具有很高的淬透性,芯部强度很高,可以用于制造截面较大的重负荷渗碳件。常用的钢号有 20Cr2Ni4A、18Cr2Ni4WA、15CrMn2SiMo 等。

3.热处理

渗碳钢的热处理一般是渗碳后进行淬火和低温回火,以获得高硬度的表层和强而韧的芯部。

1）渗碳后预冷直接淬火及低温回火

适用于合金元素含量较低又不易过热的钢,如 20CrMnTi。

2）一次淬火

渗碳后缓冷至室温,重新加热淬火并低温回火。适用于渗碳时易于过热的碳钢及低合金钢工件。

3）两次淬火

渗碳后缓冷至室温,重新加热两次淬火并低温回火。适用于本质粗晶粒钢及对性能要求很高的钢,但生产周期长、成本高、易氧化脱碳和变形,很少采用。

（四）调质钢

调质钢主要用于制造受力复杂的汽车、拖拉机、机床及其他机器的各种重要零件,如齿轮、连杆、螺栓、轴类件等。

1.化学成分

1）含碳量

调质钢含碳量为 0.30%～0.50%,以保证足够的碳化物起弥散强化作用,在满足强度要求的前提下,为了提高钢的韧性,应将含碳量限制在较低范围内,以增加零件工作时的安全可靠性。

2）提高淬透性的合金元素

调质钢合金化的着眼点是提高钢的淬透性。常用的提高淬透性的合金元素有 Mn、Cr、Mo、B、Si、Ni。

3）防止第二类回火脆性的元素

调质钢的回火温度正好处于第二类回火脆性温度范围内,钢中含有 Mn、Cr、Ni、B 元素时,会增大回火脆性的敏感性,除了回火后快速冷却外,还可以加入抑制回火脆性的元素 Mo 和 W。

4）细化奥氏体晶粒的元素

回火索氏体中铁素体晶粒越细小,则钢的强韧性越好,为了细化铁素体晶粒,首先必须先细化奥氏体晶粒,常用的元素有 Mo、W、V、Ti。

2. 常用钢种

1）低淬透性调质钢

油淬临界直径最大为 30～40 mm,典型钢种有 45、40Cr、40MnB 等。45 钢是比较便宜的钢种,淬透性小,用于对力学性能要求不高的零件;40Cr 有较高的力学性能和工艺性能,应用十分广泛。

2）中淬透性调质钢

油淬临界直径最大为 40～60 mm,典型钢种有 40CrMn、35CrMo 等,可以制造截面尺寸较大的中型甚至大型零件。

3）高淬透性调质钢

油淬临界直径在 60 mm 以上,大多含有 Ni、Cr 等元素。为了防止回火脆性,钢中还含有 Mo,如 40CrNiMo 等。可用于制造大截面、承受重载荷的重要零件。

3. 热处理

1）预备热处理

调质钢经过热加工之后,必须经过预备热处理以降低硬度、便于切削加工、消除热加工组织缺陷、细化晶粒、改善组织,为最终热处理做好准备。

预备热处理的方法:对于合金元素含量较低的钢,进行正火或退火处理;对于合金元素含量较高的钢,正火可能得到马氏体组织,还需进行高温回火,使其组织变为粒状珠光体,降低硬度,便于切削加工。

2）最终热处理

最终热处理是淬火加高温回火。合金钢的淬透性比较高,可以采用较慢的冷却速度淬火,一般用油淬,以避免出现热处理缺陷。调质钢的最终性能取决于回火温度,一般为500～650 ℃,强度要求较高时,采用较低温度;反之,选用较高温度。

根据使用性能要求,调质钢也可以在淬火后中、低温度回火使用,得到回火屈氏体和回火马氏体组织。

（五）弹簧钢

弹簧钢主要用于制造各种弹簧或类似性能的结构件。

1. 化学成分

1）含碳量

为了提高弹性极限和屈服极限,一般碳素弹簧钢的含碳量为 0.6%～0.9%,合金弹簧钢的含碳量为 0.50%～0.70%。

2）加入 Si、Mn

加入 Si、Mn 的目的是提高淬透性、强化铁素体、提高回火稳定性。但含 Si 量多时会增大碳的石墨化倾向,并在加热时使钢易于脱碳;Mn 会增大钢的过热倾向。

3)加入 Cr、V、W

为了克服 Si – Mn 钢的缺点,加入这些碳化物形成元素,可以防止钢的过热和脱碳,提高淬透性(Cr),V、W 可以细化晶粒,并保证钢在高温下仍具有较高的弹性极限和屈服极限。

2. 常用钢种

1)碳素弹簧钢

如 65 钢,用于制造小截面(直径小于 12 ~ 15 mm)弹簧,缺点是淬透性差;当直径大于 12 ~ 15 mm 时,在油中不能淬透,因此用冷拔钢丝和冷成型法制成。

2)合金弹簧钢

以 Si – Mn 钢为基本类型,其中的 65Mn 钢的价格低廉,淬透性显著优于碳素弹簧钢,可以制造尺寸为 8 ~ 15 mm 的小型弹簧;60Si2Mn 钢,由于同时加入了 Si 和 Mn,用于制造厚度为 10 ~ 12 mm 的板弹簧和直径为 25 ~ 30 mm 的螺旋弹簧,油冷即可淬透,力学性能显著优于 65Mn 钢;当工作温度高于 250 ℃时,可采用 50CrV 钢,它具有良好的力学性能,于 300 ℃以下工作弹性不减。

3. 热处理

1)热成型弹簧

热成型弹簧多用热轧钢丝或钢板制成,以汽车板簧为例,其热成型制造弹簧的工艺路线为扁钢剪断→加热压弯成型→淬火中温回火→喷丸→装配。

在淬火加热时,为了防止氧化和脱碳,应尽量采用快速加热,最好在盐炉或带有保护性气氛的炉中进行,淬火后尽快回火,以防产生延迟断裂。对于含 Si 弹簧钢,回火温度一般为 400 ~ 450 ℃,其组织为回火屈氏体,钢的弹性极限达到最高值。

弹簧钢也可以采用等温淬火,使钢在恒温下转变为下贝氏体,可提高钢的韧性和强度。如果在等温淬火后再在等温温度作补充回火,则能进一步提高钢的比例极限和延迟断裂抗力。

弹簧的表面质量对使用寿命影响很大,表面微小的缺陷如脱碳、裂纹、夹杂、斑痕等均可使钢的疲劳强度降低,因此弹簧热处理后还需用喷丸处理来进行表面强化,使表层产生残余压应力,可以提高其疲劳强度。

2)冷成型弹簧

对直径较细或厚度较薄的弹簧,可以先进行强化处理(冷变形强化或热处理强化),然后卷制成型,最后进行回火和稳定尺寸。

Ⅰ. 铅淬冷拔钢丝

铅淬处理是将弹簧钢(T8A、T9A、T10A)经正火酸洗后,先冷拔到一定尺寸,再加热到 A_{c3} + (80 ~ 100) ℃奥氏体化,接着通过温度为 500 ~ 550 ℃的铅浴进行等温冷却,以获得索氏体组织。此时,钢丝具有很高的塑性和较高的强度。在此基础上进行多次冷拔,最后可获得具有极高强度(3 000 MPa)及一定塑性的弹簧钢丝。这类钢丝经冷卷成型后,只进行消除应力的回火处理即可。

Ⅱ. 冷拔钢丝

钢丝通过冷拔变形强化,但未经铅淬处理。在冷拔工序中间加入一道 680 ℃的中间退火,以提高塑性,使钢丝继续冷拔到最终尺寸。冷卷成型后,只进行消除应力的回火处理即可。

Ⅲ．淬火回火钢丝

钢丝在冷拔到最终尺寸后,再经淬火和中温回火处理,最后冷卷成弹簧。

(六)滚动轴承钢

用于制造滚动轴承套圈和滚动体的专用钢称为滚动轴承钢,它除了用于制作滚动轴承,还广泛用于制造各类工具和耐磨零件。

1．化学成分

1）含碳量

轴承钢含碳量为 0.95% ~ 1.15% ,以保证钢有高的硬度及耐磨性。决定钢硬度的主要因素是马氏体的含碳量,只有含碳量足够高时,才能保证马氏体的高硬度。此外,碳还要形成一部分高硬度的碳化物,进一步提高钢的硬度和耐磨性。

2）加入 Cr、Si、Mn

常用的轴承钢以 Cr 为主要合金元素,Cr 一方面可以提高淬透性,另一方面可以形成合金渗碳体,使钢中的碳化物非常细小均匀,从而大大提高钢的耐磨性和接触疲劳强度。Cr 还可以提高钢的耐蚀性。但钢中 Cr 含量如果超过 1.65% ,将增加残余奥氏体的数量,降低硬度及尺寸稳定性。另外,如果 Cr 含量过高,会增加碳化物的不均匀性,降低钢的韧性和疲劳强度。所以,Cr 含量一般控制在 1.65% 以下。

制造大型轴承时,进一步加入 Si 和 Mn,可以提高淬透性。

3）冶金质量要求

由于轴承的接触疲劳性能对钢材的微小缺陷十分敏感,所以非金属夹杂物对钢的使用寿命有很大影响。非金属夹杂物的种类、尺寸大小及形状不同,则影响的大小也不同。危害最大的是氧化物,其次为硫化物和硅酸盐,它们的多少取决于冶金质量及铸锭操作,因此在冶炼及浇注时必须严格控制其数量。

2．常用钢种及热处理

应用最广泛的轴承钢是 GCr15。

轴承钢的热处理包括两个环节。首先是进行球化退火处理。球化退火的目的:一是降低硬度,以利于切削加工;二是获得均匀分布的细粒状珠光体,为最终热处理做好组织准备。对 GCr15 钢来说,球化退火的温度为 780 ~ 810 ℃,保温时间根据炉子类型和装炉量确定,一般为 2 ~ 6 h,然后以 10 ~ 30 ℃/h 的速度冷却到 600 ℃,之后出炉空冷。

淬火和低温回火是轴承钢热处理的第二个环节,也是决定轴承钢性能的热处理工序。加热温度在 A_{c1} ~ A_{ccm},加热温度过高,将会增加残余奥氏体的数量,并会由于过热得到粗片状马氏体,急剧降低钢的冲击韧性和疲劳强度。对 GCr15 钢来说,淬火温度应严格控制在 (840 ±10)℃ 范围内,淬火组织为隐晶马氏体及细小均匀分布的碳化物和少量的残余奥氏体。

淬火后应立即回火,以消除应力、提高韧性、稳定组织及尺寸。GCr15 钢的回火温度为 150 ~ 160 ℃,回火时间为 2 ~ 3 h,回火组织为回火马氏体、均匀细小的碳化物及少量的残余奥氏体。为了消除零件在磨削加工时产生磨削应力以及进一步稳定组织和尺寸,在磨削加工后再进行一次附加回火,回火温度为 120 ~ 150 ℃,回火时间为 2 ~ 3 h。

(七)工具钢

工具钢是用于制造各种加工工具的钢种。根据用途不同,分为刃具钢、模具钢和量具钢。按照化学成分不同,可分为碳素工具钢、合金工具钢和高速钢三种。

1. 刃具钢

刃具钢是用于制造各种切削加工工具的钢种。

刃具在切削过程中,刀刃与工件表面金属相互作用使切屑产生变形与断裂并从整体上剥离下来。故刀刃本身承受弯曲、扭转、剪切应力和冲击、振动负荷,同时还受到工件和切屑的剧烈摩擦作用。由于切屑层金属变形以及刃具与工件、切屑的摩擦产生大量切削热,使刃具温度升高,有时高达 600 ℃。

刃具钢必须具有很高的硬度、足够的耐磨性、高的红硬性,还必须具有足够的塑性和韧性。

1)碳素工具钢

碳素工具钢是含碳量为 0.65% ~ 1.35% 的高碳钢。因其生产成本低,冷、热加工性好,热处理工艺简单,热处理后有相当高的硬度,切削热不大时具有较好的耐磨性,所以应用十分广泛。可用来制造截面较小、形状简单、切削速度较低的刃具以及加工硬度低的软金属或非金属材料。

高碳工具钢随含碳量的增加,过剩碳化物增多,钢的耐磨性增高,而塑性和韧性下降。

含碳量为 0.65% ~ 0.74% 的 T7 钢,淬火、回火后的硬度为 58HRC,具有较高的强度和较好的塑性,适于制作承受冲击负荷或切削软材料的刃具,如凿子、锤子和木工工具。

含碳量为 0.75% ~ 0.9% 的 T8A、T8Mn 钢,因淬透性较高、淬火组织较均匀,用于制造截面稍大的木工工具或切削软金属的刃具。

含碳量为 0.95% ~ 1.04% 的 T10 钢,热处理硬度为 56 ~ 60HRC,可用于制造要求硬度、耐磨性和强度较高并承受一般冲击的工具,如冲子、拉丝模、丝锥、车刀。

含碳量为 1.15% ~ 1.2% 的 T12 钢,淬火、回火后的硬度高达 60 ~ 62HRC,耐磨性好,但塑性、韧性较低,用于制作不受冲击、要求高硬度和耐磨性的刃具,如锉刀、绞刀、刻刀等。

碳素工具钢在淬火并低温回火状态下使用。亚共析碳素工具钢淬火温度在 A_{c3} 以上 30 ~ 50 ℃,淬火后获得细针状马氏体和残余奥氏体;过共析钢淬火温度在 A_{c1} 以上 30 ~ 50 ℃,淬火后获得隐晶马氏体和颗粒状未溶渗碳体及残余奥氏体。低温回火温度一般为 150 ~ 180 ℃,回火时间一般为 1 ~ 2 h。回火目的是保持高硬度条件下消除淬火应力,提高塑性和韧性。

碳素工具钢锻、轧后,淬火前应进行球化退火处理,其目的是降低硬度、便于机加工,并为淬火准备均匀细小的粒状珠光体组织。

2)低合金刃具钢

低合金刃具钢是在碳素工具钢基体中加入 Cr、Mn、Si、W、V 等元素形成的合金工具钢。低合金刃具钢的含碳量为 0.75% ~ 1.5%,合金元素的总量在 5% 以下。加入 Cr、Mn、Si 主要是提高钢的淬透性,同时也提高钢的强度和硬度;加入强碳化物形成元素 W、V 形成特殊碳化物,可以提高钢的硬度和耐磨性,并降低钢的过热敏感性、细化奥氏体晶粒、提高钢的韧性;加入 Si 还能提高钢的回火抗力,使淬火钢在 250 ~ 300 ℃ 回火仍保持 60HRC 以上的硬度。但 Si 含量过高会增加钢的脱碳倾向并恶化加工性能,若 Si、Cr 同时加入钢中则能降低脱碳倾向。

Cr 钢和 Cr2 钢含碳量高,硬度和耐磨性高,Cr 含量为 0.7% ~ 1.5% 可以显著提高钢的淬透性,含 Cr 钢可以制造截面较大($20 \sim 30$ mm^2)、形状复杂的刃具。

9SiCr 钢淬透性很高,直径 $40 \sim 50$ mm 的工具可以在油中淬透,淬火、回火后的硬度在 60HRC 以上。与碳素工具钢相比,在相同回火硬度下,9SiCr 钢的回火温度可以提高 100 ℃ 以上,寿命可提高 10% $\sim$ 30%。可用于制造精度及耐磨性要求较高的薄刃刃具。

CrWMn 是一种微变形钢,具有高的淬透性、硬度和耐磨性。W 能细化晶粒,改善韧性。由于该钢淬火后残余奥氏体较多,可以抵消马氏体相变引起的体积膨胀,故淬火变形小。CrWMn 适用于制造截面较大、要求耐磨和淬火变形小的刃具。

低合金刃具钢的热处理过程基本上与碳素工具钢相同,在锻造或轧制以后要进行球化退火、淬火及低温回火,最终获得淬火马氏体和未溶粒状碳化物组织。与碳素工具钢相比,由于合金元素的作用,晶粒长大倾向小,淬火温度可以高些。

低合金刃具钢红硬性虽然比碳素刃具钢有所提高,但其工作温度仍不能超过 250 ℃,只能用于制造低速切削刀具。

3）高速钢

高速钢是由大量 W、Mo、Cr、Co、V 等元素组成的高碳高合金钢。

高速钢的主要性能特点是具有很高的红硬性,钢在淬火、回火后的硬度一般高于 63HRC,高的可达 $68 \sim 70$HRC(超硬高速钢)。高速钢在高速切削时,刃口温度升高至 600 ℃ 左右,硬度仍然保持在 55HRC 以上。高速钢还具有很高的淬透性。高速钢广泛应用于制造尺寸大、切削速度高、负荷重、工作温度高的各种机加工刃具。

Ⅰ. 化学成分

高速钢是含有大量多种合金元素的高碳钢,各种高速钢的化学成分均在 C、W、Mo、Cr、V、Co 等多种元素中变动。

高速钢中的 C 是为了和碳化物形成元素 W、Mo、Cr、V 等形成碳化物,并保证得到强硬的马氏体基体以提高硬度和耐磨性。

高速钢中加入 W、Mo、Cr、V 主要是形成 VC、W_2C、Mo_2C、$Cr_{23}C_6$、Fe_3W_3C、Fe_4W_2C 等碳化物,这些碳化物硬度很高,在回火时弥散析出,产生二次硬化效应,显著提高红硬性、硬度和耐磨性。

高速钢中加 Cr 主要是为了提高淬透性和耐磨性,也能提高抗氧化、脱碳和抗腐蚀能力。

有些高速钢中加入 Co 可显著提高钢的红硬性,Co 不能形成碳化物,但能提高高速钢的熔点,从而提高淬火温度,使奥氏体中溶解更多的 W、Mo、V 等元素,促进回火时合金碳化物的析出。同时,Co 本身可形成金属间化合物,产生弥散强化效果,并阻止其他碳化物的聚集长大。

根据钢中主要化学成分,高速钢分为 W 系、Mo 系和 W – Mo 系三类,其典型牌号分别为 W18Cr4V、Mo8Cr4VW、W6Mo5Cr4V2 等。其中,W18Cr4V 和 W6Mo5Cr4V2 应用最为广泛,前者耐磨性稍高,后者韧性稍高、红硬性较好。

Ⅱ. 铸态组织及压力加工

W18Cr4V 钢在室温下的平衡组织为莱氏体、珠光体及碳化物。实际高速钢铸锭冷却速度较快,得不到平衡铸态组织,主要由粗大的共晶莱氏体网和黑色组织组成。共晶莱氏体是由 γ 和 M_6C 组成的机械混合物。M_6C 以粗大的鱼骨状的形式分布,其间填充的是共晶 γ。黑色组织叫 δ 共析体,是由液态包晶反应来不及充分进行保留下来的 δ 相在 1 320 $\sim$

1 340 ℃ 发生共析分解的产物（$\delta \rightarrow \gamma + M_6C$），类似于珠光体组织形态，故称为 δ 共析体。其组织特征是由细片状奥氏体和 M_6C 碳化物组成的机械混合物。在黑色组织的外面是高温包晶反应产物 γ 相，在铸造冷却过程中由于冷却速度较快，不能进行共析反应而过冷到较低温度，转变为白色的马氏体和残余奥氏体。

高速钢由于含有大量合金元素，虽然含碳量在 0.7% ~ 1.6%，但其铸态组织中仍出现莱氏体，故属于莱氏体钢。高速钢的铸态组织和化学成分是极不均匀的，尤其是处于晶界处的鱼骨状的共晶莱氏体硬度很高、脆性很大。因此，高速钢不能直接在铸态使用。铸态组织的这种不均匀性不能用热处理方法改变，只有经过热压力加工才能打碎粗大的共晶碳化物并使之在钢中分布均匀。但是高速钢中共晶碳化物很多，在锻、轧过程中，随变形度增加，破碎后的碳化物颗粒沿变形方向呈带状分布，或呈变形的网格，尤其堆积于初生奥氏体的晶界处。因此，一般锻、轧后碳化物的分布仍保留着不均匀性。这种碳化物的不均匀分布显著降低高速钢刃具或钢材的强度和韧性，出现力学性能的各向异性，并影响高的耐磨性和红硬性。为了消除带状组织，改善碳化物分布的不均匀性，通常要增大锻、轧比，实行多向锻、轧。

Ⅲ. 热处理

高速钢热处理包括加工前的退火和成型后的淬火、回火两部分。

Ⅰ）退火

高速钢锻、轧后应进行退火，其目的是降低硬度，以利于切削加工；使碳化物形成均匀分布的颗粒，以改善淬火、回火后的性能。退火工艺分为普通退火和等温退火两种。退火组织为在索氏体基体上分布细小颗粒状碳化物。

Ⅱ）淬火

高速钢淬火加热的最大特点是奥氏体化温度很高。只有将高速钢中 W、Mo、Cr、V 等大量碳化物形成元素更多地溶解到奥氏体中，才能充分发挥碳和合金元素的作用，淬火后获得高碳、高合金的马氏体，回火后才能以合金碳化物形式析出，从而保证高速钢获得高的淬透性、淬硬性和红硬性。但是退火状态下这些合金元素大部分存在于合金碳化物中，而这些合金碳化物稳定性很高，需要加热到很高的淬火温度，才能使其向奥氏体中大量溶解。W18Cr4V 的淬火加热温度为 1 260 ~ 1 310 ℃，W6Mo5Cr4V2 的淬火加热温度为 1 200 ~ 1 250 ℃。高速钢淬火温度也不能过高，否则奥氏体晶粒迅速粗化，残余奥氏体数量增多，淬火变形和氧化、脱碳加剧，性能降低。

高速钢淬火加热保温时间应保证足够的碳化物溶入奥氏体中而又不引起晶粒粗化。一般根据刀具的形状、尺寸和加热设备而定。

高速钢中合金元素多，导热性差，工件由室温直接加热至很高的淬火温度时，容易产生内应力，引起变形或开裂。因此，高速钢淬火加热时必须进行预热。根据刀具的尺寸和形状不同，可以采用一次或两次预热。

虽然高速钢淬火加热后空冷也能获得马氏体，但为了防止钢在空冷时发生氧化、脱碳现象以及析出碳化物，影响高的红硬性，一般小型或形状简单的刀具采用油淬空冷的淬火方法。

由于 W18Cr4V 奥氏体等温转变曲线在 400 ~ 600 ℃ 存在一个过冷奥氏体非常稳定的区域。因此，可以采用分级淬火的方法，以防止淬火变形和开裂。

Ⅲ）回火

高速钢在正常温度下加热，奥氏体中含有大量碳和合金元素，使 M_s 点和 M_f 点明显降低，经油淬或分级淬火后钢中保留大量残余奥氏体。多余的奥氏体会降低耐磨性，且影响尺寸稳定性。

淬火高速钢回火时性能变化的最大特点是在 500～600 ℃回火时具有二次硬化效应，出现了硬度和强度的峰值，塑性有所下降。

二次硬化是指淬火高速钢在 500～600 ℃温度范围内回火时，由于细小、弥散的 W_2C 和 VC 型特殊碳化物从马氏体中析出而使硬度和强度明显升高的现象。其最高硬度值出现在 560 ℃左右。

当回火温度升高到 500～600 ℃时，由于一部分碳化物析出降低了奥氏体中碳和合金元素的含量，使 M_s 点升高，而在回火冷却过程中转变为马氏体。这种因残余奥氏体在回火冷却过程中转变为马氏体而引起硬度、强度升高的现象叫做二次淬火。

高速钢由于加入大量合金元素，使马氏体分解温度升高，同时又能产生明显的二次硬化效果，从而使其具有很高的红硬性。为了使高速钢获得很高的硬度、红硬性和耐磨性，一般高速钢淬火后都要在 560 ℃进行回火。但是高速钢淬火后残余奥氏体量多而且稳定，一次回火只能对马氏体起回火作用，不能使所有残余奥氏体转变为马氏体。为了尽量多地消除残余奥氏体，通常要在 560 ℃进行三次回火。高速钢回火后的组织为回火马氏体加颗粒状的合金碳化物及少量残余奥氏体，硬度高达 65～66HRC。

2．模具钢

模具钢是用来制造各种锻造、冲压或压铸成型工件模具的钢种。

1）冷作模具钢

Ⅰ．工作条件及性能要求

冷作模具钢是指在常温下使金属变形（切边、冷冲、冷镦、拉丝、挤压、搓丝）的模具用钢。冷作模具在工作时承受很大的变形抗力（挤压力、冲压力和张力）和剧烈的摩擦作用。因此，要求模具具有高的强度、硬度、耐磨性及足够的韧性，还应具有好的工艺性能，如淬透性。

Ⅱ．合金化及钢种选择

冷作模具钢的基本性能要求是高硬度和高耐磨性，故一般应该是高碳钢。在冲击条件下工作的高强韧模具钢要求含碳量为 0.5%～0.7%，而要求高硬度、高耐磨性的冷作模具钢的含碳量为 1.2%～2.3%，都属于过共析钢。

冷作模具钢中加入 W、Mo、V 等元素能形成弥散的特殊碳化物，产生二次硬化效应，并能阻止奥氏体晶粒长大，起细化晶粒作用。因此，能显著提高冷作模具钢的耐磨性、强韧性，并减小钢的过热倾向。

Cr、Mn、Si 的作用主要是提高钢的淬透性和强度。Cr 也能形成特殊碳化物，产生二次硬化，提高钢的耐磨性。对于要求高耐磨性、高淬透性和微变形的冷作模具，钢的含铬量可以提高到 12%，这类钢的淬火态有大量残余奥氏体（10%～40%）和未溶碳化物（10%～20%），既可提高钢的耐磨性，又能减小钢的淬火变形，并有极好的淬透性。Si 可以强烈提高钢的变形抗力和冲击疲劳抗力。Mn 可以降低 M_s 点，使淬火后残余奥氏体数量增加，减小工件淬火变形。

根据钢的使用条件和承载能力,不同类型的冷作模具可以采用不同的钢种。

由于冷作模具钢的工作条件和性能要求与刃具钢有相同之处,故刃具钢一般均可用做冷作模具钢。

尺寸小、形状简单、负荷轻的冷作模具可选用 T7A、T8A、T10A、T12A 等碳素工具钢制造。

尺寸较大、形状复杂、淬透性要求较高的冷作模具,一般选用 9SiCr、9Mn2V、CrWMn、GCr15 等高碳低合金刃具钢或轴承钢。这类钢属于低变形冷作模具钢。

尺寸大、形状复杂、负荷重、变形要求严格的冷作模具,须采用中合金或高合金模具钢,如 Cr12Mo、Cr12MoV、Cr4W2MoV、Cr2Mn2SiWMoV、Cr6WV 等。这类钢淬透性高、耐磨性高,属于微变形钢。高速钢也满足这类模具的性能要求,而不用其高红硬性的特点,故一般采用高速钢低温淬火。

Ⅲ. 典型钢种及热处理

Cr12 型冷作模具钢属于高碳高铬钢,代表钢种有 Cr12、Cr12Mo、Cr12MoV,也包括 Cr4W2MoV、Cr2Mn2SiWMoV 等钢。这类钢的共同特点是具有高的淬透性、耐磨性、红硬性和抗压强度,热处理变形小。

Cr12 型钢的含碳量在 1.5% 以上,合金元素含量高,使 S 点和 E 点显著左移,钢中含有大量一次和二次碳化物,故其属于莱氏体钢。铸态组织为马氏体加共晶碳化物,退火和淬火组织中亦有大量碳化物,这些碳化物显著提高了钢的耐磨性。加入 Mo、V 能细化晶粒,提高钢的韧性。

与高速钢相似,Cr12 型钢也有组织和碳化物不均匀性问题,由于含碳量高,共晶莱氏体数量多,碳化物不均匀性更为严重。改善碳化物不均匀性的方法主要靠锻造,通过反复镦粗、拔长的锻造工艺,打碎一次或二次碳化物并使之均匀分布。钢经锻造后应缓慢冷却,随后进行退火,以消除内应力、降低硬度,并使碳化物球化。

Cr12MoV 钢通常采用 980 ~ 1 030 ℃ 油淬,150 ~ 180 ℃ 回火 2 ~ 3 h,热处理后的硬度为 61 ~ 63HRC。Cr12MoV 钢导热性差,为减小热应力,淬火加热前要在 550 ~ 650 ℃ 和 820 ~ 850 ℃ 进行两次预热。该钢淬透性好,采用油冷淬火是为了减小氧化、脱碳现象。为了提高钢的韧性,可将钢的回火温度提高到 200 ~ 275 ℃,硬度降低为 57 ~ 59HRC。

Cr12 型钢在 275 ~ 375 ℃ 存在回火脆性,应避开这一温度区间回火。

2)热作模具钢

Ⅰ. 工作条件和性能要求

热作模具钢是使热态金属(热锻、热挤)或液态金属成型(压铸)的模具用钢。

热作模具钢应具有足够的高温硬度和高温强度,即要求有高的回火稳定性;具有良好的耐磨性和一定的韧性,高的热疲劳性能和抗氧化能力;还应具有高的淬透性和较小的热处理变形。

热作模具钢一般采用中碳钢(含碳量为 0.3% ~ 0.6%),既保证钢的塑性、韧性和导热性,又不降低钢的硬度、强度和耐磨性。加入合金元素 Cr、W、Mo、Si 等能提高钢的高温硬度、强度和回火稳定性,同时还有助于提高钢的临界点 A_{c1},从而避免模具在受热和冷却的过程中产生相变组织应力,有助于提高钢的热疲劳性能。此外,热模具钢中加入 Cr、Ni、Si、Mn

等元素可以提高钢的淬透性。

Ⅱ．典型钢种及热处理

热锻模是在高温下通过冲击压力迫使金属成型的热作磨具，在工作过程中承受较大的冲击压力。5CrNiMo 和 5CrMnMo 是常用的热锻模具钢。中碳既保证淬火后获得一定的硬度，同时也具有良好的淬透性和导热性。加入 Cr 可提高钢的淬透性、冲击韧性和回火稳定性。Ni 能显著提高钢的强度、韧性和淬透性。Mo 能细化晶粒，提高韧性、回火稳定性，减小过热倾向和回火脆性。5CrNiMo 具有最佳综合性能。5CrMnMo 以 Mn 代 Ni，虽然强度不降低，但塑性、韧性及淬透性均比 5CrNiMo 低，过热敏感性稍大。

热挤压模或压铸模工作时与热态金属长时间接触，同时承受很高的应力。因此，高的热稳定性、高的高温强度和耐热疲劳性能是这类模具用钢的主要性能要求。代表钢号有 3Cr2W8V、4Cr5MoSiV 等。3Cr2W8V 钢中 W 含量较高，回火稳定性高，在 500～600 ℃回火时能析出 W_2C、VC 等碳化物，产生二次硬化，故具有较高的红硬性、耐磨性和热稳定性。W 还提高钢的 A_{c1} 点，故提高钢的热疲劳抗力。Cr 主要提高钢的淬透性，并提高热疲劳抗力、抗氧化性和抗蚀性。少量的 V 能细化晶粒，提高耐磨性。3Cr2W8V 钢虽然含碳量只有 0.3%，但因为 W、Cr 含量高，使其相当于过共析钢。4Cr5MoSiV 的主要特点是含 Cr 高，淬透性高，淬火时空冷即可得到马氏体组织；钢在 500～600 ℃回火，由于 Mo_2C、V_4C_3 等合金碳化物弥散析出产生二次硬化，因此具有较高的回火稳定性。钢的高温强度、热疲劳抗力及抗氧化性能也较好。

（八）特殊性能钢

具有特殊物理、化学性能的钢称为特殊性能钢。常用特殊性能钢有不锈钢、耐热钢和耐磨钢。

1. 不锈钢

通常所说的不锈钢是不锈钢和耐酸钢的总称。不锈钢是能抵抗大气及弱腐蚀介质的钢；而耐酸钢是指在各种强腐蚀介质中耐蚀的钢。实际上，没有绝对不锈、不受腐蚀的钢种，只是在不同介质中腐蚀速度不同而已。

钢在电介质中由于本身各部分电极电位的差异，在不同区域产生电位差，电位较低的阳极区将不断被腐蚀，而电位较高的阴极区受到保护而不被腐蚀。金属在电介质溶液中的腐蚀是由于形成腐蚀原电池的结果。

钢的组织和化学成分不均匀会产生原电池。钢中的阳极区是组织中化学性较活泼的区域，如晶界、塑性变形区、温度较高的区域等；而晶内、未塑性变形区、温度较低的区域等则为阴极区。微阴极和微阳极电极电位差越大，阳极电流密度越大，钢的腐蚀速度越大。

钢的实际腐蚀速度总比计算值要小得多。这是由于在原电池作用接通开始和腐蚀过程中，系统的总电阻没有改变，而腐蚀电流逐渐减小并很快稳定在一定数值上，使阳极和阴极的电极电位差发生改变，产生所谓的极化作用。

1）马氏体不锈钢

这类钢含铬 13%～18%，含碳 0.1%～1.0%，主要包括 Cr13 型不锈钢和高碳不锈轴承钢 9Cr18 等。生产上应用最广泛的马氏体不锈钢是 1Cr13、2Cr13、3Cr13、4Cr13 等。

马氏体不锈钢中含 Cr 量大于 12%，使钢的电极电位明显升高，因而耐蚀性有明显提高。但这类钢含有较多的碳，含碳量增加，钢的硬度、强度、耐磨性及切削性能显著提高，而耐蚀性能下降。马氏体不锈钢多用于制造力学性能较高、耐蚀性要求较低的零件。如 3Cr13、4Cr13 用于制造医疗器械、弹簧等,1Cr13、2Cr13 用于制造汽轮机叶片、水压机阀及在较高温度工作的零件。

Cr13 型除 1Cr13 外,淬火加热得单相 A,让碳化物充分溶解而晶粒又不过分粗大。淬透性高、形状复杂、尺寸较小的零件,可空冷或风冷;尺寸大的用油或水冷,一般油冷;有回火脆性倾向,回火后应用较快冷速。3Cr13、4Cr13 淬火温度高,回火时碳化物析出较多,基体贫 Cr,耐蚀性下降,故应采用低温回火,以使基体仍保持大量 Cr,可保持较高硬度和耐蚀性。1Cr13、2Cr13 高温回火,得回火索氏体,碳化物聚集长大,弥散度小,合金扩散较充分,碳化物周围的贫 Cr 区获得平衡 Cr 浓度,可保证较高的耐蚀性。

2)铁素体不锈钢

这类钢的特点是含 Cr 量高(大于 15%)、含碳量低(小于 0.15%)。在加热和冷却过程中没有或很少发生 α—γ 转变,属于铁素体钢,随着含 Cr 量增多,基体电极电位升高,钢的耐蚀性提高。该类钢在氧化性酸中具有良好的耐蚀性,同时具有较高的抗蚀性能,广泛用于硝酸、氮肥、磷酸等工业,也可作为高温下的抗氧化材料。工业上常用的铁素体不锈钢牌号有 1Cr17、1Cr17Ti、1Cr28、1Cr25Ti、1Cr17Mo2Ti 等。

铁素体不锈钢的主要缺点是韧性低、脆性大。

Ⅰ. 晶粒粗大

铁素体不锈钢在加热和冷却时不发生相变,粗大的铸态组织只能通过压力加工碎化,而不能通过热处理改变。粗大晶粒导致钢的冷脆倾向增大,室温冲击韧性低。采用降低停轧温度、真空冶炼、加入少量合金元素 Ti 等方法可防止因晶粒粗大产生的室温脆性。

Ⅱ. 475 ℃脆性

含 Cr 量大于 15% 的高 Cr 铁素体不锈钢在 400 ~ 550 ℃温度范围内长时间停留时或在此温度范围内缓冷时,会导致室温脆化、强度升高、塑韧性接近于零,同时耐热性能降低。由于在 475 ℃左右脆化现象最为严重,故称为 475 ℃脆性。引起这种脆性的原因是在 475 ℃加热时,铁素体内铬原子趋于有序化,形成许多富铬的铁素体,该富铬相在母相{100}晶面族上或位错处析出,它们与母相保持共格关系,产生很大的晶格畸变和内应力,同时使滑移难以进行,易产生孪晶,孪晶面成为解理断裂的形核地点,因而导致钢的脆化,降低钢的耐蚀性。通过加热至 580 ~ 650 ℃保温后快冷的方法可以消除 475 ℃脆性。

Ⅲ. σ 相脆性

含 Cr 量大于 15% 的高 Cr 铁素体不锈钢在 520 ~ 850 ℃长时间加热时,从 δ - 铁素体中析出金属间化合物 FeCr,叫做 σ 相。由于 σ 相的析出使铁素体不锈钢变脆的现象叫 σ 相脆性。已经产生的 σ 相脆性钢重新加热到 820 ℃以上,使 σ 相溶入 δ - 铁素体,随后快速冷却,从而消除 σ 相脆性,也可以避免产生 475 ℃脆性。

3)奥氏体不锈钢

最常见的是含 Cr18%、Ni9% 的所谓 18 - 8 型不锈钢,0Cr18Ni9、1Cr18Ni9、2Cr18Ni9、0Cr18Ni9Ti、1Cr18Ni9Ti 等都属于 18 - 8 型钢。在 18 - 8 型钢基础上加入 Ti、Nb 是为了消除晶间腐蚀,加入 Mo、Cu 是为了提高在盐酸、硫酸、磷酸、尿素中的耐蚀性。这类钢有很好的耐蚀性,同时具有优良的抗氧化性和高的力学性能。其在氧化性、中性及弱氧化性介质中耐蚀性优于铬不锈钢,室温及低温韧性、塑性和焊接性也是铁素体不锈钢所不能比拟的。

奥氏体不锈钢中,若含碳量较多,则奥氏体在冷却时易发生分解形成$(CrFe)_{23}C_6$,不能保持单相奥氏体状态,故奥氏体不锈钢中含碳量应小于0.1%。

Cr-Ni奥氏体不锈钢在400~850℃保温或缓慢冷却时,会发生严重的晶间腐蚀破坏。这是由于晶界上析出富铬的$Cr_{23}C_6$,使周围基体形成贫铬区造成的。钢中含碳量越高,晶间腐蚀倾向越大。奥氏体不锈钢在进行焊接时,焊缝及热影响区晶间腐蚀更为严重,甚至导致晶粒剥落、脆断。

防止晶间腐蚀的方法:一是改变钢的化学成分,二是在工艺上采取一些措施。

降低钢中含碳量,当降低至400~850℃碳的溶解度极限以下或稍高时,使Cr碳化物不能析出或析出很少。加入Ti、Nb等能形成稳定碳化物的元素,可避免在晶界上沉淀出Cr碳化物。改变钢的化学成分,使组织中含有5%~20%的铁素体,形成铁素体和奥氏体的双相组织,也能防止晶间腐蚀。

奥氏体不锈钢只能采用冷变形强化,为得到好的耐蚀性及消除加工硬化,须进行热处理。常用的热处理工艺有固溶处理、稳定化处理和去应力处理。固溶处理是将18-8型奥氏体不锈钢加热至1 000~1 150℃高温,使碳化物溶入A,得单相A组织。稳定化处理是将含Ti、Nb的钢经固溶处理后,经850~900℃保温1~4 h后空冷,使$Cr_{23}C_6$溶解,而使NbC、TiC部分保留,不会在晶界沉淀出$Cr_{23}C_6$,可达到防止晶间腐蚀的稳定效果。为消除冷加工或焊后残余内应力的处理是加热温度不能超过450℃,以免析出Cr碳化物,引起晶间腐蚀。

2. 耐热钢

耐热钢是指在高温下工作并具有一定强度和抗氧化性、耐腐蚀能力的钢种。耐热钢包括热稳定钢和热强钢。热稳定钢是指在高温下抗氧化或抗高温介质腐蚀而不破坏的钢。热强钢是指在高温下有一定的抗氧化能力,并具有足够强度而不产生大量变形或断裂的钢。

1)耐热钢的热稳定性和热强性

钢的热稳定性是指钢在高温下抗氧化或抗高温介质腐蚀的能力。钢在高温下与氧发生化学反应,若能在表面形成一层致密的并能牢固地与金属表面结合的氧化膜,钢将不再被氧化。在钢中加入Al、Si、Cr形成很致密的、与钢件表面牢固结合的合金氧化膜,可以阻止铁离子和氧离子的扩散,故具有良好的保护作用。零件工作温度越高,保证钢有足够抗氧化性的Al、Si、Cr含量也应越高。但Al会导致钢的强度下降,脆性增大;Si也会增大钢的脆性。一般将三种元素同时复合加入。钢中加Ni,主要是形成奥氏体,改善工艺性能,提高热强性。碳对钢的抗氧化性不利,因为碳和铬很容易形成合金碳化物,减少基体中含铬量,易产生晶间腐蚀,所以应控制含碳量。

热强性表示金属在高温和载荷长时间作用下抵抗蠕变和断裂的能力,即表示材料的高温强度。钢的热强性主要取决于原子间结合力和钢的组织结构状态。金属晶格中原子间结合力越大,则热强性越好。近似地认为,金属熔点越高,原子间结合力越大,再结晶温度越高,则钢可在更高温度下使用,热强性越好。通过合金化,改变钢的化学成分,既可提高原子间结合力,又可通过热处理造成适当的组织结构,从而达到提高热强性的目的。

往基体钢中加入一种或几种合金元素,形成单相固溶体,可提高基体金属原子间结合力和热强性。溶质原子和溶剂原子尺寸差异越大,熔点越高,基体热强性越好。W、Mo、Cr、Mn是提高基体热强性效果显著的几种合金元素。

从过饱和固溶体中沉淀析出弥散的强化相可以显著提高钢的热强性。W、Mo、V、Ti、Nb

等元素在钢中形成各种类型的碳化物或金属间化合物,在高温下能保持很高的强化效果,显著提高钢的热强性。

晶界是钢高温下的一个弱化因素,加入化学性质极活泼的元素(Ca、Nb、Zr、RE 等)与 S、P 及其他低熔点杂质形成稳定的难熔化合物,可以减少晶界杂质偏聚,提高晶界区原子间结合力。加入 B、Ti、Zr 等表面活化元素,可以填充晶界空位,阻碍晶界原子扩散,提高蠕变抗力。

2)常用耐热钢及热处理

Ⅰ. 珠光体耐热钢

这类钢属于低碳合金钢,工作温度在 450 ~ 550 ℃ 时有较高的热强性,主要用于制造载荷较小的动力装置上的零部件(如锅炉管)。常用的典型钢种有 15CrMo、12Cr1MoV、12MoVWBSiRE 及 12Cr2MoWVSiTiB 等。这类钢中的 Cr 和 Si 可提高钢的抗氧化性和抗气体腐蚀能力;Cr、Mo、W 可溶于铁素体,提高其再结晶温度,从而提高基体金属的蠕变强度;V、Ti、Mo、Cr 能形成稳定、弥散的碳化物,起沉淀强化作用;微量的 B 和 RE 起强化晶界作用。

Ⅱ. 马氏体耐热钢

汽轮机叶片用钢有 1Cr13、15Cr11MoV、15Cr12WMoVA 等。在 1Cr13 马氏体不锈钢基础上,加入 W、Mo、V、Ti、Nb 是为了强化基体固溶体及形成更稳定的碳化物,加入 B 可以强化晶界,从而提高钢的热强性和叶片的使用温度。

排气阀用钢有 4Cr9Si2 和 4Cr10Si2Mo 等,钢中的 Cr 和 Si 适当配合,可以获得较高的热强性;加入 Mo 可提高钢的热强性和消除回火脆性。

Ⅲ. 奥氏体耐热钢

由于 $\gamma - Fe$ 原子排列较 $\alpha - Fe$ 致密,原子间结合力较强,再结晶温度高。因此,奥氏体耐热钢比珠光体、马氏体耐热钢具有更高的热强性和抗氧化性。钢中加入大量的 Cr 和 Ni 是为了提高抗氧化性和稳定奥氏体,也有利于热强性;加入 W、Mo、V、Ti、Nb、Al、B 等元素,起强化奥氏体(W、Mo)、形成合金碳化物(V、Nb、Cr、W、Mo)和金属间化合物(Al、Ti、Ni 等)以及强化晶界(B)等作用,进一步提高钢的热强性。

1Cr18Ni9Ti、1Cr18Ni9Mo 等 18 - 8 型钢属于固溶强化奥氏体耐热钢,具有良好抗氧化性和一定的热强性。4Cr13Ni8Mn8MoVNb 是一种以碳化物作强化相的奥氏体耐热钢,具有较高的热强性。1Cr15Ni36W3Ti 是一种以金属间化合物作强化相的奥氏体耐热钢。

3. 耐磨钢

高锰钢是具有特殊性能的耐磨钢。高锰钢属于奥氏体钢,具有优良的韧性,它在高压力和冲击负荷下能产生强烈的加工硬化,因而具有高耐磨性。高锰钢广泛用来制造在磨料磨损、高压力和冲击条件下工作的零件。

高锰钢的化学成分为 0.9% ~ 1.3% C,11.5% ~ 14.5% Mn,0.3% ~ 0.8% Si。为了特定的目的还加入 Cr、Ni、Mo、V、Ti 等元素。由于该钢机械加工性能差,通常都是铸造成型,钢号为 ZGMn13。C 和 Mn 是高锰钢中两个主要合金元素,高碳保证高锰钢具有足够的强度、硬度和耐磨性,含碳量过高易析出较多的碳化物,影响钢的韧性,一般不超过 1.3%。钢中含大量的锰是为了得到奥氏体组织、增加钢的加工硬化率和提高钢的韧性及强度。Si 能改善钢的铸造性能,提高钢中固溶体的硬度和强度,但含量过高会使碳化物沿晶界析出从而降低钢的韧性和耐磨性,导致铸件开裂。

要充分发挥高锰钢的高耐磨性的特点,必须进行正确的热处理,还必须选择适当的使用条件。

高锰钢的铸态组织基本上由奥氏体和残余碳化物组成,由于碳化物沿晶界析出,故降低了钢的强度和韧性,影响钢的耐磨性。高锰钢消除碳化物并获得单一奥氏体组织的热处理叫做"水韧处理"。即将铸件加热到 1 000 ~ 1 100 ℃,并在高温下保温一段时间,使碳化物完全溶解于奥氏体中,然后水冷淬火,以使高温奥氏体固定到室温。

高锰钢塑性、韧性很好,硬度不高。在使用过程中,在很大压力、摩擦力和冲击力作用下会发生塑性变形,表面奥氏体产生很强烈的加工硬化,形变强化的结果又使奥氏体向马氏体转变以及碳化物沿滑移面形成。这就是高锰钢既具有高韧性又有高耐磨性的原因。

任务二　钢的热处理

随着科学技术的发展,人们对钢铁材料性能的要求越来越高。提高钢材性能,主要有两个途径:一是调整钢的化学成分,在其中有意加入一些合金元素,即合金化的方法;二是对钢进行热处理,通过热处理改变其内部组织,从而改善材料的加工工艺性能和使用性能。例如,用 T8 钢制造錾子,淬火前硬度仅为 180 ~ 200HBS,耐磨性差,难以錾削金属,但经淬火处理后,硬度可达 60 ~ 62HRC,耐磨性好,切削刃锋利。由此可见,热处理是充分挖掘材料潜力、节约原材料、改善产品工艺性能、提高生产效率和产品质量、延长零件使用寿命、减少刀具磨损的有效手段。所以,热处理在机器制造业中占有很重要的地位。

金属热处理是机械制造中的重要工艺之一,与其他加工工艺相比,热处理一般不改变工件的形状和整体的化学成分,而是通过改变工件内部的显微组织,或改变工件表面的化学成分,赋予或改善工件的使用性能。其特点是能够改善工件的内在质量,而这一般不是肉眼所能看到的。

为使金属工件具有所需要的力学性能、物理性能和化学性能,除合理选用材料和各种成型工艺外,热处理工艺往往是必不可少的。钢铁是机械工业中应用最广的材料,钢铁显微组织复杂,可以通过热处理予以控制,所以钢铁的热处理是金属热处理的主要内容。另外,铝、铜、镁、钛等及其合金也都可以通过热处理改变其力学、物理和化学性能,以获得不同的使用性能。

在从石器时代进展到铜器时代和铁器时代的过程中,热处理的作用逐渐为人们所认识。早在公元前 770 到公元前 222 年,中国人在生产实践中就已发现,铜、铁的性能会因温度和加压变形的影响而变化,白口铸铁的柔化处理就是制造农具的重要工艺。

公元前 6 世纪,钢铁兵器逐渐被采用,为了提高钢的硬度,淬火工艺得到迅速发展。中国河北省易县燕下都出土的两把剑和一把戟,其显微组织中都有马氏体存在,说明是经过淬火加工的。

随着淬火技术的发展,人们逐渐发现淬冷剂对淬火质量的影响。三国蜀人蒲元曾在今陕西斜谷为诸葛亮打制 3 000 把刀,相传是派人到成都取水淬火的。这说明中国在古代就注意到不同水质的冷却能力,同时也注意到油和水的冷却能力。中国出土于西汉(公元前 206 至公元 25 年)中山靖王墓中的宝剑,芯部含碳量为 0.15% ~ 0.4%,而表面含碳量却达 0.6% 以上,说明已应用了渗碳工艺。但当时作为个人"手艺"的秘密,不肯外传,因而发展很慢。

1863 年,英国金相学家和地质学家展示了钢铁在显微镜下的六种不同的金相组织,证明了钢在加热和冷却时,内部会发生组织改变,钢中高温时的相在急冷时转变为一种较硬的相。法国人奥斯蒙德确立的铁的同素异构理论以及英国人奥斯汀最早制定的铁碳相图,为现代热处理工艺初步奠定了理论基础。与此同时,人们还研究了在金属热处理的加热过程中对金属的保护方法,以避免加热过程中金属的氧化和脱碳等。

1850—1880 年,对于应用各种气体(如氢气、煤气、一氧化碳等)进行保护加热曾有一系列专利。1889—1890 年,英国人莱克获得多种金属光亮热处理的专利。

20 世纪以来,金属物理的发展和其他新技术的移植应用,使金属热处理工艺得到更大发展。一个显著的进展是 1901—1925 年,在工业生产中应用转筒炉进行气体渗碳;20 世纪 30 年代出现露点电位差计,使炉内气氛的碳势达到可控,以后又研究出用二氧化碳红外仪、氧探头等进一步控制炉内气氛碳势的方法;20 世纪 60 年代,热处理技术运用了等离子场的作用,发展了离子渗氮、渗碳工艺;激光、电子束技术的应用,又使金属获得了新的表面热处理和化学热处理方法。

一、钢的热处理种类

热处理是将合金在固态下加热、保温和冷却,使合金内部组织发生符合规律的变化,从而获得要求性能的一种工艺方法。通常热处理可以用热处理工艺曲线表示,如图 2 - 6 所示。

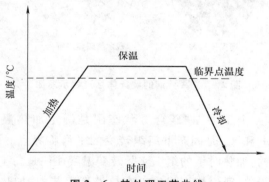

图 2 - 6　热处理工艺曲线

根据目的不同,热处理可分为整体热处理(普通热处理)和表面热处理。普通热处理主要包括退火、正火、淬火、回火;表面热处理分为表面淬火和表面化学热处理,表面淬火主要有火焰加热和感应加热两种,化学热处理主要有渗碳、渗氮、碳氮共渗、渗铬和渗硼等。

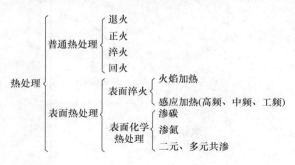

二、钢热处理时的组织转变

(一)钢在加热时的组织转变

钢在热处理时,为了改善钢的性能,一般是要改变钢的组织,而要改变钢的组织,大多是先将钢的各种组织加热到奥氏体或奥氏体与渗碳体(以下简称奥氏体)区域,使其转变为均匀的奥氏体组织,然后再以不同速度冷却,就可以得到需要的组织结构与性能。但是物质变化总是要经过从无到有、从小到大的过程。钢在加热到奥氏体区域后,先产生微小的奥氏体,这种微小的新组织叫晶核,再以晶核为核心溶解周围旧组织不断长大,最后全部变成奥氏体,如图 2 - 7 所示。由于晶核长大时发生接触,并互相阻碍其自由长大,所以最终在材料内部形成许多外形不规则的小晶体颗粒,这就叫晶粒。因此,为了完成组织转变过程,在加热到一定温度后还必须保持温度一段时间,这叫做保温,经过加热保温以后,再以不同速度冷却,即可以得到不同的组织性能。根据冷却方式和其他条件不同,热处理分为退火、正火、淬火、回火和表面热处理等。

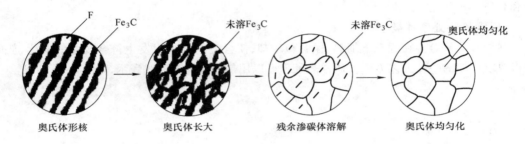

图 2 - 7 共析钢的奥氏体化过程示意图

加热是热处理的第一个工序,铁碳合金状态图是确定加热温度的理论基础。根据 $Fe - Fe_3C$ 相图可知,A_1、A_3 和 A_{cm} 是固态下组织转变的平衡临界点。但在实际生产中,加热或冷却并不是极其缓慢的,加热时钢的组织实际转变温度往往是高于相图中理论相变温度,冷却时也往往低于相图中的理论相变温度。在热处理工艺中,加热温度要稍高于 A_1、A_3、A_{cm} 线,代号为 A_{c1}、A_{c3}、A_{cm3},称为加热临界温度,如图 2 - 8 所示。

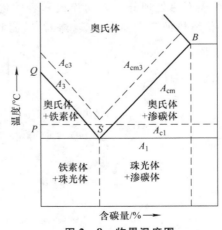

图 2 - 8 临界温度图

碳钢在室温下的组织经加热转变成奥氏体,这一过程称为奥氏体化。大多数热处理加热的主要目的就是获得全部或大部分均匀而细小的奥氏体晶粒。以共析钢为例,奥氏体化的过程一般包括奥氏体形核、长大和均匀化三个阶段。

奥氏体的晶核首先在铁素体和渗碳体的相界面上形成。这是由于相界面上成分不均匀,原子排列不规则,因而为形成奥氏体晶核提供了能量、结构和浓度条件。

奥氏体晶核形成后,便开始长大。长大的过程包括珠光体中的铁素体向奥氏体转变和渗碳体不断地溶入奥氏体。

但由于铁素体的晶体结构和含碳量与奥氏体相近,而渗碳体熔点高,其含碳量和晶格结构与奥氏体差别较大,所以珠光体中的铁素体转变为奥氏体的速度较快而渗碳体溶入奥氏体的速度较慢,即铁素体总是优先于渗碳体转变为奥氏体。

刚形成的奥氏体晶粒中,碳浓度是不均匀的。原先渗碳体的位置,碳浓度较高;原先铁素体的位置,碳浓度较低。因此,必须保温一段时间,通过碳原子的扩散获得成分均匀的奥氏体。共析钢奥氏体化过程如图2-7所示。

珠光体向奥氏体转变刚完成时,奥氏体的晶粒是非常细小的,但随着加热温度升高或保温时间延长,会出现晶粒长大现象。奥氏体晶粒长大的结果,使钢的力学性能降低,特别是塑性和韧度下降,所以热处理加热过程应该严格控制加热温度和保温时间。

合金元素对加热组织转变有影响,合金钢在加热时,奥氏体的均匀化过程比碳钢要慢,加热时必须进行较长时间的保温。

(二)钢在冷却时的组织转变

钢经加热获得奥氏体组织后,在不同的冷却条件下,得到的冷却产物和性能是不同的。为了了解奥氏体组织在冷却过程中组织变化规律,常采用奥氏体的等温转变方式。以下以共析钢为例,介绍冷却方式对钢的组织及性能的影响。

1.过冷奥氏体的等温转变产物

奥氏体在临界点以下是不稳定的,会发生组织转变。但并不等于冷却到 A_1 温度下就发生转变,在 A_1 温度下存在的奥氏体称为过冷奥氏体。将钢经奥氏体化后在 A_1 温度以下的温度区间内等温,使过冷奥氏体发生组织转变,称为等温转变。

过冷奥氏体在不同过冷度下的等温转变过程中,转变温度、转变时间与转变产物间的关系曲线图叫做等温转变图,如图2-9所示。该曲线又称 C 曲线或 S 曲线、TTT 曲线。

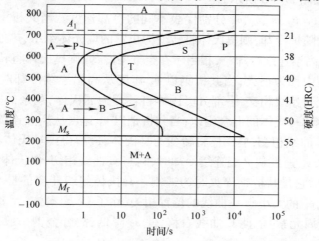

图 2-9 共析钢的过冷奥氏体等温转变图

由共析钢等温转变图可知:在 A_1 以上是奥氏体稳定区;纵坐标与转变开始线间的时间段称为孕育期;转变开始线和转变终了线间是转变进行区;转变终了线的右方是转变产物区;M_s 称为上马氏体点,M_f 称为下马氏体点,M_s 与 M_f 两线间是马氏体转变区。孕育期最短处,过冷奥氏体最不稳定,最易发生转变,对于碳素钢而言,该处的温度约为 550 ℃。

从等温转变图可以了解钢在不同温度下的转变产物。

1)珠光体转变

550 ~ A_1 ℃温度区间,过冷奥氏体等温分解为铁素体和渗碳体的片状混合物——珠光体,即过冷奥氏体转变成珠光体。在珠光体转变区内,转变温度越低,得到的珠光体片越细。在 680 ~ A_1 ℃温度区间,得到正常的珠光体(用 P 表示),硬度为 170 ~ 230HBS;在 600 ~ 680 ℃间,得到细珠光体,称为索氏体(用 S 表示),硬度为 230 ~ 320HBS;在 550 ~ 600 ℃间,得到极细的珠光体,称为屈氏体(用 T 表示),硬度为 330 ~ 400HBS。珠光体的片层越小,其强度和硬度越高,同时塑性和韧性略有下降。

2)贝氏体转变

M_s ~ 550 ℃温度区间,过冷奥氏体等温分解为贝氏体(用 B 表示)。贝氏体组织仍然是铁素体和渗碳体的混合物。由于转变温度较低,原子活动能力较弱,铁素体中的碳超过了正常的溶解度。贝氏体的形态主要决定于转变温度:350 ~ 550 ℃间,得到的是上贝氏体,组织呈羽毛状,硬度为 40 ~ 48HRC;M_s ~ 350 ℃间,得到的是下贝氏体,组织呈针状,硬度为 48 ~ 55HRC。上贝氏体脆性较大,基本无实用价值;而下贝氏体具有较高的强度和硬度,同时塑性和韧性也较好,所以热处理时可用等温淬火的方法获得下贝氏体组织。

3)马氏体转变

M_f ~ M_s 区间,过冷奥氏体转变为马氏体(用 M 表示)。马氏体实际上是碳在 $\alpha - Fe$ 中的过饱和固溶体,具有很高的硬度,可达 60 ~ 65HRC,但脆性很大,冲击韧性很低,塑性很小。

2. 过冷奥氏体的等温转变图的应用

在生产中,过冷奥氏体大多是在连续冷却过程中转变的。因为连续冷却转变图的测定较困难,常采用等温转变图近似分析连续冷却转变的过程。将连续冷却曲线叠加到等温转变图上,根据它们同 C 曲线相交的位置,就能大致知道其冷却的产物和性能。连续冷却曲线又称 CCT 曲线,如图 2 - 10 所示。

在图 2 - 10 中,v_1、v_2、v_3、v_4、v_k 分别代表不同的冷却速度。当共析钢以 v_1 速度从高温连续冷却时,相当于随炉冷却,则奥氏体将转变为正常的珠光体组织,热处理中称为退火;当共析钢以 v_2 速度从高温连续冷却时,相当于在空气中冷却,则奥氏体将转变为细珠光体,即索氏体组织,热处理中称为正火;当共析钢以 v_3 速度从高温连续冷却时,相当于在油中冷却,它只与组织转变开始线相交,一部分奥氏体将转变为屈氏体,剩余的奥氏体转变为马氏体,最后得到屈氏体和马氏体的混合组织;当共析钢以 v_4 速度从高温连续冷却时,相当于在水中冷却,它不与 C 曲线相交,奥氏体将转变为马氏体,最后得到马氏体和残留奥氏体的混合组织;当共析钢以 v_k 速度从高温连续冷却时,它与 C 曲线相切,奥氏体不分解为珠光体组织,将转变为马氏体,它是共析钢淬火时为遏制非马氏体组织转变的最小冷却速度。v_k 又称为临界冷却速度,v_k 的大小与 C 曲线的位置相关,除了 Co 元素外,大多数合金元素(包括金属及 C、N 等非金属元素)能使 C 曲线右移,使 v_k 降低,故合金钢一般采用油冷即可得到马氏体组织。

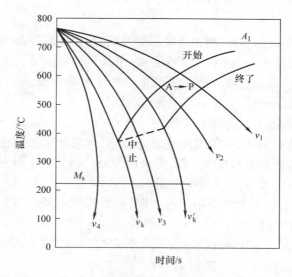

图 2 - 10　共析钢连续冷却曲线

三、钢的整体热处理

整体热处理一般是对构件整体进行热处理,也称普通热处理,主要包括退火、正火、淬火、回火,俗称热处理的"四把火"。

(一)退火

退火是将钢加热到一定温度保温以后,随炉缓慢冷却(炉冷)的热处理工艺。其主要目的是降低硬度、提高塑性、细化或均匀组织成分、消除内应力。常用的退火有以下三种。

1. 去应力退火

去应力退火也叫保温退火,是将钢加热到 $500 \sim 600\ ℃$ 进行保温、炉冷的热处理工艺,主要用于铸、锻、焊以及切削加工工件去除内应力(不发生组织变化)。内应力是金属材料由于在各种加工制造或使用过程中,受热、冷、外力引起内部受力变形不均或组织转变而产生的相互作用力。这种力如不及时消除,常常会使工件变形、弯曲甚至产生裂纹、裂缝以至断裂,所以要及时加以消除。

2. 完全退火

完全退火也叫重结晶退火,是将钢加热到 A_{c3} 以上 $30 \sim 50\ ℃$ 进行保温、炉冷的热处理工艺,用于亚共析钢的铸、锻、焊接件等细化或均匀组织、成分,充分消除内应力以及降低硬度,改善切削性能。

3. 球化退火

球化退火是将钢加热到 A_{c1} 以上 $20 \sim 30\ ℃$,保温后以更慢速度冷却,以得到铁素体基体上均匀分布着球状渗碳体——球化组织的热处理工艺。过共析钢不进行完全退火,而进行球化退火。因为完全退火产生网状渗碳体不利于钢的强度、韧度,而球化退火可降低硬度($< 1097HBS$),改善切削性能,消除内应力,并为淬火做组织准备。球化退火前钢的组织如有网状渗碳体须进行正火加以消除。

(二)正火

正火是将钢加热到 A_{c3} 或 A_{cm} 以上 $30 \sim 50\ ℃$,保温后在空气中冷却(空冷)的热处理工艺。

正火与退火的基本目的相同,但正火冷却速度快,所得组织更加细密,强度、硬度较高。这是因为细晶粒界面(晶界)总面积大于粗晶粒,而晶界变形抗力大于晶粒内部,所以细晶粒一般强度、硬度较高(冷却速度对亚共析钢中珠光体影响更突出)。同时,空冷设备利用率高、生产成本低,所以一般尽可能采用正火。

正火与退火应用范围主要有以下区别。

(1)亚共析钢不论是细化、均匀组织或成分,还是为热处理做准备或充分消除内应力,尽可能采用正火,特别是要求不高的零件,正火可作最终热处理。但对形状复杂的零件,正火冷速过快,易产生内应力,则可采用完全退火。

(2)改善切削性能,低碳钢可采用正火处理,过共析钢可采用球化退火,不在以上范围的中、高碳钢可进行完全退火。

(3)过共析钢一般采用球化退火,为消除网状渗碳体(为球化退火做准备),可采用正火处理。

退火和正火温度可综合表示,如图 2 – 11 所示。

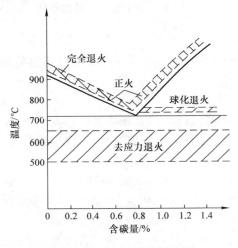

图 2 – 11　退火、正火温度图

(三)淬火

淬火是将钢加热到一定温度保温后,快速冷却,以获得马氏体组织(M)的热处理工艺。经过淬火,可以提高钢的硬度、强度和耐磨性。

所谓马氏体,是钢在取得奥氏体以后,快速冷却得到的一种碳在 α – Fe 铁中过饱和固溶体,如图 2 – 12 所示。其性能是硬度高、韧度小,而且含碳量越高,硬度越高,脆性越大,组织很不稳定,遇热即会转变。

1. 淬火温度

亚共析钢淬火温度选在 A_{c3} 以上 30 ~ 50 ℃(图 2 – 13),以便经过保温取得均匀奥氏体,冷却以后得到板条状马氏体。这种组织,硬度和强度较高,还有一定的韧度。

过共析钢淬火一般不选在 A_{c3} 以上 30 ~ 50 ℃,因为这样不但使奥氏体晶粒长大,而且淬火后残留奥氏体过多,影响淬火效果,而选 A_{c1} 以上 30 ~ 50 ℃,这样淬火后可以得到针状马氏体加球状渗碳体,其硬度、耐磨性均很高。

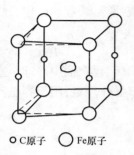

○C原子　○Fe原子

图 2 − 12　马氏体示意图

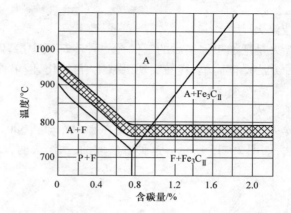

图 2 − 13　碳钢的淬火加热温度范围

2. 淬透性

工件在淬火时,它的表层容易散热、冷却、淬硬,芯部不容易散热、淬硬。不同材料淬火以后淬硬层厚薄是不同的,工件淬火后获得一定淬硬层的能力叫做淬透性,一般合金钢比碳素钢淬透性好,含碳多的钢比含碳少的钢淬透性好,低碳钢淬透性差,一般不进行淬火。同样成分的材料小截面的容易冷却,淬透性要求不高;大截面的不容易散热、冷却,淬透性要求高,否则淬硬层太浅,不能发挥钢材的潜力。

3. 淬火冷却液

淬火是在冷却液中进行冷却,理想的淬火冷却液应该保证工件在 500 ~ 650 ℃快速冷却,而在 200 ~ 300 ℃慢速冷却。这是因为马氏体的转变大约是在 300 ℃以下进行,在 200 ~ 300 ℃马氏体开始转变时,容易产生内应力,而采用慢速冷却可使内应力较小。500 ~ 650 ℃时最容易产生珠光体,必须快速冷却不使其转变。

用水淬火,500 ~ 650 ℃冷速很快,容易淬上火,但水在 200 ~ 300 ℃时冷速过快,淬火应力大,容易造成废品,一般适用于形状简单的碳钢零件。用矿物油淬火,500 ~ 650 ℃时冷却速度慢,不容易淬上火,但在 200 ~ 300 ℃时冷却速度很慢,淬火应力小,一般适用于合金钢零件。常用淬火冷却液在上述温度范围内的冷却速度如表 2 − 2 所示。

表 2 − 2　常用淬火冷却液的淬火冷却速度

淬火冷却液	冷却速度/(℃/s)	
	500 ~ 650 ℃	200 ~ 300 ℃
水(18 ℃)	600	270
水(50 ℃)	100	270
水(74 ℃)	30	200
10%苛性钠水溶液(18 ℃)	1 200	300
10%氯化钠水溶液(18 ℃)	1 100	300
50 ℃矿物油	100	20

4. 淬火冷却方法

由于淬火冷却液不符合理想的淬火要求,所以需要根据淬火的质量要求选择适当的淬火冷却方法。

1）单液淬火

单液淬火是把加热保温后的工件在一种冷却液中冷却到室温的淬火方法,如图2-14所示。这种方法操作简单,容易实现机械化、自动化,但单独用水或油淬火,容易产生裂纹或硬度不足。

2）双液淬火

双液淬火是把加热保温后的工件先在水中冷却到300~400℃后,再在油中冷却至室温的淬火方法,如图2-15所示。这种方法取油、水淬火两者之长,但操作较难,用于容易淬裂的碳钢零件。

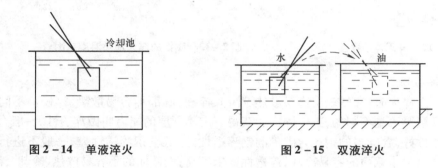

图2-14　单液淬火　　　　　　　图2-15　双液淬火

3）分级淬火

分级淬火是将加热保温后的工件投入到150~260℃的盐浴中稍停后,取出空冷的淬火方法,如图2-16所示。这种方法淬火应力小、硬度均匀,但冷却能力较差,适用于合金钢和较小碳钢件淬火。

4）等温淬火

等温淬火是将加热保温的工件投入到稍高于马氏体转变温度的盐浴中,保温足够时间后空冷的淬火方法,如图2-17所示。这种方法淬火内应力很小,又具有较高的强度和韧度,用于形状复杂和强度、韧度要求较高的零件(如模具、刃具)淬火。

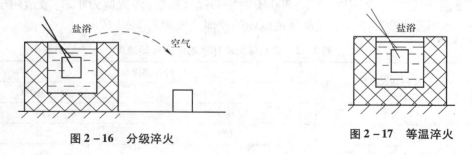

图2-16　分级淬火　　　　　　　图2-17　等温淬火

5. 淬火缺陷

1）硬度不足

淬火硬度不足的原因主要是加热温度过低、保温时间太短和冷却速度不够。如果局部硬度不足叫做软点。

2）过热与过烧

淬火加热温度过高或保温时间过长会造成奥氏体晶粒粗大,这种现象叫做过热。过热后钢的力学性能变差,特别是脆性增加。过热的钢可重新正火或退火细化晶粒。当加热温度更高时,不但晶粒非常粗大,而且沿晶界发生氧化或熔化,这叫做过烧,过烧零件必须报废。

3)变形与裂纹

当淬火应力超过屈服强度时就要产生变形,超过强度极限时就要产生裂纹。变形在一定范围内可以校正,超过一定范围的变形和裂纹的零件就要报废。

4)氧化和脱碳

工件加热到高温时如果铁被氧化,产生氧化皮,叫做氧化;如果碳被氧化,表面变软,叫做脱碳。氧化和脱碳都会降低工件表面质量,应给予充分注意。

(四)回火

回火是将淬火后的工件重新加热到较低温度并保温冷却的热处理工艺。工件淬火后得到的马氏体脆性大,不能直接应用,必须进行回火,回火常常是工件最终热处理。回火的目的是消除淬火应力与脆性,稳定淬火组织,并获得较高的力学性能,"淬火 + 回火"是强化钢材的一个完整过程。根据回火温度不同,回火可分为以下三种。

1. 低温回火(回火温度 160 ~ 260 ℃)

淬火马氏体是不稳定组织,在一定条件下就会转变为渗碳体与铁素体。低温回火时马氏体已开始转变,这种组织叫回火马氏体。它降低了淬火应力与脆性,又保持其高硬度(56 ~ 64HRC)、高耐磨性,适用于刀具、模具、量具的处理。

2. 中温回火(回火温度 350 ~ 500 ℃)

中温回火后的组织称为回火屈氏体。它是由铁素体和细颗粒渗碳体组成的混合物,基本消除淬火应力,具有较高屈服强度和一定硬度(40 ~ 50HRC),多用于高碳钢制作的热锻模、弹簧等。

3. 高温回火(回火温度 500 ~ 650 ℃)

高温回火时铁素体中渗碳体集聚较大,这种组织叫回火索氏体。其硬度与正火相当(26 ~ 40HRC),但强度、韧度较高,具有良好的综合力学性能。通常把淬火后再进行高温回火的热处理操作叫调质,广泛用于中碳钢制作的重要机械零件的热处理。

四、钢的表面热处理

有些工件(如齿轮、曲轴等)要求表面硬度高、耐磨性好、抗腐蚀性高以及芯部韧度和塑性高,采用表面热处理可以达到这种要求。表面热处理分为表面淬火和表面化学热处理两大类。

(一)表面淬火

表面淬火是利用特定加热方式快速地只把工件表面层加热至奥氏体,随即快速冷却使其转变为马氏体,最后再以低温进行回火处理的工艺,处理后表面具备较高的硬度和耐磨性,芯部却能够保留高韧度。表面淬火的加热方法有火焰加热和感应加热两种。火焰加热采用"氧气 - 乙炔"混合气体等火焰作为热源加热工件表面(图 2 - 18);感应加热则是将钢件放置在感应器内,使钢件中产生涡流的加热方式(图 2 - 19),由于涡流的电流密度在钢件表面最大、芯部很小,所以钢件表面被迅速加热至淬火温度,而芯部却保持室温。表面淬火适用于中碳钢和中碳合金钢。

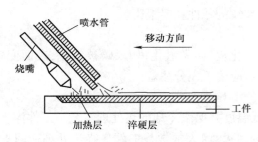

图 2-18　火焰加热表面淬火示意图

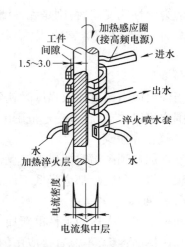

图 2-19　感应加热表面淬火示意图

（二）表面化学热处理

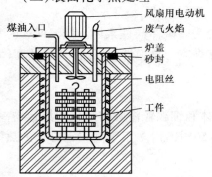

图 2-20　气体渗碳示意图

表面化学热处理就是把钢置于化学活性介质中，加热到一定温度使钢的表面层被某种元素渗入的过程。由于材料表面成分和组织发生了改变，所以钢的表面层具备特有的性能，如较高的硬度、耐磨性、耐腐蚀性等。常见的化学热处理有渗碳、渗氮、碳氮共渗和渗金属元素等方法。

渗碳是把钢件置于渗碳介质中加热，使碳原子进入材料表层的过程，如图 2-20 所示。其主要目的是提高表面的硬度和耐磨性。渗碳适用于低碳钢和低碳合金钢。渗氮是把氮渗入到钢表面层的热处理工艺，主要目的是提高表面硬度、耐磨性、疲劳强度、耐腐蚀性等。由于渗氮层极薄、极硬，渗氮后可直接使用，渗氮前钢须经过调质处理。渗氮一般适用于中碳合金钢。渗金属常用的处理有渗铬、渗铝及渗硼等，分别使铬、铝和硼等元素渗入钢件的表层。渗金属可明显提高材料的耐磨性和耐腐蚀性。

五、热处理新技术简介

（一）形变热处理

形变热处理是指将塑性变形和热处理有机结合在一起，以提高工件力学性能的复合热处理方法。它能同时达到形变强化和相变强化的综合效果，可显著提高钢的综合力学性能。形变热处理方法较多，按形变温度不同分为低温形变热处理和高温形变热处理。

低温形变热处理是将钢件奥氏体化保温后，快冷至 A_1 温度以下（500 ~ 600 ℃）进行大量（50% ~ 75%）塑性变形，随后淬火、回火。其主要特点是在保证塑性和韧度不下降的情况下，能显著提高强度和耐回火性，改善抗磨损能力。例如，在塑性保持基本不变情况下，抗拉强度比普通热处理提高 30 ~ 70 MPa，甚至可达 100 MPa。此法主要用于刀具、模具、板簧、飞机起落架等。

高温形变热处理是将钢件奥氏体化，保持一定时间后，在较高温度下进行塑性变形（如锻、轧等），随后立即淬火、回火。其特点是在提高强度的同时，还可明显改善塑性、韧度，减小脆性，增加钢件的使用可靠性。但形变通常是在钢的再结晶温度以上进行，故强化程度不如低温形变热处理大（抗拉强度比普通热处理提高10%～30%，塑性提高40%～50%），高温形变热处理对材料无特殊要求。此法多用于调质钢和机械加工量不大的锻件，如曲轴、连杆、叶片、弹簧等。

（二）表面气相沉积

按其过程本质不同，气相沉积分为化学气相沉积（CVD）和物理气相沉积（PVD）两类。

1. 化学气相沉积（CVD）

化学气相沉积是将工件置于炉内加热到高温后，向炉内通入反应气（低温下可汽化的金属盐），使其在炉内发生分解或化学反应，并在工件上沉积成一层所要求的金属或金属化合物薄膜的方法。

碳素工具钢、渗碳钢、轴承钢、高速工具钢、铸铁、硬质合金等材料均可进行气相沉积。化学气相沉积法的缺点是加热温度较高，目前主要用于硬质合金的涂覆。

2. 物理气相沉积（PVD）

物理气相沉积是通过蒸发或辉光放电、弧光放电、溅射等物理方法提供原子、离子，使之在工件表面沉积形成薄膜的工艺。此法包括蒸镀、溅射沉积、磁控溅射、离子束沉积等方法，因为它们都是在真空条件下进行的，所以又称真空镀膜法，其中离子镀发展最快。

进行离子镀时，先将真空室抽至高度真空后通入氩气，并使真空度调至1～10 Pa，工件（基板）接上1～5 kV负偏压，将欲镀的材料放置在工件下方的蒸发源上。当接通电源产生辉光放电后，由蒸发源蒸发出的部分镀材原子被电离成金属离子，在电场作用下，金属离子向阴极（工件）加速运动，并以较高能量轰击工件表面，使工件获得需要的离子镀膜层。

CVD法和PVD法在满足现代技术所要求的高性能方面比常规方法有许多优越性，如镀层附着力强、均匀，质量好，生产率高，选材广，公害小，可得到全包覆的镀层，能制成各种耐磨膜（如 TiN、TiC 等）、耐蚀膜（如 Al、Cr、Ni 及某些多层金属等）、润滑膜（如 MoS_2、WS_2、石墨、CaF_2 等）、磁性膜、光学膜等。另外，气相沉积所适应的基体材料可以是金属、碳纤维、陶瓷、工程塑料、玻璃等多种材料。因此，在机械制造、航空航天、电器、轻工、原子能等方面应用广泛。例如，在高速工具钢和硬质合金刀具、模具以及耐磨件上沉积 TiC、TiN 等超硬涂层，可使其寿命提高几倍。

（三）激光热处理

激光热处理是利用高能量密度的激光束，对工件表面扫描照射，使其在极短时间内被加热到相变温度以上，停止扫描照射后，热量迅速传至周围未被加热的金属，加热处迅速冷却，达到自行淬火的目的。

激光热处理具有加热速度极快（百万分之几秒至千分之几秒）；不用冷却介质，变形极小；表面光洁，不需再进行表面加工就可直接使用；细化晶粒，显著提高工件表面硬度和耐磨性（比常规淬火表面硬度高20%左右）；对任何复杂工件均可局部淬火，不影响相邻部位的组织和表面质量等特点。因为激光热处理可控性好，因此常用于精密零件的局部表面淬火。

（四）真空热处理

真空热处理是指在低于 1×10^5 Pa（通常是 10^{-3}～10^{-1} Pa）的环境中进行加热的热处理工艺，它包括真空淬火、真空退火、真空回火和真空化学热处理（真空渗碳、渗铬等）等。

真空热处理的工件不产生氧化和脱碳;升温速度慢,工件截面温差小,热处理变形小;因金属氧化物、油污在真空加热时分解,被真空泵抽出,使工件表面光洁,提高了疲劳强度和耐磨性;劳动条件好。但其设备较复杂,投资较高。目前多用于精密工模具、精密零件的热处理。

(五)可控气氛热处理

可控气氛热处理是指在炉气成分可控制的炉内进行的热处理。其目的是减少和防止工件在加热时氧化和脱碳,提高工件表面质量和尺寸精度,控制渗碳时渗碳层的含碳量,且可使脱碳的工件重新复碳。

任务三 锻 压

锻压是对坯料施加外力,使其产生塑性变形、改变尺寸和形状及改善性能,用以制造机械零件、工件或毛坯的成型加工方法,它是锻造与冲压的总称。锻压能改善金属组织,提高力学性能,重要零件应采用锻件毛坯。锻压不足之处是不能加工脆性材料(如铸铁)和形状复杂毛坯。

一、锻造概述

锻造是指在锻造设备及工(模)具上,借助外力作用,使加热至再结晶温度以上的金属材料产生塑性变形,从而获得一定形状、尺寸及质量的锻件加工方法。锻造分为自由锻造和模锻两类。

(一)锻造的作用

1. 锻制零件毛坯

锻造通常是将金属坯料锻成零件毛坯(锻件)。用锻件切削加工生产零件,与直接用轧材切削加工生产零件相比,前者具有省工、省料的优点。

2. 改善金属组织和性能

(1)改善钢锭缺陷。钢锭中常存在缩孔、缩松、气孔、晶粒粗大和碳化物偏析等缺陷,使其强度和韧性降低。通过锻造可以压合钢锭中的缩孔、缩松和气孔,细化晶粒和碳化物,从而提高其力学性能。

(2)使零件的热加工纤维组织合理分布。轧材中的非金属夹杂物沿轧制方向呈一条条断续状细线分布的组织,称为热加工纤维组织。热加工纤维组织使钢的力学性能呈各向异性,即纵向(平行于纤维方向)力学性能好于横向(垂直于纤维方向)力学性能。通过锻造,可使热加工纤维组织合理分布,也就是使纤维方向与零件承受的正应力平行或与切应力垂直,并使纤维分布与零件轮廓相符而不被切断,从而提高零件的力学性能。

(二)金属的锻造性能与锻造温度范围

1. 金属的锻造性能

金属的锻造性能是表示金属材料锻造成型难易程度的工艺性能。金属的锻造性能常以其塑性和变形抗力两个因素来综合衡量。塑性越好,变形抗力越小,金属的锻造性能越好;反之,金属的锻造性能越差。

2. 影响金属锻造性能的主要因素

(1)金属的化学成分。金属的化学成分不同,其塑性不同,锻造性能也不同。一般纯金属的锻造性能优于合金;合金元素含量低的合金的锻造性能优于合金元素含量高的合金。

（2）金属的组织结构。面心立方结构金属的锻造性能优于体心立方和密排六方结构的金属;单相和细晶组织的金属,其锻造性能优于多相和粗晶组织的金属。

（3）锻造温度。在不过热的情况下,锻造温度越高,金属的塑性越好,屈服强度越低,其锻造性能越好;反之,锻造性能越差。

3. 锻造温度范围

开始锻造的温度称为始锻温度,终止锻造的温度称为终锻温度,它们之间的温度范围称为锻造温度范围。锻造温度过高,金属易过热、过烧;锻造温度过低,金属的塑性偏低、屈服强度偏高,降低金属的锻造性能。为使金属在锻造过程中具有良好的锻造性能,应将金属坯料置于合理的锻造温度范围内进行锻造。通常,碳钢的始锻温度低于钢的熔点约200 ℃,终锻温度为750 ~ 800 ℃。合金钢再结晶温度比碳钢高,为减少合金钢的变形抗力和避免锻裂,其终锻温度应控制在850 ~ 900 ℃。

（三）常用金属材料的锻造性能和锻造特点

1. 碳钢

碳钢的化学成分与组织比较简单,塑性高、变形抗力小、锻造温度范围较宽,故易于进行锻造和质量控制。其中,以含碳量低于0.3%的低碳钢性能最好,中碳钢次之,高碳钢稍差。高碳钢锻造时应注意防止过热、过烧和锻裂的发生。

2. 合金钢

合金钢中合金元素的含量和种类越多,其锻造性能越差。大多数低合金结构钢的锻造性能良好,其锻造特点与低、中碳钢相似;高碳低合金钢的锻造性能较差,其锻造特点与高碳钢相似。高合金钢(特别是高碳高合金钢)因化学成分和组织结构复杂,并含有大量过剩共晶碳化物,故锻造性能差。锻造高碳高合金钢时应注意以下几点。

（1）因其热导性差,为防止加热时热应力过大而开裂,应预热后再加热至锻造温度。

（2）因其晶界处低熔点杂质较多易过烧,故始锻温度不能过高;因其塑性差、易锻裂,终锻温度不能过低,故其锻造温度范围窄、锻造火次多。

（3）为改善碳化物偏析,需采用大吨位的锻造设备和大的锻造比,并采用反复镦拔锻造法进行锻造。

3. 有色金属

合金元素含量少的铝合金和铜合金锻造性能良好,合金元素含量多的铝合金和铜合金锻造性能差。铝合金与铜合金的锻造有以下特点。

（1）因其热导性好,冷料可直接装于炉温高于始锻温度50 ~ 100 ℃的炉内加热。

（2）因其锻造温度范围窄,易过热、过烧,故需在电炉内加热并准确控制温度。

（3）因其热导性好,为防止热量散失,锻造工具应预热,锻打要轻、快,并经常翻转锻件。

（4）因其塑性好而韧性较差,锻件易产生折叠和裂纹,应防止并及时清除此类缺陷。

（5）拔长时要及时倒角,防止尖角很快散热,并禁止用风扇吹风。

二、自由锻

利用自由锻设备的上、下砧或一些简单的通用性工具,直接使坯料变形而获得所需的几何形状及内部质量的锻件,这种方法称为自由锻。

由于自由锻所用的工具简单,并具有较大的通用性,因而自由锻应用较为广泛。生产的自由锻件可以为从 1 g 的小件到 300 t 的大件。对于特大型锻件,自由锻是唯一可行的加工方法,所以自由锻在重型工业中具有重要意义。自由锻不足之处是锻件精度低、生产率低、生产条件差。自由锻适用于单件、小批量生产。

(一)自由锻的工序

自由锻工序分为基本工序、辅助工序、精整(或修整)工序三大类。自由锻的基本工序是指锻造过程中使金属产生塑性变形,从而达到锻件所需形状和尺寸的工艺过程。

(1)基本工序是使金属材料产生一定程度的塑性变形,以达到所需形状和所需尺寸的工艺过程,如镦粗、拔长、冲孔、切割、弯曲和扭转等。

(2)辅助工序是为基本工序操作方便而进行的预先变形工序,如压钳口、压肩、钢锭倒棱等。

(3)精整工序是用以减少锻件表面缺陷而进行的工序,如校正、滚圆、平整等。

实际生产中最常用的是镦粗、拔长和冲孔三个基本工序。

(二)自由锻工艺规程的制定

制定工艺规程、编写工艺卡片是进行自由锻生产必不可少的技术准备工作,是组织生产过程、规定操作规程、控制和检查产品质量的依据。其主要内容如下。

1. 绘制锻件图

锻件图是制定锻造工艺过程和检验的依据,绘制时主要考虑锻件余块、余量和锻件公差。

1)锻件余块

对键槽、齿槽、退刀槽以及小孔、盲孔、台阶等难以用自由锻方法锻出的结构,必须暂时添加一部分金属以简化锻件的形状。为了简化锻件形状以便于进行自由锻造而增加的这一部分金属,称为余块(或敷料),如图 2-21 所示。

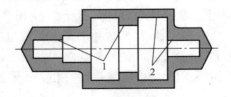

图 2-21 锻件余块和余量

1—余块;2—余量

2)锻件余量

在零件的加工表面上增加供切削加工用的余量,称为锻件余量,如图 2-21 所示。锻件余量的大小与零件的材料、形状、尺寸、批量、生产实际条件等因素有关。零件越大,形状越复杂,则余量越大。

3)锻件公差

锻件公差是锻件名义尺寸的允许变动量,其值的大小与锻件形状、尺寸有关,并受生产具体情况的影响。

2. 计算坯料质量与尺寸

1)确定坯料质量

自由锻所用坯料的质量为锻件的质量与锻造时各种金属消耗的质量之和,可由下式计算：

$$m_坯 = m_锻 + m_烧 + m_芯 + m_切$$

式中　$m_坯$——坯料质量；

　　　$m_锻$——锻件质量；

　　　$m_烧$——加热时坯料表面氧化而烧损的质量；

　　　$m_芯$——冲孔时芯料的质量；

　　　$m_切$——端部切头损失质量。

对于大型锻件，当采用钢锭作坯料进行锻造时，还要考虑切掉的钢锭头部和尾部的质量。

2）确定坯料尺寸

根据塑性加工过程中体积不变原则和采用的基本工序类型（如拔长、镦粗等）的锻造比、高度与直径之比等计算出坯料横截面面积、直径或边长等尺寸。

3. 选择锻造工序

自由锻锻造工序的选取应根据工序特点和锻件形状来确定。一般而言，盘类零件多采用镦粗（或拔长－镦粗）和冲孔等工序；轴类零件多采用拔长、切肩和锻台阶等工序。一般锻件的分类及采用的锻造工序见表 2 – 3。

表 2 – 3　锻件的分类及采用的锻造工序

锻件类别	图　　例	锻造工序
盘类零件		镦粗（或拔长－镦粗）、冲孔等
轴类零件		拔长（或镦粗－拔长）、切肩、锻台阶等
筒类零件		镦粗（或拔长－镦粗）、冲孔、在芯轴上拔长等
环类零件		镦粗（或拔长－镦粗）、冲孔、在芯轴上扩孔等
弯曲类零件		拔长、弯曲等

工艺规程的内容还包括确定所用工夹具、加热设备、加热规范、加热火次、冷却规范、锻造设备和锻后热处理规范等。表 2 – 4 为一个典型的自由锻件（半轴）的锻造工艺卡示例。

（三）自由锻锻件的结构设计

自由锻锻件的设计原则是在满足使用性能的前提下，锻件的形状应尽量简单，易于锻造。

表 2 - 4 半轴自由锻工艺卡

锻件名称	半　轴	图　例
坯料质量	25 kg	
坯料尺寸/mm	$\phi130 \times 240$	
材　料	18CrMnTi	

（图例：$\phi55\pm2(\phi48)$　$\phi70\pm2(\phi60)$　$\phi60^{+1}_{-2}(\phi50)$　$\phi80\pm2(\phi70)$　$\phi105\pm1.5$ (98)　$\phi123^{+2}$　$\phi114.8$　80^{+3}_{-2}　$287^{+2}_{-3}(297)$　102 ± 2　$45\pm2(38)$　$150\pm2(140)$　$690^{+3}_{-3}(672)$）

火　次	工　序	图　例
1	锻出头部	$\phi108$　$\phi125$　47
	拔长	$\phi108$
	拔长及修整台阶	$\phi81$　104
	拔长并留出台阶	$\phi70$　152
	锻出凹挡及拔长端部并修整	$\phi60$　$\phi55$　90　287

1. 尽量避免锥体或斜面结构

锻造具有锥体或斜面结构的锻件,需制造专用工具,锻件成型也比较困难,从而使工艺过程复杂,不便于操作,影响设备使用效率,应尽量避免。轴类锻件结构如图 2 - 22 所示。

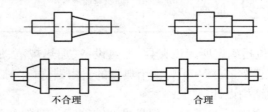

不合理　　　　　　合理

图 2 - 22　轴类锻件结构

2. 避免几何体的交接处形成空间曲线

如图 2-23(a)所示的圆柱面与圆柱面相交,锻件成型十分困难;改成如图 2-23(b)所示的平面相交,消除了空间曲线,使锻造成型容易。

3. 合理采用组合结构

锻件的横截面面积有急剧变化或形状较复杂时,可设计成由数个简单件构成的组合体,如图 2-24 所示。每个简单件锻造成型后,再用焊接或机械连接方式构成整体零件。

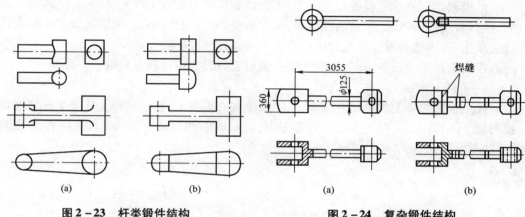

图 2-23　杆类锻件结构　　　　　图 2-24　复杂锻件结构
(a)不合理　(b)合理　　　　　　　(a)不合理　(b)合理

4. 避免加强肋、凸台、工字形、椭圆形或其他非规则截面及外形

如图 2-25(a)所示的锻件结构,难以用自由锻方法获得,若采用特殊工具或特殊工艺来生产,会降低生产率、增加产品成本。改进后的结构如图 2-25(b)所示。

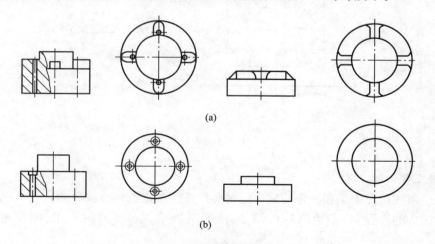

图 2-25　盘类锻件结构
(a)不合理　(b)合理

三、模锻

在模锻设备上,利用高强度锻模,使金属坯料在模腔内受压产生塑性变形,而获得所需形状、尺寸以及内部质量锻件的加工方法称为模锻。在变形过程中由于模腔对金属坯料流动的限制,锻造终了时可获得与模腔形状相符的模锻件。

与自由锻相比,模锻具有如下优点。

(1)生产效率较高。模锻时,金属的变形在模腔内进行,故能较快获得所需形状。

(2)能锻造形状复杂的锻件,并可使金属流线分布更为合理,提高零件的使用寿命。

(3)模锻件的尺寸较精确,表面质量较好,加工余量较小。

(4)节省金属材料,减少切削加工工作量。在批量足够的条件下,能降低零件成本。

(5)操作简单,劳动强度低。

但模锻生产受模锻设备吨位限制,模锻件的质量一般在 150 kg 以下。模锻设备投资较大,模具费用较昂贵,工艺灵活性较差,生产准备周期较长。因此,模锻适合于小型锻件的大批大量生产,不适合单件小批生产以及中、大型锻件的生产。

模锻按使用的设备不同,可分为锤上模锻、胎模锻、压力机上模锻。

(一)锤上模锻

锤上模锻是将上模固定在锤头上,下模紧固在模垫上,通过随锤头作上下往复运动的上模对置于下模中的金属坯料施以直接锻击,来获取锻件的锻造方法。模锻工作示意图如图 2-26所示。

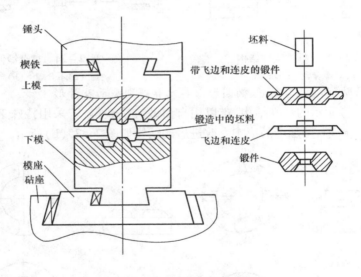

图 2-26 模锻工作示意图

1. 锤上模锻的工艺特点

(1)金属在模腔中是在一定速度下经过多次连续锤击而逐步成型的。

(2)锤头的行程、打击速度均可调节,能实现轻重缓急不同的打击,因而可进行制坯工作。

(3)由于惯性作用,金属在上模模腔中具有更好的充填效果。

(4)锤上模锻的适应性广,可生产多种类型的锻件,可以单腔模锻,也可以多腔模锻。

由于锤上模锻打击速度较快,对变形速度较敏感的低塑性材料(如镁合金等),进行锤上模锻不如在压力机上模锻的效果好。

2. 锻模

根据模腔功用不同,锻模可分为模锻模腔和制坯模腔。

1) 模锻模膛

模锻模膛可分为终锻模膛和预锻模膛两种。

Ⅰ. 终锻模膛

终锻模膛使金属坯料最终变形到所要求的形状与尺寸,如图 2 - 26 所示。由于模锻需要加热后进行,锻件冷却后尺寸会有所缩减,所以终锻模膛的尺寸应比实际锻件尺寸放大一个收缩量,对于钢锻件收缩量可取 1.5%。飞边槽用以增加金属从模膛中流出的阻力,促使金属充满整个模膛,同时容纳多余的金属,还可以起到缓冲作用,减弱对上下模的打击,防止锻模开裂。飞边槽在锻后利用压力机上的切边模去除。

Ⅱ. 预锻模膛

用于预锻的模膛称为预锻模膛。对于外形较为复杂的锻件,常采用预锻工步,使坯料先变形到接近锻件的外形与尺寸,以便合理分配坯料各部分的体积,避免折叠的产生,并有利于金属的流动,易于充满模膛,同时可减小终锻模膛的磨损,延长锻模的寿命。

预锻模膛和终锻模膛的主要区别是前者的圆角和模锻斜度较大、高度较大,一般不设飞边槽,只有当锻件形状复杂、成型困难,且批量较大的情况下,设置预锻模膛才是合理的。

2) 制坯模膛

对于形状复杂的模锻件,为了使坯料基本接近模锻件的形状,以便模锻时金属能合理分布,并很好地充满模膛,必须预先在制坯模膛内制坯。制坯模膛有以下几种。

(1) 拔长模膛:减小坯料某部分的横截面面积,以增加其长度,如图 2 - 27 所示。

(2) 滚挤模膛:减小坯料某部分的横截面面积,以增大另一部分的横截面面积,主要是使金属坯料能够按模锻件的形状来分布,如图 2 - 28 所示。

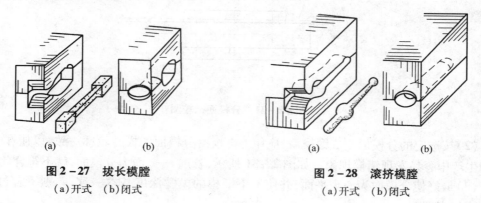

图 2 - 27　拔长模膛
(a) 开式　(b) 闭式

图 2 - 28　滚挤模膛
(a) 开式　(b) 闭式

(3) 弯曲模膛:使坯料弯曲,如图 2 - 29 所示。

(4) 切断模膛:在上模与下模的角部组成一对刃口,用来切断金属,如图 2 - 30 所示。可用于从坯料上切下锻件或从锻件上切钳口,也可用于多件锻造后分离成单个锻件。

3. 模锻工艺规程的制定

模锻工艺规程的制定主要包括绘制模锻件图、计算坯料尺寸、确定模锻工序、选择锻造设备、确定锻造温度范围等。

1) 绘制模锻件图

模锻件图是设计和制造锻模、计算坯料尺寸以及检验模锻件的依据。根据零件图绘制

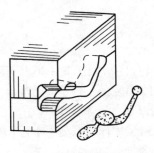

图 2-29 弯曲模膛

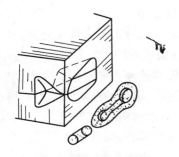

图 2-30 切断模膛

模锻件图时,应考虑以下几个问题。

Ⅰ. 分模面

分模面是上下锻模的分界面。分模面的选择应按以下原则进行。

(1)要保证模锻件能从模膛中顺利取出,并使锻件形状尽可能与零件形状相同,一般分模面应选在模锻件最大水平投影尺寸的截面上。如图 2-31 所示,若选 a—a 面为分模面,则无法从模膛中取出锻件。

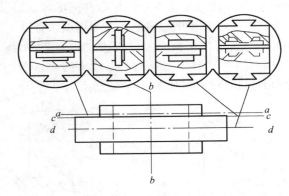

图 2-31 分模面比较图

(2)按选定的分模面制成锻模后,应使上下模沿分模面的模膛轮廓一致,以便在安装锻模和生产中容易发现错模现象。如图 2-31 所示,若选 c—c 面为分模面,就不符合此原则。

(3)最好使分模面为一个平面,并使上下锻模的模膛深度基本一致,差别不宜过大,以便于均匀充型。

(4)选定的分模面应使零件上所加的敷料最少。如图 2-31 所示,若选 b—b 面为分模面,零件中间的孔不能锻出,且敷料较多,既浪费材料,降低了材料的利用率,又增加了切削加工工作量,所以该面不宜选作分模面。

(5)最好把分模面选取在能使模膛深度最浅处,这样可使金属很容易充满模膛,便于取出锻件。如图 2-31 所示,b—b 面就不适合选作分模面。

按上述原则综合分析,选用如图 2-31 所示的 d—d 面作为分模面最合理。

Ⅱ. 加工余量和锻件公差

加工余量和锻件公差比自由锻小得多,可查相关手册。

Ⅲ. 模锻斜度

为便于从模膛中取出锻件，模锻件上平行于锤击方向的表面必须具有斜度，称为模锻斜度，一般为5°～15°。模锻斜度与模膛深度和宽度有关，通常模膛深度与宽度的比值(h/b)较大时，模锻斜度取较大值。

Ⅳ. 模锻圆角半径

模锻件上所有两平面转接处均需圆弧过渡，此过渡处称为锻件的圆角，如图2-32所示。圆弧过渡有利于金属的变形流动，锻造时使金属易于充满模膛、提高锻件质量，并且可以避免在锻模上的内角处产生裂纹，减缓锻模外角处的磨损，提高锻模使用寿命。

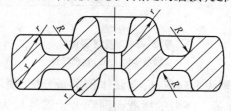

图2-32 分模面比较图

上述各参数确定后，便可绘制锻件图。图2-33所示为齿轮坯模锻件图。图中双点画线为零件轮廓外形，分模面选在锻件高度方向的中部。由于零件轮辐部分不加工，故无加工余量。图中内孔中部的两条直线为冲孔连皮切掉后的痕迹。

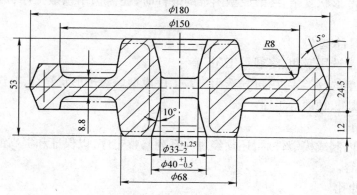

图2-33 齿轮坯模锻件图

2）计算坯料质量

坯料质量包括锻件、飞边、连皮、钳口料头以及氧化皮等的质量。通常，飞边是锻件质量的20%～25%，氧化皮占锻件和飞边总质量的2.5%～4%。

3）确定模锻工序

模锻工序主要根据锻件的形状与尺寸来确定。根据已确定的工序即可设计出制坯模膛、预锻模膛及终锻模膛。模锻件按形状可分为长轴类零件与盘类零件两类，如图2-34所示。长轴类零件的长度与宽度之比较大，例如台阶轴、曲轴、连杆、弯曲摇臂等；盘类零件在分模面上的投影多为圆形或近于矩形，例如齿轮、法兰盘等。

Ⅰ. 长轴类模锻件基本工序

常用的工序有拔长、滚挤、弯曲、预锻和终锻等。

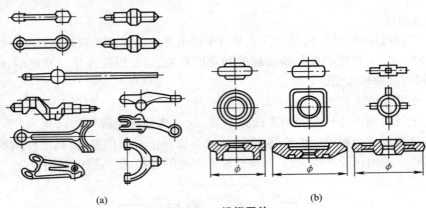

图 2 – 34　模锻零件

（a）长轴类零件　（b）盘类零件

拔长和滚挤时,坯料沿轴线方向流动,金属体积重新分配,使坯料的各横截面面积与锻件相应的横截面面积近似相等。坯料的横截面面积大于锻件最大横截面面积时,可只选用拔长工序;当坯料的横截面面积小于锻件最大横截面面积时,应采用拔长和滚挤工序。

锻件的轴线为曲线时,还应选用弯曲工序。

对于小型长轴类锻件,为了减少钳口料和提高生产率,常采用一根棒料上同时锻造数个锻件的锻造方法,因此应增设切断工序,将锻好的工件分离。

当大批量生产形状复杂、终锻成型困难的锻件时,还需选用预锻工序,最后在终锻模膛中模锻成型。

Ⅱ. 盘类模锻件基本工序

盘类模锻件常选用镦粗、终锻等工序。

对于形状简单的盘类零件,可只选用终锻工序成型。对于形状复杂,有深孔或有高肋的锻件,则应增加镦粗、预锻等工序。

Ⅲ. 修整工序

坯料在锻模内制成模锻件后,还须经过一系列修整工序,以保证和提高锻件质量。修整工序包括以下内容。

Ⅰ）切边与冲孔

模锻件一般都带有飞边及连皮,必须在压力机上进行切除。

切边模如图 2 – 35（a）所示,由活动凸模和固定凹模组成。凹模的通孔形状与锻件在分模面上的轮廓一致,凸模工作面的形状与锻件上部外形相符。

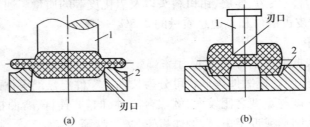

图 2 – 35　切边模和冲孔模

（a）切边模　（b）冲孔模

1—活动凸模;2—固定凹模

冲孔模如图2-35(b)所示,凹模作为锻件的支座,冲孔连皮从凹模孔中落下。

Ⅱ)校正

在切边及其他工序中都可能引起锻件的变形,许多锻件,特别是形状复杂的锻件在切边冲孔后还应该进行校正。校正可在终锻模腔或专门的校正模内进行。

Ⅲ)热处理

热处理的目的是消除模锻件的过热组织或加工硬化组织,以达到所需的力学性能。常用的热处理方式为正火或退火。

Ⅳ)清理

为了提高模锻件的表面质量,改善模锻件的切削加工性能,模锻件需要进行表面清理,去除在生产中产生的氧化皮、所沾油污及其他表面缺陷等。

Ⅴ)精压

对于要求尺寸精度高和表面粗糙度小的模锻件,还应在压力机上进行精压。精压分为平面精压(图2-36(a))和体积精压(图2-36(b))两种。

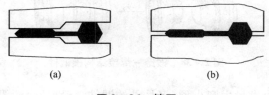

(a)　　　　　　　　　　(b)

图2-36　精压
(a)平面精压　(b)体积精压

4. 模锻件的结构设计

为了便于模锻件生产和降低成本,设计模锻零件时,应根据模锻特点和工艺要求,使其结构符合下列原则。

(1)模锻零件应具有合理的分模面、模锻斜度和圆角半径。

(2)由于模锻的精度较高、表面粗糙度低,因此零件的配合表面可留有加工余量;非配合面一般不需要加工,不留加工余量。

(3)零件的外形应力求简单、平直、对称,避免零件截面间差别过大,或具有薄壁、高肋等不良结构。一般来说,零件的最小截面与最大截面之比不要小于0.5。如图2-37(a)所示零件的凸缘太薄、太高,中间下凹太深,金属不易充型。如图2-37(b)所示零件过于扁薄,薄壁部分金属模锻时容易冷却,不易锻出,对保护设备和锻模也不利。如图2-37(c)所示零件有一个高而薄的凸缘,使锻模的制造和锻件的取出都很困难,若改成如图2-37(d)所示形状则较易锻造成型。

(4)在零件结构允许的条件下,应尽量避免有深孔或多孔结构。孔径小于30 mm或孔深大于直径两倍时,锻造困难。

(5)对复杂锻件,为减少敷料、简化模锻工艺,在可能条件下,应采用锻造-焊接或锻造-机械连接组合工艺,如图2-38所示。

(二)胎模锻

胎模是一种不固定在锻造设备上的模具,结构较简单,制造容易,如图2-39所示。胎模锻是在自由锻设备上用胎模生产模锻件的工艺方法,因此胎模锻兼有自由锻和模锻的特

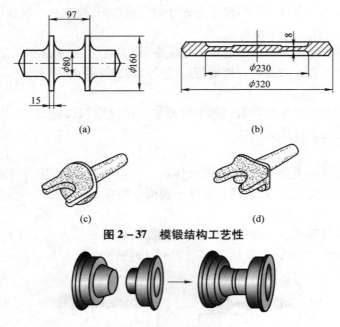

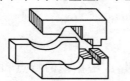

图 2 – 37　模锻结构工艺性

图 2 – 38　锻造 – 焊接结构模锻件

点。胎模锻适合于中、小批量生产小型、多品种的锻件,特别适合于没有模锻设备的工厂。

图 2 – 39　胎膜示意图

　　胎模锻工艺过程包括制定工艺规程、制造胎模、备料、加热、胎模锻及后续加工工序等。在工艺规程制定中,分模面的选取可灵活一些,分模面的数量不限于一个,而且在不同工序中可选取不同的分模面,以便于制造胎模和使锻件成型。

　　(三)压力机上模锻

　　用于模锻生产的压力机有摩擦压力机、平锻机、水压机、曲柄压力机等,其工艺特点的比较见表 2 – 5。

表 2 – 5　压力机上模锻方法的工艺特点比较

锻造方法	设备类型		工艺特点	应　用
	设备	构造特点		
摩擦压力机上模锻	摩擦压力机	滑块行程可控,速度为 0.5 ~ 1.0 m/s,带有顶料装置,机架受力,形成封闭力系,每分钟行程次数少,传动效率低	特别适合于锻造低塑性合金钢和非铁金属;简化了模具设计与制造,同时可锻造更复杂的锻件;承受偏心载荷能力差;可实现轻、重打,能进行多次锻打,还可进行弯曲、精压、切飞边、冲连皮、校正等工序	中小型锻件的小批和中批生产

续表

锻造方法	设备类型		工艺特点	应用
	设备	构造特点		
曲柄压力机上模锻	曲柄压力机	工作时,滑块行程固定,无振动,噪声小,合模准确,有顶杆装置,设备刚度好	金属在模膛中一次成型,氧化皮不易除掉,终锻前常采用预成型及预锻工步,不宜拔长、滚挤,可进行局部镦粗,锻件精度较高,模锻斜度小,生产率高,适合短轴类锻件	大批大量生产
平锻机上模锻	平锻机	滑块水平运动,行程固定,具有互相垂直的两组分模面,无顶出装置,合模准确,设备刚度好	扩大了模锻适用范围,金属在模膛中一次成型,锻件精度较高,生产率高,材料利用率高,适合锻造带头的杆类和有孔的各种合金锻件,对非回转体及中心不对称的锻件较难锻造	大批大量生产
水压机上模锻	水压机	行程不固定,工作速度为 0.1～0.3 m/s,无振动,有顶杆装置	模锻时一次压成,不宜多膛模锻,适合于锻造镁铝合金大锻件,深孔锻件,不太适合于锻造小尺寸锻件	大批大量生产

四、板料冲压

利用冲模在压力机上使板料分离或变形,从而获得冲压件的加工方法称为板料冲压。板料冲压的坯料厚度一般小于 4 mm,通常在常温下冲压,故又称为冷冲压,简称冲压。板料厚度超过 8～10 mm 时,才用热冲压。

原材料为具有塑性的金属材料,如低碳钢、奥氏体不锈钢、铜或铝及其合金等,也可以是非金属材料,如胶木、云母、纤维板、皮革等。

（一）板料冲压的特点

（1）冲压生产操作简单,生产率高,易于实现机械化和自动化。

（2）冲压件的尺寸精确,表面光洁,质量稳定,互换性好,一般不再进行机械加工,即可作为零件使用。

（3）金属薄板经过冲压塑性变形获得一定几何形状,并产生冷变形强化,使冲压件具有质量轻、强度高和刚性好的优点。

（4）冲模是冲压生产的主要工艺装备,其结构复杂、精度要求高、制造费用相对较高,故冲压适合在大批量生产条件下采用。

（二）冲压设备

冲压设备主要有剪床和冲床两大类。剪床是完成剪切工序,为冲压生产准备原料的主要设备。冲床是进行冲压加工的主要设备,按其床身结构不同,有开式和闭式两类冲床;按其传动方式不同,有机械式冲床与液压压力机两大类。如图 2-40 所示为开式机械式冲床的工作原理及传动示意图。冲床的主要技术参数是以公称压力来表示的,公称压力（kN）是以冲床滑块在下止点前工作位置所能承受的最大工作压力来表示的。我国常用开式冲床的规格为 63～2 000 kN,闭式冲床的规格为 1 000～5 000 kN。

（三）冲压工序

冲压基本工序可分为落料、冲孔、切断等分离工序和拉深、弯曲等变形工序两大类。

1. 分离工序

分离工序是使板料的一部分与另一部分分离的加工工序。

（1）切断:使板料按不封闭轮廓线分离的工序。

（2）落料:从板料上冲出一定外形的零件或坯料,冲下部分是成品。

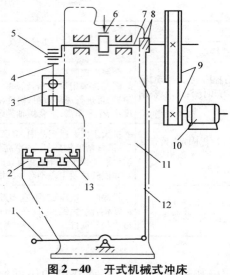

图2－40　开式机械式冲床

1—脚踏板;2—工作台;3—滑块;4—连杆;5—偏心套;6—制动器;7—偏心轴;
8—离合器;9—皮带轮;10—电动机;11—床身;12—操作机构;13—垫板

（3）冲孔:在板料上冲出孔,冲下部分是废料。

冲孔和落料又统称为冲裁。冲裁可分为普通冲裁和精密冲裁。普通冲裁的刃口必须锋利,凸模和凹模之间留有间隙。板料的冲裁过程可分为三个阶段,如图2－41所示。

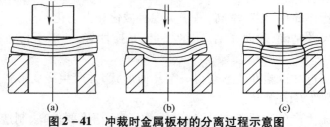

图2－41　冲裁时金属板材的分离过程示意图

（a）弹性变形　（b）塑性变形　（c）分离

板料冲裁时的应力应变十分复杂,除剪切应力应变外,还有拉伸、弯曲和挤压等应力应变,如图2－42所示。

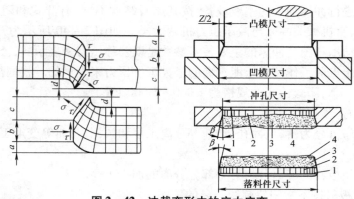

图2－42　冲裁变形中的应力应变

1—圆角带;2—光亮带;3—剪裂带;4—毛刺

当模具间隙正常时,冲裁件的断面由圆角带、光亮带、剪裂带和毛刺四部分组成。如果间隙过大,会使得圆角带和毛刺加大,板料的翘曲也会加大;如果冲裁间隙过小,会使冲裁力加大,不仅会降低模具寿命,还会使冲裁件的断面形成二次光亮带,在两个光面间夹有裂纹,这些都会影响冲裁件的断面质量。因此,选择合理的冲裁间隙对保证冲裁件质量、提高模具寿命、降低冲裁力都是十分重要的。

(4)整修与精密冲裁。整修是在模具上利用切削的方法,将冲裁件的边缘或内孔切去一小层金属,从而提高冲裁件断面质量与精度的加工方法,如图2－43所示。整修可去除普通冲裁时在断面上留下的圆角、毛刺与剪裂带等。整修余量为0.1~0.4 mm,工件尺寸精度可达IT7~IT6。

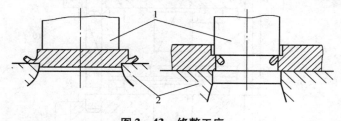

图2－43　修整工序

1—凸模;2—凹模

2. 变形工序

变形工序是使坯料的一部分相对于另一部分产生塑性变形而不被破坏的工序,如弯曲、拉深、翻边等。

(1)弯曲工序:将金属材料弯曲成一定角度和形状的工艺方法。弯曲方法可分为压弯、拉弯、折弯、滚弯等,最常见的是在压力机上压弯。

(2)拉深:使平面板料成型为中空形状零件的冲压工序,如图2－44所示。拉深工艺可分为不变薄拉深和变薄拉深两种。不变薄拉深件的壁厚与毛坯厚度基本相同,工业上应用较多;变薄拉深件的壁厚则明显小于毛坯厚度。

(3)翻边:将工件上的孔或边缘翻出竖立或有一定角度的直边,如图2－45(a)所示。

(4)胀形:利用模具使空心件或管状件由内向外扩张的成型方法,如图2－45(b)所示。

(5)缩口:利用模具使空心件或管状件的口部直径缩小的局部成型工艺,如图2－45(c)所示。

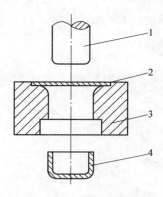

图2－44　拉深过程简图

1—凸模;2—压板;3—凹模;4—工件

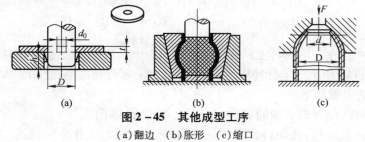

(a)　　　　　　(b)　　　　　　(c)

图2－45　其他成型工序

(a)翻边　(b)胀形　(c)缩口

（四）冲模

冲模按组合方式可分为单工序模（简单冲模）、级进模（连续冲模）、组合模（复合冲模）三种。

（1）简单冲模：在一个冲压行程只完成一道工序的冲模，如图 2 - 46 所示。此种模具结构简单、制造容易，适用于小批量生产。

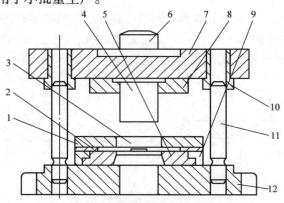

图 2 - 46　简单冲模示意图

1—固定卸料板；2—导料板；3—挡料销；4—凸模；5—凹模；6—模柄；
7—上模座；8—凸模固定板；9—凹模固定板；10—导套；11—导柱；12—下模座

（2）连续冲模：在一副模具上有多个工位，在一个冲压行程同时完成多道工序的冲模，如图 2 - 47 所示。连续冲模生产率高、加工零件精度高，适用于大批量生产。

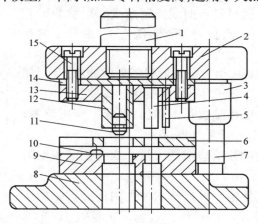

图 2 - 47　连续冲模示意图

1—模柄；2—上模座；3—导套；4、5—冲孔凸模；6—固定卸料板；
7—导柱；8—下模座；9—凹模；10—固定挡料销；11—导正销；
12—落料凸模；13—凸模固定板；14—垫板；15—螺钉

（3）复合冲模：在一副模具上只有一个工位，在一个冲压行程上同时完成多道冲压工序的冲模，如图 2 - 48 所示。复合冲模生产效率高、加工零件精度高，适用于大批量生产。

冲压模具的组成如下。

（1）工作零件：使板料成型的零件，有凸模、凹模、凸凹模等。

（2）定位、送料零件：使条料或半成品在模具上定位、沿工作方向送进的零部件，主要有挡料销、导正销、导料销、导料板等。

（3）卸料及压料零件：防止工件变形，压住模具上的板料及将工件或废料从模具上卸下或推出的零件，主要有卸料板、顶件器、压边圈、推板、推杆等。

（4）结构零件：在模具的制造和使用中起装配、固定作用的零件以及在使用中起导向作用的零件，主要有上下模座、模柄、凸凹模固定板、垫板、导柱、导套、导筒、导板螺钉、销钉等。

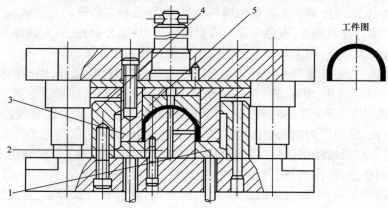

工件图

图 2-48　复合冲模示意图

1—弹性压力圈；2—拉深凸模；3—落料、拉深凸凹模；4—落料凹模；5—顶件板

情景三　滑动轴承材料与成型

工业生产中,通常把钢和铸铁称为黑色金属,把钢铁材料以外的其他金属及其合金称为有色金属。与黑色金属相比,有色金属具有良好的导电性、导热性、耐腐蚀性等,已成为工程材料中的重要组成部分,越来越多地为现代工业生产所采用。

在有色金属中,还有各种各样的分类方法。比如,按照比重来分,铝、镁、锂、钠、钾等的比重小于5,叫做轻金属;而铜、锌、镍、汞、锡、铅等的比重大于5,叫做重金属。像金、银、铂、锇、铱等比较贵,叫做贵金属;镭、铀、钍、钋等具有放射性,叫做放射性金属;还有像铌、钽、锆、镥、金、镭、铪、铀等因为地壳中含量较少,或者比较分散,人们又称之为稀有金属。

非铁金属材料是指除钢铁材料以外的其他金属及合金的总称(俗称有色金属),具有特殊的电性能、磁性能、热性能、耐腐蚀性能以及高比强度,广泛应用于机电、仪表,特别是航空、航天及航海等工业,主要包括铝及铝合金、铜及铜合金、钛及钛合金、镁及镁合金以及滑动轴承合金等。

粉末冶金材料是用几种金属粉末或金属与非金属粉末作原料,通过配料、压制成型、烧结和后处理等工艺过程而制成的材料。生产粉末冶金材料的工艺过程称为粉末冶金法。主要有减摩材料、结构材料、摩擦材料、硬质合金以及难熔金属材料、特殊电磁性能材料、过滤材料、无偏析高速钢等。目前,工业生产中应用较多的是硬质合金,其是以一种或几种难熔碳化物(如碳化钨、碳化钛等)的粉末为主要成分,加入起黏结作用的金属粉末,用粉末冶金法制得的材料。

常用非铁金属材料与硬质合金的分类、牌号、用途等见表3-1。

表3-1　常用非铁金属材料与硬质合金的分类、牌号、用途

分　类			典 型 牌 号 或 代 号	用 途 举 例
铝合金	变形铝合金	防锈铝合金	3A21(LF21)、5A05(LF5)	焊接油箱、油管、焊条等
		硬铝合金	2A01(LY1)、2A11(LY11)	铆钉、叶片等
		超硬铝合金	7A04(LC4)、7A06(LC6)	飞机大梁、起落架等
		锻铝合金	2A50(LD5)、2A70(LD7)	航空发动机活塞、叶轮等
	铸造铝合金	Al-Si系	ZAlSi7Mg(ZL101)、AlSi12(ZL102)	飞机、仪器零件,仪表、水泵壳体等
		Al-Cu系	ZAlCu5Mn(ZL201)	内燃机气缸头、活塞等
		Al-Mg系	ZAlMg10(ZL301)、ZAlMg5Si1(ZL303)	船舶配件等
		Al-Zn系	ZAlZn11Si7(ZL401)	汽车、飞机零件等
铜合金	黄铜	普通黄铜	H70、H62、ZCuZn38	弹壳、铆钉、散热器及端盖、阀座等
		特殊黄铜	HPb59-1、HMn58-2、ZCuZn16Si4	耐磨、耐蚀零件及接触海水的零件等
	青铜	锡青铜	QSn4-3、ZCuSn10Pb1	耐磨及抗磁零件、轴瓦等
		无锡青铜 铝青铜	ZCuAl10Fe3Mn2、QAl7	蜗轮、弹簧及弹性零件等
		无锡青铜 铍青铜	QBe2	重要弹簧与弹性元件、齿轮、轴承等
		无锡青铜 铅青铜	ZCuPb30	轴瓦、轴承、减摩零件等

续表

分　类		典 型 牌 号 或 代 号	用 途 举 例
钛 合 金		TC4	在 400 ℃以下长期工作的零件等
镁 合 金		MB8	飞机蒙皮、锻件(200 ℃以下工作)
滑动轴承合金	锡基轴承合金	ZSnSb11Cu6	航空发动机、汽轮机、内燃机等大型机器的高速轴瓦
	铅基轴承合金	ZPbSb16Sn16Cu2	汽车、拖拉机、轮船、减速器等承受中、低载荷的中速轴承
	铜基轴承合金	ZCuPb30	航空发动机、高速柴油机的轴承等
硬 质 合 金	钨钴类硬质合金	YG3X、YG6	切削脆性材料刀具、量具和耐磨零件等
	钨钛钴类硬质合金	YT15、YT30	切削碳钢和合金钢的刀具等
	万能硬质合金	YW1、YW2	切削高锰钢、不锈钢、工具钢、淬火钢的切削刀具
工 业 纯 铝		强度、硬度很低,塑性很高,无低温脆性,无磁性,导电性、导热性好等	制造电线、电缆等各种导电材料和各种散热器等导热元件
工 业 纯 铜		导电性和导热性良好,并具有抗磁性、强度、硬度低、塑韧性、焊接性及低温力学性能良好等	配制铜合金,制造电线、电缆、散热器、冷凝器、通信器材以及抗磁、防磁仪器等

一、铝及铝合金

(一)工业纯铝

工业纯铝是一种银白色的金属,熔点为 660 ℃,具有面心立方晶格,无同素异构转变。它具有高导电性和导热性,密度为 2.702 g/cm³。铝的化学性质较活泼,在大气中易氧化,因而在其表面容易生成一层致密的氧化膜,隔绝铝与大气的接触而成钝态,故在大气环境下具有良好的抗腐蚀性。

工业纯铝的强度不高,塑性极好,一般不直接用作承力结构材料,而用来制造电线、铝箔和生活用品等。

工业上广泛应用的纯铝一般均含有杂质,纯铝中的主要杂质为铁、硅、铜、锌等,杂质含量越多,其导电性、抗腐蚀性及塑性降低就越多。

工业纯铝的新牌号为 1070A、1060A、1050A、1035、1200、8A06(对应的旧牌号为 L1、L2、L3、L4、L5、L6),数字越小,表示杂质的含量越少,纯度越高。

(二)铝合金分类与热处理

纯铝的强度低,不宜制作承受重载荷的结构件,铝中加入一定量的硅、铜、镁、锌、锰等合金元素,可制成强度高的铝合金。铝合金密度小、导热性好、比强度高,如果再经变形强化和热处理强化,其强度还能进一步提高。因此,铝合金广泛用于民用与航空工业。

1. 铝合金分类

根据铝合金的成分和生产工艺特点,将其分为变形铝合金和铸造铝合金。二元铝合金一般相图如图3-1所示。其成分在 D 点以左的合金,当加热到固溶线以上时,可得到单相固溶体,其塑性很好,宜于进行压力加工,故称变形铝合金;成分在 D 点以右的合金,由于有共晶组织存在,熔点低,流动性好,适于铸造,故称铸造铝合金。

变形铝合金又可分为可热处理强化的变形铝合金和不可热处理强化的变形铝合金。图3-1中,成分位于 F 点以左的合金,在加热过程中,始终处于单相固溶体状态,其 α 固溶体成分不随温度而变,不能热处理强化,故称为不可热处理强化的铝合金;对于成分位于 F 点与 D 点之间的铝合金,其 α 固溶体成分随温度而变,可用热处理强化,故称为可热处理强化的铝合金。

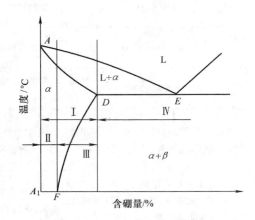

图3-1 二元铝合金一般相图

Ⅰ—变形铝合金;Ⅱ—不可热处理强化铝合金;Ⅲ—可热处理强化铝合金;Ⅳ—铸造铝合金

2. 铝合金的热处理

铝合金的热处理与利用金属的同素异构转变现象进行的钢的热处理不同。它主要是依赖于合金固溶过程中温度和时间的变化而引起合金元素聚集状态发生变化,从而达到强化目的,即通过淬火时效处理来改变铝合金的性能。铝合金淬火后形成的过饱和固溶体是不稳定的,其强度和硬度并不立即升高,且塑性较好。在室温放置一段时间后,从过饱和的固溶体中析出细小的第二相,过渡至稳定状态,合金的强度、硬度大幅提高,塑性明显较低,这种现象称为时效。在室温下进行的时效称为自然时效,在加热条件下进行的时效称为人工时效。

淬火后开始放置的初期,合金的强度变化很小,这段时间称孕育期。孕育期从几十分钟到数小时不等。生产上常利用这段时间进行冷变形,对变形零件进行校正。

自然时效一般在 $4 \sim 5$ d 强化效果达到最大,人工时效的强化效果与温度和时间有关,时效温度越高,时效速度越快,但强化效果越差。温度过高,时间过长,合金的强度、硬度反而下降,这种现象称为过时效。人工时效的效果不如自然时效。但有些铝合金不能进行自然时效,只能进行人工时效。不论哪一种铝合金都可以进行退火处理。

(三)变形铝合金

变形铝合金根据其性能特点和用途可分为防锈铝合金、硬铝合金、超硬铝合金及锻铝合金四种。

按 GB/T 3190—2008 规定,变形铝合金牌号用四位字符体系表示,第一、三、四位为数字,第二位为"A"字母。牌号中的第一位数字是依主要加入的合金元素 Cu、Mn、Si、Mg、Mg_2Si、Zn 顺序来表示变形铝合金的组别。例如,2A×× 表示以铜为主加合金元素的变形铝合金。牌号中的最后两位数字用以标识同一组别中的不同铝合金。

1. 防锈铝合金

这类合金主要有"铝－镁""铝－锰"系合金。其特点是抗腐蚀性好,易于加工成型,焊接性能好;但这类合金不可热处理强化,强度不高;适于制作油箱、油管、铆钉等。

2. 硬铝合金

这类合金是"铝－铜－镁"和"铝－铜－锰"系合金。其特点是具有极高的时效硬化效果、强度高,一般用于制作飞机螺旋桨叶片、壁板、蒙皮等。

3. 超硬铝合金

这类合金是"铝－铜－镁－锌"系合金。由于合金的强化作用和时效强化,使其具有比硬铝合金更高的强度和硬度,主要用于制作飞机的翼桨、桨叶、起落架等。

4. 锻铝合金

这类合金是"铝－铜－镁－硅"系合金。其特点是具有良好的热塑性,并具有良好的焊接、抗腐蚀性能,经锻造可制造成形状复杂的大型锻件和模锻件,如内燃机活塞、叶片、叶轮等。

常用变形铝合金的牌号、化学成分、力学性能及用途见表 3－2。

表 3－2　常用变形铝合金的牌号、化学成分、力学性能及用途(GB/T 3190—2008)

| 类别 | 新牌号 | 旧代号 | 化学成分(质量含量)/% | | | | 处理状态 | 力学性能 | | | 用途 |
			Cu	Mg	Mn	其他		σ_b/MPa	δ/%	HBS	
防锈铝合金	5A05	LF5		4.0~5.5	0.3~0.6		M	280	20	70	焊接油箱、油管、焊条、铆钉及中载零件
	3A21	LF21			1.0~1.6		M	130	20	30	焊接油箱、油管、铆钉及轻载零件
硬铝合金	2A01	LY1	2.2~3.0	0.2~0.5			CZ	300	24	70	工作温度不超过100℃,常用作铆钉
	2A11	LY11	3.8~4.8	0.4~0.8	0.4~0.8		CZ	420	18	100	中等强度结构件,如骨架、螺旋桨、叶片、铆钉等
	2A12	LY12	3.8~4.9	1.2~1.8	0.3~0.9		CZ	470	17	105	高强度结构件、航空模锻件及150℃以下工作零件
超硬铝合金	7A04	LC4	1.4~2.0	1.8~2.8	0.2~0.6	5.0~7.0Zn 0.1~0.25Cr	CS	600	12	150	主要受力构件,如飞机梁、桁架等
	7A09	LC6	2.2~2.8	2.5~3.0	0.15	7.6~8.6Zn 0.16~0.3Cr	CS	680	7	190	主要受力构件,如飞机大梁、桁架等

类别	新牌号	旧代号	化学成分(质量含量)/%				处理状态	力学性能			用途
			Cu	Mg	Mn	其他		σ_b/MPa	δ/%	HBS	
锻铝合金	2A50	LD5	1.8~2.6	0.4~0.8	0.4~0.8	0.7~1.2Si	CS	420	13	105	形状复杂、中等强度的锻件
	2A70	LD7	1.9~2.5	1.4~1.8		0.02~0.1Ti 1.0~1.5Ni 1.0~1.5Fe	CS	415	13	120	高温下的复杂锻件及结构件
	2A14	LD10	3.9~4.8	0.4~0.8	0.4~1.0	0.5~1.2Si	CS	480	19	135	承受重载荷的锻件

注:M——退火;CZ——淬火+自然时效;CS——淬火+人工时效。

(四)铸造铝合金

铸造铝合金的特点是密度小、比强度较高,具有良好的抗腐蚀性和铸造工艺性。根据主要加入元素不同,铸造铝合金一般分为四大类,即 Al – Si 系、Al – Cu 系、Al – Mg 系、Al – Zn 系,其代号用 ZL("铸铝"的汉语拼音字首)后面跟三位数字表示,第一位数字表示合金系,后两位数字是合金的顺序号。

1. 铝硅合金

Al – Si 系铸造铝合金俗称硅铝明。这类合金具有优良的铸造性能。此类合金加入 Cu、Mg、Zn 等合金元素,就成为特殊硅铝明。

通过热处理和合金化处理的铝硅合金力学性能得到明显改善。铝硅合金广泛应用于制造各种形状复杂的铝铸件,如仪表、泵的壳体、气缸体、刹车毂等。铝硅合金占铸造铝合金总产量的 50% 左右。

2. 铝铜合金

铝铜合金的优点是有较高的强度,特别是在高温工作条件下仍保持有较好的强度;缺点是铸造性能较差,耐腐蚀性也较差,适合在较高温度下使用。根据这一特点常被用来制作发动机活塞、内燃机气缸头等。

3. 铝镁合金

铝镁合金属于高强度和高耐腐蚀性合金,适宜机加工;缺点是铸造性能较差,耐热性也不如前两类合金,在化工行业和造船工业应用较多。

4. 铝锌合金

铝锌合金铸造性能较好,具有自淬火效应,铸造成型后即可进行时效处理。由于省去了淬火工序,铸件的内应力减小,节约了生产成本。它适于制造尺寸稳定性高的铸件,如仪表零件、发动机零件、医疗器械等。

常用铸造铝合金牌号、化学成分、热处理、力学性能及用途见表 3 – 3。

二、铜及铜合金

(一)工业纯铜

工业纯铜的外观呈玫瑰色,熔点为 1 083 ℃,密度为 8.9 g/cm³,具有面心立方晶格,具有良好的导电性和导热性,塑性很高,但强度较低,不适宜直接用作承载结构材料,主要用于制造导电器材和生活用品等。工业纯铜由于在大气中易与氧反应,在其表层形成外观呈紫红色的氧化膜,因此又称紫铜。

表 3-3 常用铸造铝合金牌号、化学成分、热处理、力学性能及用途(GB/T 1173—2013)

类别	合金代号与牌号	化学成分(质量含量)/%						铸造方法与合金状态	力学性能(不低于)			用途
		Si	Cu	Mg	Mn	Zn	Ti		σ_b/MPa	δ/%	HBS	
铝硅合金	ZL101 ZAlSi7Mg	6.5~7.5	—	0.25~0.45	—	—	—	J,T5 S,T5	205 195	2 2	60 60	形状复杂的砂型、金属型和压力铸造零件,如飞机、仪器的零件,抽水机壳体,工作温度不超过185℃的汽化器等
	ZL102 ZAlSi12	10.0~13.0	—	—	—	—	—	J,F SB,JB,F SB,JB,T2	155 145 135	2 4 4	50 50 50	形状复杂的砂型、金属型和压力铸造零件,如仪表、抽水机壳体,工作温度在200℃以下,要求气密性、承受低载荷的零件
	ZL105 ZAlSi5Cu1Mg	4.5~5.5	1.0~1.5	0.4~0.6	—	—	—	J,T5 S,T5 S,T6	235 195 225	0.5 1.0 0.5	70 70 70	砂型、金属型和压力铸造的形状复杂、在225℃以下工作的零件,如风冷发动机的气缸头、机匣、液压泵壳体等
	ZL108 ZAlSi12Cu2Mg1	11.0~13.0	1.0~2.0	0.4~1.0	0.3~0.9	—	—	J,T1 J,T6	195 255		85 90	砂型、金属型铸造的、要求高温强度、低膨胀系数的高速内燃机活塞及其他耐热零件
铝铜合金	ZL201 ZAlCu5Mn	—	4.5~5.3	—	0.6~1.0	—	0.15~0.35	S,T4 S,T5	295 335	8 4	70 90	砂型铸造在175~300℃工作的零件,如支臂、挂架梁、内燃机气缸头、活塞等
	ZL201A ZAlCu5MnA	—	4.8~5.3	—	0.6~1.0	—	0.15~0.35	S,J,T5	390	8	100	砂型铸造在175~300℃工作的零件,如支臂、挂架梁、内燃机气缸头、活塞等
铝镁合金	ZL301 ZAlMg10	—	—	9.5~11.5	—	—	—	J,S,T4	280	10	60	砂型铸造的在大气或海水中工作的零件,承受大振动载荷,工作温度不超过150℃的零件
铝锌合金	ZL401 ZAlZn11Si7	6.0~8.0	—	0.1~0.3	—	9.0~13.0	—	J,T1 S,T1	245 195	1.5 2	90 80	压力铸造的零件,工作温度不超过200℃,结构形状复杂的汽车、飞机零件等

工业纯铜不能通过热处理强化,但可通过冷变形产生加工硬化,也可通过合金化达到强化效果。铜还具有良好的抗腐蚀能力。

工业纯铜的代号记为 T1、T2、T3、T4 四个,T 为"铜"的汉语拼音字首,其后的数字越大,铜的纯度越低。

（二）铜合金

工业上使用的铜合金,按照成分的不同,可以分为黄铜、青铜和白铜。

1. 黄铜

黄铜是以锌为主要加入元素的铜合金。黄铜具有良好的导电性、导热性和铸造工艺性能,耐腐蚀性能较好,且价格较工业纯铜低,其外观色泽亮丽,接近黄金的颜色,除用于工业生产外,还被广泛用于装饰行业。

黄铜按化学成分不同可分为普通黄铜和特殊黄铜,按生产方式不同可分为压力加工黄铜及铸造黄铜。部分黄铜的牌号、成分、力学性能及用途见表 3-4。

表 3-4　部分黄铜的牌号、成分、力学性能及用途（GB/T 5231—2012、GB/T 1176—2013）

类别	牌号 （旧牌号）	主要化学成分（质量含量）/%		力学性能			用途
		Cu	Zn 及其他	σ_b/ MPa	δ/%	HBS	
压力加工黄铜	H96	95.0～97.0	Zn 余量	450	2	—	导管、冷凝器、散热片及导电零件,冷冲、冷挤零件,如弹壳、铆钉、螺母、垫圈等
	H68	67.0～70.0		660	3	150	
	H62	60.5～63.5		500	3	164	
	HPb59-1	57.0～60.0	0.8～1.9Pb Zn 余量	650	16	140	各种结构零件,如销子、螺钉、螺母、衬套、垫圈等
	HMn58-2	57.0～60.0	1.0～2.0Mn Zn 余量	700	10	175	船舶和弱电用零件
铸造黄铜	ZCuZn16Si4 （ZHSi80-3）	79.0～81.0	2.5～4.5Si Zn 余量	345（S）	15	90	在海水、淡水和蒸汽（<265 ℃）条件下工作的零件,如支座、法兰盘、导电外壳等
				390（J）	20	100	
	ZCuZn40Pb2 （ZHPb58-2）	57.0～60.0	1.0～2.0Fb Zn 余量	345（S）	20	80	选矿机大型轴套及滚珠轴承的轴承套
				390（J）	25	90	
	ZCuZn31Al2 （ZHAl67-2.5）	66.0～68.0	2.0～3.0Al Zn 余量	295（S）	12	80	海运机械、通用机械的耐蚀零件
				390（J）	15	90	

注:强度指标 σ_b 数值后括号内的 S 表示砂型铸造、J 表示金属型铸造。

（1）普通黄铜是在铜中主要加入锌而形成的铜锌二元合金。含锌量的大小直接影响合金的力学性能。当含锌量不超过 32%,锌能完全溶解于铜中形成以铜为基的 α 固溶体,有较高的强度和塑性,适于冷热压力加工,同时它还有良好的锻造、焊接工艺性能,抗腐蚀性能也较好;当含锌量超过 32% 后,组织中会出现脆性较大的以次化合物 CuZn 为基的 β 固溶体,从而出现 $\alpha+\beta$ 的双相黄铜,此时合金的塑性急剧下降,而强度增加;当含锌量超过 45%,强度反而急剧下降。

普通黄铜的牌号由"H"加数字表示,H 是"黄"字汉语拼音字首,数字表示铜的质量分数。普通黄铜根据其性能特点,一般用来制造弹壳、水管、电器用零件等。

（2）特殊黄铜是在普通黄铜的基础上加入铅、锰、锡等合金元素形成的多元铜合金。合金元素的加入可提高普通黄铜的力学性能,改善加工性能,增强抗腐蚀能力,因而具有更为广泛的应用。比较常见的是用于船舶、化工、机电制造业中的零配件生产。

特殊黄铜的牌号是由"H"+"第一合金元素"+"铜的质量分数"-"第一合金元素质量分数"组成,如 HPb59 - 1、HMn58 - 2。

(3)铸造黄铜含有较多的铜及少量合金元素,如铝、硅、铅等。此类铜合金的熔点比工业纯铜低,铸造性能好,耐磨性、耐腐蚀性能也较好,适于用作轴套、法兰盘以及在其他腐蚀介质中使用的零件。

铸造黄铜的牌号是由"Z"+"铜锌元素符号"+"Zn 的质量分数"+"第二合金元素符号"+"第二合金元素质量分数"组成,Z 是"铸"字的汉语拼音字首,如 ZGuZn40Pb2。

2. 青铜

工业生产上,除黄铜和白铜以外,把铜与其他元素所组成的合金均称为青铜。青铜按化学成分不同又可分为锡青铜和无锡青铜两大类,按生产方式的不同可分为压力加工青铜和铸造青铜。青铜的牌号是由"Q"+"第一主加合金元素符号及质量分数"-"其他元素的质量分数"组成,Q 是"青"字的汉语拼音字首。

部分青铜的牌号、成分、力学性能及用途见表 3 - 5。

表 3 - 5　部分青铜的牌号、成分、力学性能及用途(GB/T 5231—2012、GB/T 1176—2013)

类别	牌号	主要成分/%			力学性能		用途
		Sn	其他	Cu	σ_b/MPa	δ/%	
压力加工锡青铜	QSn4 - 3	3.5 ~ 4.5	2.7 ~ 3.3Zn	余量	550	4	弹性元件,化工机械耐磨零件和抗磁零件
	QSn6.5 - 0.4	6.0 ~ 7.0	0.26 ~ 0.4P	余量	750	7.5 ~ 12	耐磨及弹性元件
	QSn4 - 4 - 2.5	3.0 ~ 5.0	3.0 ~ 5.0Zn 1.5 ~ 3.5Pb	余量	600	2 ~ 4	轴承和轴套的衬垫等
铸造锡青铜	ZCuSn10Zn2	10.0 ~ 11.0	1.0 ~ 3.0Zn	余量	240(S)	12	在中等及较高载荷下工作的重要管配件、阀、泵体等
					245(J)	6	
	ZCuSn10P1	10.0 ~ 11.5	0.5 ~ 1.0P	余量	220(S)	3	重要的轴瓦、齿轮、连杆和轴套等
					310(J)	2	
特殊青铜(无锡青铜)	ZCuAl10Fe3	8.5 ~ 11.0Al	2.0 ~ 4.0Fe	余量	490(S)	13	重要的耐磨、耐蚀重型铸件,如轴套、蜗轮等
					540(J)	15	
	ZCuAl9Mn2	7.0 ~ 8.5Al	1.5 ~ 2.5Mn	余量	390(S)	20	形状简单的大型铸件,如衬套、齿轮、轴承等
					440(J)	20	
	QBe2	1.8 ~ 2.1Be	0.2 ~ 0.5Ni	余量	1 250	3	重要仪表弹簧、齿轮等

注:强度指标 σ_b 数值后括号内的 S 表示砂型铸造,J 表示金属型铸造。

1)锡青铜

锡青铜是以锡为主要加入元素的铜合金。我国历史上著名的青铜器时代所生产的兵器、生活器皿大都属于此类合金。

锡青铜具有高的铸造性能、耐腐蚀性、减摩性和较好的力学性能。当锡的质量分数较低时,合金为单相 α 固溶体,具有较高的塑性,且随着含锡量的增加,强度也呈正比增加;当锡的含量超过 6% 时,组织出现脆性较大的以次化合物 CuZn 为基的 β 固溶体,此时随着含锡

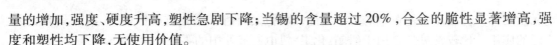

量的增加,强度、硬度升高,塑性急剧下降;当锡的含量超过20%,合金的脆性显著增高,强度和塑性均下降,无使用价值。

工业上使用的锡青铜,含锡量在3%～15%。含锡量小于5%的锡青铜适用于冷加工使用,含锡量为5%～7%的锡青铜适用于压力加工,含锡量大于10%的锡青铜适用于铸造。锡青铜可用来制作轴套、弹簧、仿古工艺品等,广泛应用于化工、仪表、造船等行业。

2) 无锡青铜

无锡青铜种类较多,常见的有铝青铜、铍青铜、硅青铜等。不同的主要是加入元素所起的作用不同,因而每种无锡青铜的特点也不同。如铝青铜的力学性能、抗腐蚀性、耐磨性均比黄铜和锡青铜好,且价格低廉,多用于制造弹性元件;而铍青铜经时效处理后,具有良好的综合力学性能,还具有优异的导电、导热性能,除可用以制作高级弹性元件外,还可用于制作航海罗盘等重要机件。

3. 白铜

白铜是以镍为主要加入合金元素的铜合金。白铜具有较高的强度和塑性,可进行冷、热变形加工,具有很好的耐腐蚀性,电阻率较高。白铜在固态下为单相固溶体。白铜一般用来制造要求高强度、高耐蚀的医疗器件、化工零件、热电偶丝等。

白铜的牌号是由"B"+"数字"–"数字"组成,B为"白"的汉语拼音字首,前一个数字代表镍的质量分数,后一个数字为第二合金元素的质量分数。

三、钛及钛合金

(一) 工业纯钛

钛是化学活泼性极强的金属,其密度小、熔点高、导热性差。纯钛塑性好、强度低,容易加工成型,可制成细丝和薄片。钛在大气和海水中有优良的耐腐蚀性,它的抗氧化能力优于大多数奥氏体不锈钢。在硫酸、盐酸、硝酸、氢氧化钠等介质中都很稳定。

工业纯钛中含有氧、氮、氢、碳、铁、镁等杂质,少量杂质可使钛的强度和硬度显著增加,而塑性和韧度明显降低。

工业纯钛的牌号由"TA"+"数字"表示。数字越大,纯度越低。T为"钛"的汉语拼音字首。其牌号有TA1、TA2、TA3三种,序号越大,杂质越多。工业纯钛只作去应力退火和再结晶退火处理,常用于制作在350℃以下工作且强度要求不高的零件和冲压件。

(二) 钛合金

钛合金根据使用状态的组织不同可分为三类:α钛合金、β钛合金、α+β钛合金。

1. α钛合金

当钛中加入铝、硼等α稳定化元素时,可提高钛的同素异晶转变温度,扩大钛的α相区,使钛合金在室温和工作温度下获得单相α固溶体,故称为α钛合金。α钛合金有良好的热稳定性、热强度和焊接性,但室温强度比其他钛合金低,塑性变形能力也较差,且不能热处理强化,主要是固溶强化,通常在退火状态下使用。

α钛合金的牌号是TA4、TA5、TA6、TA7、TA8等。TA7是较典型的牌号,可制作在500℃以下工作的零件,如发动机、压气机盘和叶片以及超音速飞机的涡轮、机匣等。

2. β钛合金

当钛中加入钼、铬、钒、铌等β稳定化元素时,可降低钛的同素异晶转变温度,扩大钛的β相区,使钛合金在退火或淬火状态下获得单相β固溶体,故称为β钛合金。β钛合金淬火后具有良好塑性,可进行冷变形加工,而且经淬火时效后,能使合金强度提高、焊接性好,但热稳定性差。

β 钛合金的牌号是 TB1、TB2 等,适于制作在 350 ℃ 以下使用的重载荷回转件,如压气机叶片、轴、轮盘等。

3. $\alpha+\beta$ 钛合金

当钛中加入 β 稳定化元素和 α 稳定化元素,会得到 $\alpha+\beta$ 的两相组织,故称为 $\alpha+\beta$ 钛合金。这种合金塑性好,易于锻造,经淬火时效后,强度可提高 50% ~ 100%,但稳定性差,焊接性不如 α 钛合金。

$\alpha+\beta$ 钛合金的牌号是 TC1、TC2、…、TC10 等。TC4 是较典型的牌号,经淬火和时效处理后,强度高、塑性好,在 400 ℃ 时组织稳定、蠕变强度高,低温时韧度好,并有良好的抗海水应力腐蚀及抗热盐应力腐蚀的能力,所以适于制造在 400 ℃ 以下长期工作的零件、要求一定高温强度的发动机零件以及在低温下使用的火箭、导弹液氢燃料部件等。

除以上常用的钛合金外,还有钛镍合金,预先将钛镍合金加工成一定形状,以后无论如何改变形状,只要在 300 ~ 1 000 ℃ 温度中进行加热,它仍然会恢复到加工时的形状。因此,可制作温控装置、汽车零件及卫星天线等。

常用的工业纯钛和钛合金的牌号、成分、力学性能及用途见表 3 - 6。

表 3 - 6　常用的工业纯钛和钛合金的牌号、成分、力学性能及用途

类别	牌号	化学成分	室温力学性能			高温力学性能		用途
			热处理	σ_b/MPa	δ/%	试验温度/℃	σ_b/MPa	
工业纯钛	TA1	Ti(杂质极微)	T1	300 ~ 500	30 ~ 40			在 350 ℃ 以下工作的强度要求不高的零件
	TA2	Ti(杂质微)	T1	450 ~ 600	25 ~ 30			
	TA3	Ti(杂质微)	T1	550 ~ 700	20 ~ 25			
α 钛合金	TA4	Ti - 3Al	T1	700	12			在 500 ℃ 以下工作的零件,如导弹燃料罐、超音速飞机的涡轮、机匣等
	TA5	Ti - 4Al - 0.005B	T1	700	15			
	TA6	Ti - 5Al	T1	700	12 ~ 20	350	430	
β 钛合金	TB1	Ti - 3Al - 8Mo - 11Cr	T1	1 100	16			在 350 ℃ 以下工作的零件,如压气机叶片、轴、轮盘等重载回转件和飞机构件等
			T2	1 300	5			
	TB2	Ti - 5Mo - 5V - 8Cr - 3Al	T1	1 000	20			
			T2	1 350	8			
$\alpha+\beta$ 钛合金	TC1	Ti - 2Al - 1.5Mn	T1	600 ~ 800	20 ~ 25	350	350	在 400 ℃ 以下工作的零件,有一定高温强度的发动机零件、低温用部件等
	TC2	Ti - 3Al - 1.5Mn	T1	700	12 ~ 15	350	430	
	TC3	Ti - 5Al - 4V	T1	900	8 ~ 10	500	450	
	TC4	Ti - 6Al - 4V	T1	950	10	400	630	

注:T1——退火,T2——淬火 + 时效 900 ℃。

四、轴承合金

轴承是一种重要的机械零件。它分滑动轴承和滚动轴承两类。滚动轴承通常用滚动轴承钢制造,如 GCr9 等。滑动轴承则多采用轴承合金。轴承合金是指在滑动轴承中制造轴瓦及内衬的合金,又称为滑动轴承合金。

（一）滑动轴承的工作特性

轴承是支撑轴作高速转动的承载体,当轴工作时,轴瓦与之产生强烈的摩擦磨损。由于轴的生产成本较高、价格昂贵、更换代价大,所以应尽可能从轴瓦材料的设计、选用上下功夫,尽可能减少对轴的磨损。滑动轴承合金一般应具有以下性能。

（1）良好的抗压强度、冲击韧度及一定的疲劳强度。

（2）一定的硬度、良好的耐磨性和较小的摩擦因数。

（3）足够的塑性和韧度,磨合性能好。

（4）好的耐腐蚀性、导热性和小的热膨胀系数。

根据上述性能要求,理想的滑动轴承合金的组织应为在软的基体组织上均匀分布硬的质点。当轴承运转时,软基组织被磨成凹坑,储存润滑油,改善润滑条件并降低摩擦因数,同时还能抗冲击、减振;而硬的质点则承担轴的压力,抵抗磨损,如图 3－2 所示。也可以采用硬基组织上分布软质点的形式,同样也能达到上述目的。

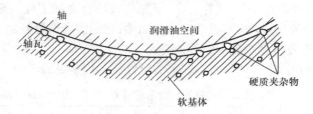

图 3－2　轴瓦与轴理想配合示意图

（二）轴承合金的分类与牌号

适用于制作轴瓦的合金很多,常见的有锡基、铅基、铜基、铝基等轴承合金。实际使用中,通常称前两种材料为巴氏合金。

由于轴承合金常在铸态下制得,其牌号通常是由"Z"+"基本元素符号与主要加入元素符号"+"主要加入元素质量分数"+"辅加元素符号"+"辅加元素质量分数组成"。Z 为"铸"字的汉语拼音字首,有时也可在其后加"Ch",Ch 为"承"字的汉语拼音字首。

（三）常用的滑动轴承合金

1. 锡基轴承合金（锡基巴氏合金）

锡基轴承合金是以锡为基体,加入适量的铜、锑、铅等元素所形成的合金。这类合金具有摩擦因数小、导热性和耐腐蚀性较好,且承受冲击载荷能力强等优点,缺点是疲劳强度低、耐热性差。主要用于制作汽车、汽轮机、电动机的轴瓦,常见的有 ZSnSb8Cu4。

2. 铅基轴承合金（铅基巴氏合金）

铅基轴承合金是以铅为基体,加入适量锑、锡、铜等元素所形成的合金。与锡基轴承合金相比,这类轴承合金的强度、硬度和冲击韧度较低,摩擦因数较大,但生产成本较低,可用于制造承受载荷不大、无明显冲击载荷作用的轴瓦,常见的有 ZPbSb16Cu2。

锡基、铅基轴承合金的硬度较低,加之耐热性差,生产中常将其镶铸在钢质轴瓦的壳上,形成双金属衬,这样既可使轴瓦的承载能力提高,又节省了轴承合金。

3. 铜基轴承合金

铜基轴承合金有铅青铜、锡青铜。这类合金有较高的抗疲劳强度和抗冲击能力,有良好的耐磨性,热导率、摩擦系数低,导热性好,适宜于在高温条件下(250～300 ℃)持续工作。因此,多用于制造高速高压条件下的轴承,如航空发动机、高速柴油机轴承等,常见的如ZCuPb30 等。

铅青铜的性能特点类似铅基巴氏合金,一般使用时往往采取制作成双金属衬轴承的方法。

4.铝基轴承合金

铝基轴承合金的基本元素为铝,主要加入元素有锑、锡等。这类合金的组织特点是在较硬的铝基体上,弥散分布着较软的质点,因而这类合金的疲劳强度高、耐磨性能好、承载能力较强,也是一种新型的减摩材料,由于生产成本低、工艺简单,正在逐步替代前述轴承合金,目前已在汽车、拖拉机、内燃机轴承生产上得以推广使用。

五、粉末冶金材料

粉末冶金材料是用几种金属粉末或金属与非金属粉末作原料,通过配料、压制成型、烧结和后处理等工艺过程而制成的材料。生产粉末冶金材料的工艺过程称为粉末冶金法。主要有减摩材料、结构材料、摩擦材料、硬质合金以及难熔金属材料、特殊电磁性能材料、过滤材料、无偏析高速钢等。目前,工业生产中应用较多的是硬质合金,它是以一种或几种难熔碳化物(如碳化钨、碳化钛等)的粉末为主要成分,加入起黏结作用的金属粉末,用粉末冶金法制得的材料。

硬质合金是由难熔金属的碳化物(如碳化钨、碳化钛、碳化钽、碳化铌、碳化钒、碳化铬等)以铁族金属钴或镍作黏结金属,用粉末冶金方法制造的合金制品。按其基本用途可划分为切削刀片、耐磨零件、矿用合金、型材和硬面材料。硬质合金号称"工业牙齿",因其具有很高的硬度和耐磨性,可用作切削工具、高压工具和采矿与筑路工程机械。目前,硬质合金产品主要是以碳化钨为骨料,以钴为黏结剂。中国从 2000 年起已成为硬质合金生产大国及主要消费国。

常用的硬质合金以 WC 为主要成分,根据是否加入其他碳化物而分为钨钴类(WC +Co)硬质合金(YG)、钨钛钴类(WC + TiC + Co)硬质合金(YT)、钨钽钴类(WC + TaC + Co)硬质合金(YA)、钨钛钽钴类(WC + TiC + TaC + Co)硬质合金(YW)等及涂层硬质合金,具体见表 3 - 7 和表 3 - 8。

表 3 - 7　硬质合金分类表

类别	符号	成分	特点	用途
钨钴合金	YG	WC、Co,有些牌号加有少量 NbC、Cr_3C_2 或 VC	在硬质合金中,此类合金的强度和韧度最高	制作刀具、模具、量具、地质矿山工具、耐磨零件;适用于加工硬铸铁、奥氏体不锈钢、耐热合金、硬青铜等
钨钛钴合金	YT	WC、TiC、Co,有些牌号加有少量 TaC、NbC 或 Cr_3C_2	抗月牙洼性能较好	适宜制作成加工钢材等韧性材料的刀具
钨钛钽(铌)钴合金	YW	WC、 TiC、 TaC、(NbC)、Co、	强度比 YT 类高,抗高温氧化性好	适宜制作有一定通用性的刀具,适用于加工碳素钢、合金钢、铸铁和耐热钢、高锰钢、不锈钢等难加工材料

类别	符号	成分	特点	用途
碳化钛基合金	YN	TiC、WC、Ni、Mo	红硬性和抗高温氧化性好	适宜制作成对钢材精加工的高速切削刀具
涂层合金	CN	涂层成分 TiC + Ti（CN）+ TiN	表面耐磨性和抗氧化性好，而基体强度较高	适宜制作成钢材、铸铁、有色金属及其合金的加工刀具

表 3 – 8　几种常用典型硬质合金牌号及用途

序号	牌号	相当标准 ISO	抗弯强度/MPa	硬度 HRA	用途
1	YG3x	K01	1 420	92.5	适于铸铁、有色金属及合金、淬火钢，合金钢小切削断面高速精加工
2	YG6	K20	1 900	90.5	适于铸铁、有色金属及合金、非金属材料中等到较高切削速度下半精加工和精加工
3	YG6x	K15	1 800	92.0	适于冷硬铸铁、球墨铸铁、灰铸铁、耐热合金钢的中小切削断面高速精加工和半精加工
4	YG6A	K10	1 800	92.0	适于冷硬铸铁、球墨铸铁、灰铸铁、耐热合金钢的中小切削断面高速精加工
5	YG8	K30	2 200	90.0	适于铸铁、有色金属及合金、非金属材料低速粗加工
6	YG8N	K30	2 100	90.5	适于铸铁、白口铸铁、球墨铸铁以及铬镍不锈钢等合金材料的高速切削
7	YG15	K40	2 500	87.0	适于镶制油井、煤炭开采钻头、地质勘探钻头
8	YG4C		1 600	89.5	适于镶制油井、煤炭开采钻头、地质勘探钻头
9	YG8C		1 800	88.5	适于镶制油井、矿山开采钻头一字和十字钻头、牙轮钻齿、潜孔钻齿
10	YG11C		2 200	87.0	适于镶制油井、矿山开采钻头一字和十字钻头、牙轮钻齿、潜孔钻齿
11	YW1	M10	1 400	92.0	适于钢、耐热钢、高锰钢和铸铁的中速半精加工
12	YW2	M20	1 600	91.0	适于耐热钢、高锰钢、不锈钢等难加工钢材中、低速粗加工和半精加工
13	GE1	M30	2 000	91.0	适于非金属材料的低速粗加工和钟表齿轮耐磨损零件
14	GE2		2 500	90.0	硬质合金顶锤专用牌号
15	GE3	M40	2 600	90.0	适于制造细径微钻、立铣刀、旋转锉刀等
16	GE4		2 600	88.0	适于制作打印针、液压缸及特殊用途的管、棒、带等
17	GE5		2 800	85.0	适于用作轧辊、冷冲模等耐冲击材料

情景四　非金属材料与成型

非金属材料是指除金属材料和复合材料以外的其他材料,包括高分子材料和陶瓷材料。它们具有许多金属材料所不及的性能,如高分子材料的耐腐蚀性、电绝缘性、减振性、质轻以及陶瓷材料的高硬度、耐高温、耐腐蚀性和特殊的物理性能等。因此,非金属材料在各行各业得到越来越广泛的应用,并成为当代科学技术革命的重要标志之一。常用非金属材料的分类、性能特点及用途见表4-1。

表4-1　常用非金属材料的分类、性能特点及用途

分类			性能特点	用途
高分子材料	塑料	热固性塑料	比强度高,耐蚀,绝缘,减摩,隔声,减振,刚性,耐热性差,强度低,易老化	地膜、育秧薄膜、大棚膜和排灌管道、渔网等;齿轮、轴承;管道、容器及防腐材料;门窗、隔热隔声板等;飞行器、舰艇和原子能工业等;包装薄膜、编织袋、瓦楞箱、泡沫塑料等
		热塑性塑料		
	橡胶	通用橡胶	高弹性、耐磨、绝缘、隔声、减振、耐燃、易老化	轮胎、胶管、电绝缘材料、密封件、减振器等
		特种合成橡胶		飞机和宇航中的密封件、薄膜和耐高温的电线、电缆;火箭、导弹的密封垫及化工设备中的衬里等
陶瓷	普通陶瓷		硬度高,抗压强度较高,抗拉强度低,塑性、韧度差,热硬性高,热膨胀系数和热导率小,电绝缘性能好,化学性质稳定	装饰板、卫生间装置及器具等;管道设备、耐蚀容器及实验器皿等
	特种陶瓷	氧化物陶瓷		高压器皿、加热元件;气体激光管、晶体管散热片;耐蚀、耐磨密封环、高温轴承以及加工难切削材料的刀具等

一、高分子材料

高分子材料是以高分子化合物为主要组成物的材料,而高分子化合物是指分子量在500以上的化合物(分子量小于500的称为低分子化合物,低分子化合物一般没有强度和弹性)。

高分子材料分为天然和人工合成两大类。羊毛、淀粉、天然橡胶、纤维素等属于天然高分子材料。工程上应用的高分子材料大多是人工合成的,主要有塑料、橡胶、黏结剂和纤维素。

（一）工程塑料

塑料是一种以合成树脂为主要成分的高分子有机化合物,其原材料主要来自石油及其副产品。用以代替金属材料作为工程结构的塑料称为工程塑料。工程塑料是应用最广的高分子材料,也是最主要的工程结构材料之一。

1. 工程塑料的组成

工程塑料是以合成树脂为基础,再加入用于改善各种塑料性能的添加剂而制成的。

（1）合成树脂有热塑性和热固性两类。树脂在常温下呈固体或黏稠液体,受热后软化逐渐呈熔融状态。树脂是塑料的主要成分,在塑料中的含量一般为30%～80%,在塑料中

起着黏结其他添加剂的作用,并决定塑料的基本性能。因此,绝大部分塑料都是以树脂的名称来命名的。例如,酚醛塑料的主要成分是酚醛树脂。

(2)添加剂主要有填充剂、增塑剂、稳定剂、固化剂、着色剂、润滑剂、发泡剂、阻燃剂等。加入添加剂的目的是为了改善塑料的性能,例如加入铝粉可提高对光的反射能力并可防老化,加入磁铁粉可以制成磁性塑料,加入石棉粉可提高耐热性。这些添加剂不仅使塑料制品品种繁多、性能各异,还可以减少树脂用量、降低塑料成本。

2. 工程塑料的特性

工程塑料的品种繁多,性能也多种多样,综合起来工程塑料突出的优点是比强度高、耐腐蚀性好,具有优良的耐磨性和自润滑性,良好的减振性、消声性、电绝缘性、成型工艺性等。但工程塑料的强度、硬度、韧度等力学性能远低于金属材料;耐热性差(一般塑料只能在 100 ℃ 以下工作);塑料的热膨胀系数很大,约为金属的 10 倍;导热性也很差,约为金属的 1/500。同时,塑料容易蠕变、老化、燃烧。

3. 工程塑料的分类

1)按照树脂的热性能分类

Ⅰ. 热固性塑料

这类塑料的特点是初次加热时软化,可塑制成型,冷却后成型固化。固化后的塑料质地坚硬、性质稳定,既不溶于溶剂,也不再受热软化(即变化是不可逆的),只能塑制一次。这类塑料具有较高的耐热性和受压不易变形、抗蠕变性能强等优点;缺点是力学性能较低,可加入填料来提高强度。

Ⅱ. 热塑性塑料

这类塑料的特点是受热时软化、熔融,可塑制成型,并可多次重复进行。这类塑料的优点是加工成型方便,具有较高的力学性能,如抗拉强度为 50 ~ 100 MPa,而且这类塑料(如氟塑料、聚酰亚胺等)一般具有突出的特殊性能,如非常良好的耐腐蚀性、耐磨性、耐热性、绝缘性等;这类塑料的缺点是耐热性和刚度比较差。

2)按照应用范围分类

Ⅰ. 通用塑料

通用塑料指生产量很大、应用范围广泛、通用性强、价格低廉的塑料品种。它们主要用于日常生活用品、包装材料等,主要包括聚乙烯、聚氯乙烯、聚苯乙烯、聚丙烯、酚醛塑料和氨基塑料 6 大品种。

Ⅱ. 工程塑料

工程塑料主要指综合工程性能(包括力学性能,耐热、耐寒性能,耐腐蚀性和绝缘性能等)良好的一类塑料。它是制造工程结构件、机器零件、工业容器等的新型结构材料。常用的工程塑料有聚酰胺、聚碳酸酯、聚甲醛、聚苯醚和 ABS 等。

Ⅲ. 特种工程塑料

特种工程塑料也称耐热塑料,指能在较高的温度下(一般在 150 ℃ 以上)工作的塑料品种。常用的耐热塑料有氟塑料、环氧塑料等。

4. 常用工程塑料

常用工程塑料的名称、特性和用途见表 4 - 2。

表4-2 常用工程塑料的名称、特性和用途

类别	塑料名称	特 性	用 途
热塑性塑料	聚氯乙烯（PVC）	硬质聚氯乙烯强度较高，绝缘性、耐腐蚀性好，成本低，耐热性差，使用温度为-10~55℃，易老化	可部分代替不锈钢、铜、铝等金属材料制作耐腐蚀设备及零件，如灯头、插座、阀门管件等
		软质聚氯乙烯强度低，断后伸长率高，易老化，绝缘性和耐腐蚀性好；泡沫聚氯乙烯密度低、隔热、隔声、隔振	用于制造农用和工业用包装薄膜、电线绝缘层、人造革，有毒，不能用于食品和药品包装，泡沫聚氯乙烯可制作衬垫
	聚酰胺（尼龙）（PA）	尼龙是重要的工程塑性，品种很多，尼龙66的疲劳强度和刚度较高，耐热性较好，耐磨性好，摩擦系数低，但吸湿性大，尺寸不够稳定，其中尼龙66和尼龙6强度较高	用于制造中等载荷、使用温度为100~120℃、无润滑或少润滑条件下的耐磨传动零件
		尼龙6的疲劳强度、刚度和耐热性不及尼龙66，但弹性好，有较好的消振和消声性	用于制造轻载、中等温度（80~100℃）、无润滑或少润滑、要求低噪声条件下工作的耐磨、受力零件
	聚苯乙烯（PS）	有较好的韧度、优良的透明度（与有机玻璃相似），化学稳定性较好，易成型	用于制造透明结构件，如汽车用各种灯罩、电气零件、仪表零件、浸油式多点切换开关、电池外壳等
	聚四氟乙烯（FTFE）（F-4）	具有极好的耐腐蚀性，任何酸、碱、氧化剂，包括"王水"对它都不起作用，俗称"塑料王"；有异常好的润滑性，对金属的摩擦系数只有0.07~0.14；有突出的耐寒和耐热性，可在-250~260℃使用；电绝缘性好，耐老化；但强度、刚度低，此外加工成型性不好	用于制造耐腐蚀化工设备及其衬里与零件，如反应器、管道；减摩自润滑零件，如轴承、活塞销、密封圈等；电绝缘材料及零件，如高频电缆、电容线圈架等
	ABS	具有坚韧、硬质、刚度高的特征，良好的耐热性、耐磨性、耐腐蚀性、耐油性及尺寸稳定性，低温抗冲击性好，使用温度为40~100℃，易成型和机械加工，在有机溶剂中能溶解，产生溶胀或应力开裂	主要用于制造齿轮、轴承、电动机及各类仪表外壳；在汽车工业上可制作挡泥板、扶手以及小轿车车身、转向盘；还可用作纺织器材、文教体育用品、乐器及家具等
	聚碳酸酯（PC）	力学性能优异，尤其具有优良的抗冲击性，尺寸稳定性好，耐热性高于尼龙、聚甲醛，长期工作温度可达130℃；但疲劳强度低，易产生应力开裂，耐磨性欠佳，透光率达89%，接近有机玻璃	用于制造支架、壳体、垫片等一般结构零件；耐热、透明结构零件，如防爆灯、防护玻璃等；各种仪器、仪表的精密零件；高压蒸煮消毒医疗器械
	聚甲基丙烯酸甲酯（有机玻璃）（PMMA）	有好的透光性（可透过92%的太阳光，透过的紫外线光达73.5%）；综合力学性能好，有一定的耐热、耐寒性；耐腐蚀性和绝缘性良好；尺寸稳定，易于成型；能进行机械加工；硬度不高，易擦毛	可制作要求有一定强度的透明零件、透明模型、装饰品、广告牌、飞机窗、灯罩、油标、油杯等
	聚丙烯（PP）	最轻的塑料之一，刚度高，耐热性好，可在100℃以上的高温下使用，几乎不吸水，高频电性好，易成型，低温呈脆性，不耐磨	用于制造耐腐蚀的化学零件，受热的电气绝缘零件、电视机、收音机等家用电器外壳，一般用途的齿轮、管道、接头

续表

类别	塑料名称	特 性	用 途
热固性塑料	酚醛塑料(电木)（PF）	高强度、高硬度、耐热性好(<140 ℃使用)、绝缘和化学稳定性好,耐冲击、耐酸、耐水、耐霉菌,但加工性能差	用于制造一般机械零件、水润滑轴承、电绝缘件、耐化学腐蚀的结构件和容器衬里、电器绝缘板、绝缘齿轮、耐酸泵、刹车片、整流罩
	环氧塑料（EP）	强度高,电绝缘性好,化学稳定性好,耐有机溶剂,防潮、防霉,耐热、耐寒,对许多材料的黏着力强,成型方便	用于塑料模具、精密量具、电气和电子元件的灌封与固定、机件修复
	氨基塑料（UF）	又称"电玉",力学性能、耐热性、绝缘性能接近电木,半透明如玉,颜色鲜艳,耐水性差,可在80 ℃下长期使用	用于制造机械零件、电器绝缘件、装饰件,如开关、插座、把手、旋钮、仪表外壳等

(二)天然橡胶和其他常用橡胶

1. 工业橡胶的组成

橡胶是以生胶为基础加入适量的配合剂而制成的。

生胶是指无配合剂、未经硫化的橡胶,生胶可分为天然橡胶和合成橡胶两类。天然橡胶是以橡胶树上流出的胶乳为原料,经加工制成的固态生胶。合成橡胶则是通过化学合成方法制成的与天然橡胶性质相似的高分子化合物。橡胶制品的性质主要取决于生胶的性质。

配合剂是为了提高和改善生胶性能而加入的物质,主要有硫化剂、填充剂、软化剂、老化剂及发泡剂等。硫化剂的作用是提高橡胶的强度、耐磨性和刚度,使橡胶具有既不溶解也不熔融的性质。天然橡胶经硫化处理后,抗拉强度为 17～29 MPa。用炭黑增强后达 35 MPa。为了防止橡胶老化,可以加入防老化剂。

2. 常用橡胶

橡胶按应用范围可分为通用橡胶和特种橡胶。常用橡胶的代号、性能和用途见表4－3。

表4－3　常用橡胶的代号、性能和用途

类别	名称	σ_b/MPa	δ/%	使用温度/℃	特性	用途
天然橡胶	天然橡胶（NR）	25～35	650～900	－50～120	弹性好,经硫化后有较好的强度和硬度,天然橡胶虽然有较好的耐碱性,但耐油、耐溶剂性和耐臭氧及耐老化性差,不耐高温	广泛地用于制造轮胎、胶带、胶管等通用制品
	丁苯橡胶（SBR）	15～25	500～600	－50～140	用量最大的合成橡胶,耐磨性、耐热性、耐臭氧性和耐老化性好,价格低;但成型困难,使用时发热量大,弹性差;能与天然橡胶以任意比例混用,相互取长补短	常用于制造轮胎、胶板、胶管、胶布、胶鞋等通用制品

续表

类别	名称	σ_b/MPa	δ/%	使用温度/℃	特性	用途
天然橡胶	顺丁橡胶（BR）	18～25	450～800	−105～120	产量仅次于丁苯橡胶，位居第二，橡胶中弹性最好的一种；耐老化性能好，耐磨性比丁苯橡胶高26%，耐寒性也很好，是通用橡胶中耐低温性能最好的一种，其玻璃化温度为−105℃，而天然橡胶为−73℃；但加工性能较差，常与天然橡胶或丁苯橡胶混合使用	主要用于制造轮胎、耐寒履带、胶管、减振材料、电绝缘制品、体育用品及胶鞋等
天然橡胶	氯丁橡胶（CR）	25～27	800～1 000	−35～130	具有耐油、耐溶剂、耐氧化、耐碱、耐热、耐燃烧、耐挠曲性和透气性好等优良性能，被誉为"万能橡胶"；但密度大，制作相同体积的制品所需的质量大，因而成本高，耐寒性较差	主要用于制造输送油类和耐腐蚀性的胶管，抗大气氧化的电线和电缆的包皮，高强度、长寿命的输送带
特种橡胶	聚氨酯橡胶（UR）	25～35	300～800	−20～80	是聚氨基甲酸酯橡胶的简称，其耐磨性高于其他各类橡胶，抗拉强度最高，弹性高，耐油、耐溶剂性优良，耐热、耐水、耐酸碱性较差	主要用于制造胶轮、实心轮胎、齿轮带及胶辊、液压密封圈、鞋底、冲压模具材料等
特种橡胶	丁腈橡胶（NBR）	15～30	300～800	−35～175	由丁二烯与丙烯腈共聚而成，耐油性和耐水性较突出，并随丙烯腈含量的增加而提高；当丙烯腈含量低于7%时，则不能耐油；当丙烯腈含量高于60%时失去弹性，故其含量应为15%～50%	主要用于制造耐油和吸振零件，如油箱、耐油胶管、密封垫圈及耐油、减振制品等
特种橡胶	硅橡胶（SI）	4～10	50～500	−70～275	其独特性能是耐高温和低温，使用温度范围宽，在低温下也具有良好的弹性和很高的热稳定性；具有良好的耐臭氧性、耐氧化和电绝缘性；但力学性能低，耐油性差，价格较贵	用于制造各种耐高、低温的橡胶制品，如高、低温设备的密封件、医用制品、印膜材料
特种橡胶	氟橡胶（EPM）	20～22	100～500	−50～300	其独特性能是极强的耐腐蚀性，其耐酸、耐碱及耐强氧化剂腐蚀的能力高于其他橡胶；耐热性也较好，接近于硅橡胶；缺点是成本高、耐寒性差、加工性能差	主要用于制造耐化学腐蚀制品件、高级密封件和高真空橡胶件等

二、陶瓷材料

（一）陶瓷材料的分类

陶瓷是各种无机非金属材料的统称，它同金属材料、高分子材料一起被称为"三大固体材料"。

陶瓷材料是指以天然硅酸盐（黏土、石英、长石等）或人工合成化合物（氮化物、氧化物、碳化物等）为原料，经过制粉、配料、成型、高温烧结而成的无机非金属材料。按原料不同，陶瓷分为普通陶瓷（传统陶瓷）和特种陶瓷（近代陶瓷）；按用途不同，陶瓷分为工业陶瓷和日用陶瓷；按化学组成不同，陶瓷分为氮化物陶瓷、氧化物陶瓷、碳化物陶瓷等。

普通陶瓷是以天然原料（如黏土、石灰石、硅砂等）经粉碎、成型和烧结而成的黏土类陶瓷，常用于制作日用陶瓷、建筑陶瓷、电绝缘陶瓷、化工陶瓷等。

特种陶瓷又称为现代陶瓷,是指采用高纯度人工合成原料(包括氧化物、氮化物、碳化物、硼化物、氟化物等)及烧结工艺制成的具有特殊力学、物理或化学性能的陶瓷。特种陶瓷按照性能可分为高强度陶瓷、耐磨陶瓷、高温陶瓷、压电陶瓷、磁性陶瓷、电光陶瓷、精密陶瓷等;按照化学组成的不同,又可分为氧化物陶瓷、氮化物陶瓷、碳化硅陶瓷、金属陶瓷等多种。工业上用得最多的是特种陶瓷。

(二)常见的特种陶瓷

1. 氧化铝陶瓷

这种陶瓷的主要成分为 Al_2O_3,其含量达 45% 以上,故又称高铝陶瓷。氧化铝陶瓷熔点高、耐高温,具有很高的红硬性,并有很好的耐磨性和较高的强度。此外,它还具有良好的绝缘性和化学稳定性,能耐各种酸、碱的腐蚀。但其脆性大、抗冲击性差、不易承受环境温度的剧烈变化。氧化铝陶瓷广泛用于制造高温炉零件(炉管、炉衬、坩埚等)和内燃机火花塞等。

2. 氮化硅陶瓷

氮化硅陶瓷是将硅粉经反应烧结或将 Si_3N_4 经热压烧结而成的一种陶瓷。氮化硅陶瓷热膨胀系数小、化学稳定性高,具有良好的抗热性能和耐热疲劳性能,这种陶瓷的摩擦系数小,有自润滑性,因此耐磨性能良好。氮化硅陶瓷主要用于制造耐磨、耐腐蚀、耐高温以及绝缘的零件,如各种潜水泵和船用泵的密封环、热电偶管及高温轴承等。

3. 碳化硅陶瓷

碳化硅陶瓷是一种高强度、高硬度的耐高温陶瓷,是目前高温强度最高的陶瓷。碳化硅陶瓷还具有良好的导热性、抗氧化性、导电性和冲击韧度。可用于制造火箭尾喷管喷嘴、热电偶套管、炉管等高温下工作的部件;利用它的高硬度和耐磨性可制作砂轮、磨料等。

4. 金属陶瓷

金属陶瓷是由金属或合金与陶瓷组成的复合材料。它综合了金属和陶瓷的优良性能,即把金属的抗热性能和韧度与陶瓷的硬度、耐热性和耐腐蚀性综合起来,形成了具有高强度、高温强度以及韧度和耐腐蚀性好的新型材料。严格来讲,金属陶瓷本来应属于复合材料,但由于具有陶瓷的一些特点,习惯上仍把它看作是一种陶瓷。

金属陶瓷分两大类:一类是以陶瓷为主的金属陶瓷,如硬质合金刀具材料就是以陶瓷为主的金属陶瓷;另一类则是以金属为主的金属陶瓷,常作为结构材料使用。例如以金属为主的氧化铝基金属陶瓷,其强度、耐磨性非常高,并且在高温(约 1 000 ℃)下还具有较好的力学性能和化学稳定性,目前被广泛用于制作喷嘴、热挤压模具、耐腐蚀轴承和机械密封圈等零件。实践证明,用高金属含量的氧化铝基金属陶瓷制作的铝合金挤压模具,其使用寿命比用 3Cr2W8V 钢制造的模具延长 8~10 倍。另外,氧化铝基金属陶瓷还用于制造高速切削刀具加工较硬的材料(如淬火钢)。

三、复合材料

复合材料是由两种或两种以上在物理和化学性质上不同的物质经人工合成的一种多相固体材料。这种材料不仅保留了组成材料各自的优点,而且使各组成材料之间相互复合、取长补短,形成优于原组成材料的综合性能。例如,把高强度玻璃纤维混在柔软的塑料中形成的玻璃纤维增强塑料(俗称"玻璃钢"),具有密度小、强度高、耐腐蚀及成型工艺简单的优点,其性能可与钢铁媲美。

（一）复合材料的分类

（1）按基体材料可分为金属基复合材料（如纤维增强金属等）和非金属基复合材料（如轮胎、纤维增强塑料等）两大类。

（2）按增强材料的形状可分为纤维复合材料（如橡胶轮胎、玻璃钢、纤维增强陶瓷等）、层状复合材料（如钢－铜－塑料三层复合无油润滑轴承材料）和细粒复合材料（如金属陶瓷等）。

（3）按照复合材料的使用性能可分为结构复合材料和功能复合材料两大类。结构复合材料是作为承载结构用的复合材料，而功能复合材料是具有某种特殊的物理或化学特性的复合材料。

（二）复合材料的性能特点

（1）复合材料的比强度和比模量大。比强度是指材料的抗拉强度与相对密度之比，而比模量是指材料的弹性模量与密度之比。比强度越大，零件的自重越小；比模量越大，零件的刚度越高。复合材料的比强度和比模量比其他材料大得多。例如，碳纤维增强环氧树脂复合材料的比强度为钢的 8 倍，比模量为钢的 3.5 倍。

（2）复合材料的疲劳强度较高。例如，多数金属材料的疲劳强度只有抗拉强度的 40%～50%，而碳纤维增强复合材料的疲劳强度相当于其抗拉强度的 70%～80%。

（3）由于复合材料的自振频率高，可以避免共振；又由于复合材料的吸振能力强，所以复合材料的减振性好。

（4）复合材料的高温强度和弹性模量均较高。例如，一般铝合金的强度在 400 ℃时只是室温强度的 1/10 以下，而石英玻璃增强铝基复合材料在 500 ℃下能保持室温强度的 40%。

除了上述几种特性外，复合材料还具有良好的自润滑减摩性、耐磨性、工艺性和化学稳定性以及隔热、隔声、阻燃等许多性能特点。复合材料的主要缺点是成本较高、断后伸长率小和抗冲击性差等。

（三）常用复合材料

1. 纤维（增强）复合材料

纤维（增强）复合材料是以树脂、塑料、橡胶、陶瓷、金属等为基体相，以有机纤维、无机纤维以及金属纤维为增强相的复合材料。下面介绍两种常用的具有代表性的纤维（增强）复合材料。

1）玻璃纤维增强复合材料

这种纤维复合材料是以玻璃纤维及制品为增强相，以树脂为基体而合成的，俗称玻璃钢，常分为以下两种。

（1）以热固性树脂（如酚醛树脂、环氧树脂、聚酯树脂、有机硅树脂等）为基体相制成的热固性玻璃钢，具有强度高、密度小、介电性能和耐腐蚀性好的优点，可制造自重轻的车身、船体、直升机旋翼等。但这种玻璃钢的刚度较低，长期受力易发生蠕变现象，容易老化。工作温度一般不超过 250 ℃。

（2）以热塑性树脂（如尼龙、聚烯烃类、聚苯乙烯等）为基体相制成的热塑性玻璃钢，具有较高的力学性能、介电性能、耐热性能和抗老化性能。与其基体材料相比，其强度、抗疲劳性、刚度、蠕变抗力成倍提高，并且有良好的减摩性，因此可用来制造轴承、齿轮、仪表盘、空气调节器叶片等零件。

2）碳纤维增强复合材料

这种复合材料是以碳纤维或其织物为增强相，以树脂、金属、陶瓷等为基体相而制成的。

这类复合材料的性能特点是比强度、比模量是现有复合材料中的佼佼者。此外，它还具有较好的冲击韧度和较高的疲劳强度、优良的减摩性和耐磨性、高的化学稳定性和好的导热性等。其缺点是碳纤维与树脂的黏结力不够大，各向异性程度较高，耐高温性能不太高等。可用于制造要求比强度、比模量高的航空和航天飞行器的结构件、涡轮机和推进器的零件等。

2. 层状复合材料

层状复合材料是由两层或两层以上不同性质的材料结合而成的，以达到提高其强度的目的。例如，三层复合材料是以钢板为基体层，烧结铜网为中间层，塑料为表面层制成的。这种复合材料具有金属的力学性能、物理性能和塑料的表面耐磨、减摩性能。这种复合材料比单一的塑料承载能力提高 20 倍，热导率提高 50 倍，热膨胀系数降低 75%，可用于制造无润滑或少润滑的轴承以及机床的导轨、衬套、垫片等。

3. 细粒复合材料

常见的细粒复合材料有两类。一类是颗粒与树脂的复合，例如橡胶中加入炭粉以增加强度、耐磨性和抗老化性。塑料中加入颗粒状的各种不同填料，以获得不同性能的塑料，如加入银、铜等金属粉末，可制成导电塑料。另一类是陶瓷颗粒与金属基体的复合，如前面已讲述的金属陶瓷。

常用复合材料的分类及用途见表 4-4。

表 4-4　常用复合材料的分类及用途

分　类			用　途
纤维增强复合材料	玻璃纤维复合材料	热固性玻璃钢	主要用于制造机器护罩、车辆车身、绝缘抗磁仪表、耐蚀耐压容器和管道
		热塑性玻璃钢	主要用于制造轴承、齿轮、汽车仪表及前后灯等，化工装置、管道、容器等，汽车内装制品、收音机机壳、空调叶片等
	碳纤维复合材料	碳纤维-树脂复合材料	主要用于制作航空、航天工业中要求高刚度的结构件，如飞机、飞船、航天器上的外层材料，飞机机身、机翼、螺旋桨、尾翼等
		碳纤维-金属（合金）复合材料	
		碳纤维-陶瓷复合材料	
颗粒增强复合材料		金属陶瓷	主要用于制造切削刀具
		弥散强化合金	主要用于制造电子管的电极、焊机的电极、白炽灯引线、微波管等
		表面复合材料	主要用于制造耐磨、耐蚀、耐高温零件
层状复合材料		双层金属复合材料	主要用于制造控温器、滑动轴承等

四、新型材料

新型材料是指那些新出现或已在发展中的、具有传统材料所不具备的优异性能和特殊功能的材料。新材料与传统材料之间并无截然的分界，新材料是在传统材料基础上发展而成的，经过对传统材料成分、结构和工艺上的改进，进而提高材料性能或呈现新的性能都可发展成为新型材料。新型材料种类繁多、应用广泛、发展迅速,目前常见的有形状记忆合金、纳米材料、永磁合金、非晶态合金和超导材料等。

（一）超导材料

有些材料在温度下降至某一临界温度时,其电阻会突然降到零,这种现象称为超导电性,具有超导电性的材料称为超导材料。发生超导现象的温度称为临界温度。超导材料在临界温度以下时,不仅电阻为零,而且还具有完全的抗磁性。

超导材料主要应用在发电、输电和储能方面。如使用超导材料制作的超导发电机与常规发电机相比,发电效率提高 50%;超导磁悬浮列车则是利用其轨道上的超导线圈与列车上的超导线圈间的排斥力,使列车悬浮起来,大大提高了列车的运行速度;若利用电阻接近于零的超导材料制作计算机上的连接线或超微发热的超导器件,则不存在散热问题,可使计算机的速度大大提高。

（二）智能材料

智能材料是继天然材料、合成高分子材料、人工设计材料之后的第四代材料,有很多种类。记忆材料就属于智能材料的一种。人们在研究新型舰船材料时,在 Ti – Ni 合金中发现把直条形的线材加工成弯曲形状,经加热后,它的形状又恢复到原来的直条形,说明该合金具有“记忆”原来形状的能力,人们把这种现象称为形状记忆效应。形状记忆合金已成功应用于卫星天线、记忆铆钉、医学整形外科用材料(如脊椎校正棒和人工股关节)等。

（三）纳米材料

纳米是一个长度单位,1 纳米(nm)等于 10^{-9} 米(m)。纳米材料是指由纳米颗粒构成的固体材料,其中纳米颗粒的尺寸最多不超过 100 nm。纳米材料与普通材料相比,力学性能有显著的变化,例如强度和硬度成倍提高。纳米材料还表现出超塑性状态,即断裂前产生很大的伸长量;纳米材料具有奇异的磁性,不同直径的纳米微粒具有不同的磁性能等。

利用纳米铁材料可以制造出高强度和高韧度的特殊钢材,纳米塑料可用来替代金属制成齿轮、油泵、输油管道,利用陶瓷结构的纳米化可生产出具有良好塑性的纳米陶瓷。

下篇　钳工实训

● **教学要求**

➢ 通过钳工实习,使学生全面了解钳工的安全生产知识。

➢ 熟悉钳工的加工特点、工艺范围及应用。

➢ 掌握钳工的基本操作方法,正确使用常用工具、量具,能加工中等难度的零件。

➢ 培养学生热爱劳动的观念和遵守纪律的习惯及团结协作的精神。

● **教学方法**

集中进行现场的理论分析、讲解及操作示范,随后独立进行操作训练(一人一台虎钳)。

一、钳工实习的性质和任务

钳工实习是机电类各专业的一门必修实训课程,也是其他工程类相关专业教学计划中重要的实践教学环节之一。

本部分的学习要求了解金属加工的一般知识,包括工程材料、金属热处理等基本知识,掌握钳工操作技能。同时,通过了解机械产品的生产过程,加强对其他工业生产过程的理解和认识。在劳动观点、质量意识和经济观念、理论联系实际和科学作风等技术人员应具备的基本素质方面受到培养和锻炼。

二、机械制造的一般过程和钳工实习内容

任何机器都是由相应的零件装配而成的,只有制造出符合要求的零件,才能生产出合格的机器。零件可以直接用型材经机械加工制成,如某些尺寸不大的轴、销、套类零件。一般情况下,则要将原材料经铸造、锻压、焊接等方法制成毛坯,然后由毛坯经钳工和机械加工制成零件。因此,一般的机械生产过程由毛坯制造、加工、装配调试三个阶段组成。

加工的方法有钳工、车、铣、刨、磨、钻和镗削等。毛坯要经过若干道钳工和机械加工工序才能成为成品零件。随着现代制造技术的发展,数控加工设备层出不穷,有些十分复杂的零件,已可以在同一台数控加工设备(如加工中心等)完成,生产效率大大提高。

在毛坯制造和切削加工过程中,为便于加工和保证零件的性能,有时还需在某些工序之前或之后对工件进行热处理。

限于篇幅及教材的适用范围,本教材主要涉及工程材料基本知识及钳工操作技能。

钳工是切削加工、机械装配和修理作业中的手工作业,是机械制造中最古老的金属加工技术,因常在钳工台上用台虎钳夹持工件而得名,目前仍是广泛使用的基本技术。

三、钳工实训守则

(1)按规定穿戴好劳动防护用品。

(2)培养劳动观念,珍惜劳动成果。

(3)遵守劳动纪律,尊重老师和师傅,服从管理,搞好师生关系。

(4)爱护公物,注意节约水、电、油和原材料。

(5)专心听讲,细心观察,认真操作,不怕苦、脏、累。

(6)严格遵守安全规程,保证实习时人身和设备的安全。

课题一　钳工入门指导

● 拟学习的知识
　◎ 钳工安全生产知识
　◎ 钳工的工作范围
● 拟掌握的技能
　◎ 具备钳工加工的安全常识
　◎ 熟悉钳工的工作范围

一、钳工实习中的安全生产知识

人身安全、设备和工具的安全使用及整齐清洁的工作环境,是搞好钳工实习的必要条件。要搞好钳工实习,必须做好以下各项工作。

(1)实习前,必须按规定穿戴好防护用品,否则不准上岗。

(2)工作场地要经常保持整齐、清洁,搞好环境卫生。

(3)工、夹、量具应分类摆放整齐,以保证操作中的安全和方便,严禁乱堆乱放,常用工、夹、量具应放在工作位置的附近,便于随时拿取;注意不要使其伸出钳工工作台的边缘,特别注意易翻的工件应垫放牢靠;量具用后应放在量具盒里,精密量具要轻取轻放;工具用后应整齐地放在工具箱内,不得随意堆放。

(4)多人使用的钳工工作台,各工位之间必须安装安全网;工人操作时要互相照顾,防止意外发生。

(5)使用钻床、砂轮机、手电钻等设备前要仔细检查,如发现故障或损坏,应禁止操作,待修复后方可使用。使用电气设备时,必须严格遵守操作规程,防止触电而造成人身事故。如果发现有人触电时,不要慌乱,应及时切断电源,进行抢救处理。

(6)清除切屑时要使用工具,不要直接用手去拉或擦,更不能用嘴吹,以免切屑伤害手和眼睛。

(7)在进行某些操作时,必须使用防护用具(如防护眼镜、胶皮手套和胶鞋等);如果发现防护用具失效,应立即修补或更换。

(8)对不熟悉的机床和工具不准擅自使用。

二、钳工的工作范围

钳工是利用工具,以手工操作的方法为主,对工件进行加工的一个工种。因其经常在台虎钳上工作,而得名为钳工。

钳工是一个古老的工种,但在现代的工厂里仍然发挥着重要的作用。钳工是利用台虎钳和各种手工工具以及使用钻床等机具进行机械加工的工作。随着科技发展和工业技术的进步,现代化机械设备不断出现,钳工所掌握的技术知识和技能、技巧越来越复杂,钳工的分工也越来越细。钳工一般分为普通钳工、划线钳工、工具钳工、装配钳工和机修钳工等。其中,装配钳工和机修钳工所占的比例越来越大。化工机械维修钳工属于机修钳工的一种,担负着化工机器和设备的维护、修理及调试工作。

钳工操作技术内容很广泛，主要有划线、錾削、锉削、锯削、钻孔、扩孔、锪孔、铰孔、攻螺纹和套螺纹、校正和弯曲、铆接、刮削、研磨、装配、调试和基本测量等。

尽管钳工的分工不同，工作的内容不同，但都应熟练掌握钳工的基本操作技能，无论何种钳工或进行何种钳工工作，都离不开钳工基本操作。钳工基本操作是各种钳工的基本功，其熟练程度和技术水平的高低，决定着机器制造、装配、安装和修理的质量和工作效率。因此，学习钳工必须牢固掌握本工种的基础理论知识和基本操作技能，做到理论联系实际，通过解决工作中的具体问题，不断提高本工种的技术理论水平和操作技能技巧。

三、学习本课程应注意以下方法

（1）因钳工技术涉及面非常广泛，与技术基础课联系密切，因此要提高认识。

（2）本课程实践性强，在学习过程中要与技能训练教学相结合，以利于加深理解。

（3）要积极尝试解决工艺问题，在学习和实践过程中应勤于观察、善于思考，进行分析与选择。

（4）加强实践知识的积累，勤于学习相关理论知识，善于综合运用本课程的知识指导生产实践。

课题二　量　　具

● 拟学习的知识
　◎ 常用量具的基本知识
　◎ 常用量具的工作原理和读数方法
● 拟掌握的技能
　◎ 常用量具的使用方法及注意事项

为了确保零件和产品的质量符合设计要求,必须使用量具进行测量。测量的实质就是用被测量的参数与标准进行比较的过程。

一、量具的类型及长度单位基准

1. 量具的类型

用来测量、检验零件及产品尺寸和形状的工具称为量具。根据不同的测量要求,生产中所使用的量具也不同,按量具的用途和特点不同,常用量具可分为万能量具、专用量具和标准量具三种类型。

1)万能量具

万能量具又称通用量具。这类量具一般有刻度,并能在测量范围内测量被测零件和产品的形状及尺寸的具体数值,如钢尺、游标卡尺、百分尺、百分表、万能游标量角器等。

2)专用量具

专用量具不能测出零件和产品的形状及尺寸的具体数值,而只能判断零件是否合格,如塞尺、直尺、刀口尺、角尺、卡规、塞规等。

3)标准量具

标准量具只能制成某一固定的尺寸,用来校对和调整其他量具,如量块、角度量块等。

这里只介绍钳工常用量具,如钢尺、游标卡尺、百分尺、百分表等。

2. 长度单位基准

长度单位基准为米(m)。

在实际工作中,有时会遇到英制尺寸,基本单位是码,其他单位有英尺、英寸、英分和英丝等,换算关系如下:1 码 = 3 英尺,1 英尺 = 12 英寸,1 英寸 = 8 英分,1 英分 = 125 英丝。

在机械制造中,英制尺寸常用英寸为主要计量单位,并用整数或分数表示。为了工作方便起见,可将英制尺寸换算成米制尺寸,其关系是 1 英寸 = 25.4 mm。

二、钢尺

钢尺是用不锈钢片制成的一种简单的尺寸量具,是一种不可卷的钢质板状量具,尺面刻有米制或英制尺寸,常用的是米制钢尺,如图 2 - 1 所示。钢尺主要用于测量尺寸长度。

米制钢尺的刻度值为 0.5 mm 和 1 mm,其长度规格一般有 150、300、500、1 000 mm 等几种,测量精度一般只能达到 0.2 ~ 0.5 mm。

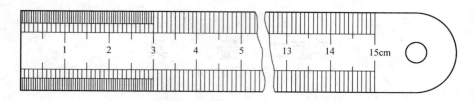

图 2-1 钢直尺

钢直尺主要用于度量尺寸,测量精度要求不高的零件或毛坯的尺寸,也可作为划直线时的导向工具,如图 2-2 所示。

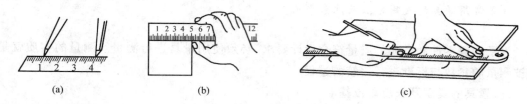

(a)   (b)   (c)

图 2-2 钢直尺的使用方法

(a)量取尺寸 (b)测量尺寸 (c)划直线

三、卡钳

卡钳是一种间接量具,其本身没有分度,所以要与其他量具配合使用,如图 2-3 所示。卡钳分为外卡钳和内卡钳两种,分别用于测量外尺寸(外径或物体长度)和内尺寸(孔径或槽宽),使用时必须与钢尺或其他刻线量具配合,才能得出测量读数。

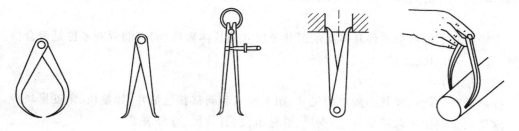

图 2-3 常见卡钳及其使用

卡钳常用于测量精度要求不高的工件,如能熟练掌握,仍可获得 0.02 ~ 0.05 mm 的准确度。同时,在测量圆的内孔尺寸方面,卡钳具有独特的作用,它能给操作者提供内孔是否带有锥度的信息。所以,卡钳在生产中广泛应用。

卡钳的使用方法如图 2-3 所示。调整卡钳时,不应敲击内外侧面。测量工件时,要与工件的轴线垂直,松紧程度应以刚好与被测工件表面接触即可。

四、角尺

角尺又称 90°角尺,分为整体式和组合式两种。直角尺有两个互成 90° 的钢直尺边,在划线时常作为划平行线或垂直线的导向工具,也常用于检查工件的直线度和垂直度,如图 2-4 所示。

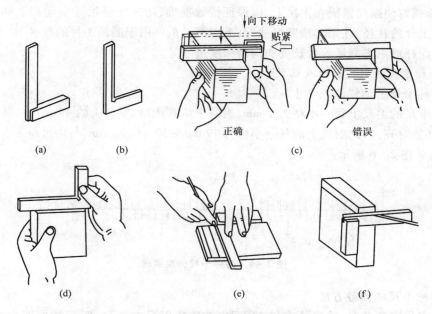

图 2-4　角尺类型及其使用方法
（a）组合式　（b）整体式　（c）检查垂直度　（d）检查直线度　（e）划平行线　（f）划垂直线

五、游标卡尺

游标卡尺是机械加工中使用最为广泛的量具之一，其种类很多，如普通游标卡尺、深度游标卡尺、高度游标卡尺、齿轮游标卡尺等，它们的制造及工作原理是相同的。

游标卡尺如图 2-5 所示，是一种适合测量中等精度尺寸的量具，分为三用游标卡尺和两用游标卡尺。三用游标卡尺可以直接测出工件的外径、内径和深度尺寸，而两用游标卡尺不能测量深度尺寸。

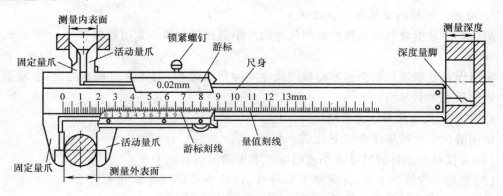

图 2-5　游标卡尺及其使用方法

1. 游标卡尺的结构

游标卡尺按测量精度不同，有 0.1 mm、0.05 mm、0.02 mm 三种。

图 2-5 是普通游标卡尺的一种结构形式，主要由主尺和副尺（又称游标）组成。主、副尺上都刻线。松开锁紧螺钉，可推动副尺在主尺上移动并对工作尺寸进行测量。量得尺寸

后,可拧紧螺钉使副尺紧固在主尺上,以保证读数准确,防止测量尺寸变动。上端两卡爪可用来测量工件的孔径、孔距和槽宽尺寸等;下端两量爪可用于测量工件的外径、长度尺寸等;尺后的测深杆可用来测量阶台长度和沟槽深度尺寸等。

2. 游标卡尺的刻线原理及读数方法

1)游标卡尺的刻线原理

游标卡尺的主尺上每一小格为 1 mm,当两卡爪并拢时,主尺上的 49 mm 和副尺(游标)上的第 50 格对齐,因此副尺上的每一小格为 49 mm ÷ 50 = 0.98 mm,与主尺每一小格相差了 0.02 mm,如图 2 - 6 所示。

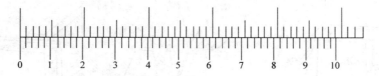

图 2 - 6 游标卡尺分度原理

2)游标卡尺的读数方法

游标卡尺在读数时,整数从主尺上读取,小数从副尺上读取,两者相加即为最终读数。图 2 - 7 的读数即为 23 + 0.24 = 23.24 mm。

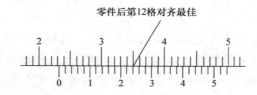

图 2 - 7 游标卡尺的读数示例

3. 游标卡尺的测量范围和示值误差

测量范围是指量具所能测出被测尺寸的最小值和最大值。常用规格有 0 ~ 125 mm、0 ~ 300 mm 等。

示值误差是指量具的指示值与被测尺寸实际数值之差,主要是由量具的理论、制造、传动和调整误差等引起的。

4. 游标卡尺的使用注意事项

使用游标卡尺时应注意以下几点。

(1)应按被测工件的尺寸大小和精度要求正确选用游标卡尺。

(2)使用前应擦净卡爪,并将两卡爪合拢,以检查主副尺零线是否重合。若不重合,在测量后应根据原始误差修正读数。

(3)用游标卡尺测量时,应使卡爪逐渐靠近并接触工件被测表面,以保证测量尺寸的准确性。

(4)测量时,不得用力过大,以防因工件变形或游标卡尺卡爪变形和磨损而影响测量的精度。

(5)读数时视线应垂直于刻线,以免因视觉误差而影响读数精度。

(6)不能用游标卡尺测量铸件、锻件等毛坯的尺寸。

(7)使用完毕,应将游标卡尺擦净后再平放到专用盒内,以防尺身弯曲变形或生锈。

(8)严禁使用游标卡尺的卡爪划线。

六、百分尺

百分尺又称千分尺或分厘尺,属于螺旋测微具,是机械制造中常用的精密量具之一。它的测量精度比游标卡尺高而且灵敏。因此,对加工精度要求较高的工件尺寸,要用百分尺来测量。

1. 百分尺的结构

百分尺按用途不同分为外径百分尺、内径百分尺、杠杆百分尺、深度百分尺、螺纹百分尺、壁厚百分尺、齿轮公法线长度百分尺等。图 2-8 所示是测量范围为 0~25 mm 的外径百分尺,主要由尺架、测微螺杆、测力装置和锁紧装置等组成。

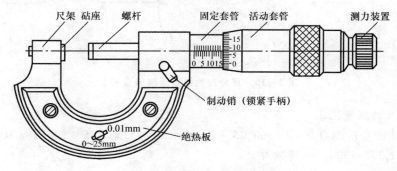

图 2-8　外径百分尺外形结构

在尺架的左端有砧座,右端有固定套管,固定套管上沿轴向刻有间距为 0.5 mm 的上、下交错刻线,并分布在基准线的两边(主尺)。固定套管内固定有螺距为 0.5 mm 的螺纹轴套(与尺架连在一起),它与测微螺杆的螺纹配合。螺杆右端装有活动套管和棘轮装置,转动棘轮装置可带动活动套管和测微螺杆一起转动(也可直接转动活动套管带动测微螺杆转动),活动套管圆锥面上刻有 50 条均匀分布的刻线(即副尺)。棘轮装置的作用是控制测量力的大小,当达到允许的测量力时,棘轮就会发出"咔咔"的响声。量得尺寸后,可转动偏心锁紧手柄锁紧测微螺杆,以便从工件上取下百分尺进行读数。

2. 百分尺的刻线原理和读数方法

1)刻线原理

百分尺测微螺杆的螺距是 0.5 mm,活动套管上共刻有 50 条刻线,测微螺杆与活动套管连在一起。当活动套管转 50 格(即一周)时,测微螺杆转一周并移动 0.5 mm,因此当活动套管旋转 1 格时,测微螺杆移动 0.01 mm。所以,百分尺的测量精度为 0.01 mm。

2)读数方法

由刻线原理和结构可知,当测量尺寸是半毫米的整数倍时,活动套管(副尺)上的"0"刻度线正好与固定套管(主尺)上的基准线对齐。测量读数(尺寸)=副尺所指主尺上的读数(即固定套管上露出的刻线读数,应为 0.5 mm 的整数倍)+主尺基准线所指副尺上的格数×0.01 mm。百分尺的读数示例见图 2-9 和图 2-10。

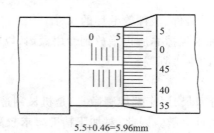

5.5+0.46=5.96mm

图 2 – 9　百分尺的读数原理示意图一

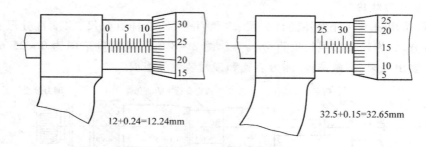

12+0.24=12.24mm

32.5+0.15=32.65mm

图 2 – 10　百分尺的读数原理示意图二

3. 百分尺的测量范围

百分尺的测量范围有 0 ~ 25 mm,25 ~ 50 mm,50 ~ 75 mm,75 ~ 100 mm,100 ~ 125 mm,250 ~ 275 mm,275 ~ 300 mm 等数种。

4. 百分尺的使用注意事项

使用百分尺时应注意以下几点。

(1)根据测量尺寸的大小和精度要求,正确地选用百分尺的测量范围和精度。百分尺的精度分 0 级(测量尺寸精度为 IT6 ~ IT16)、1 级(测量尺寸精度为 IT7 ~ IT16)、2 级(测量尺寸精度为 IT8 ~ IT16)三种,一般要求在 IT10 以上的尺寸才用百分尺测量。

(2)百分尺在使用前应擦净测量面并校准尺寸。0 ~ 25 mm 百分尺校准时应转动棘轮装置使两测量面合拢,检查副尺零线与主尺基准线是否对齐,如果没有对齐应先进行调整,然后才能使用(或测量时对测量尺寸加以修正)。其他尺寸的百分尺应用量具盒内的标准样棒来校准。

(3)使用时应手握尺架绝热板,以防因受热而影响测量结果。测量时应先转动活动套管,待测量面要靠近工件被测表面时再改为转动棘轮装置,直到发出"咔咔"声为止,最后锁紧螺杆。

(4)测量时百分尺应放正,以免造成螺杆变形或磨损。

(5)测量前不准先锁紧螺杆,以防螺杆变形或磨损。

(6)读数时应防止多读或少读 0.5 mm,初用时可与游标卡尺配合使用。

(7)不准用百分尺测量毛坯尺寸或正在旋转的工件的尺寸。

七、塞尺

塞尺是用来检查两贴合面之间间隙的薄片量尺,如图 2 – 11 所示。塞尺是由一组薄钢片组成,其每片的厚度为 0.01 ~ 0.08 mm 不等,测量时用塞尺直接塞进间隙,当一片或数片能塞进两贴合面之间,则该一片或数片塞尺的厚度(可由每片片身上的标记读出),即为两贴合面的间隙值。

使用塞尺测量时选用的薄片越小越好,而且必须先擦净尺面和工件,测量时不能使劲硬塞,以免尺片弯曲或折断。

八、刀口形直尺

刀口形直尺是用光隙法检验直线度或平面度的直尺,如图 2－12 所示。

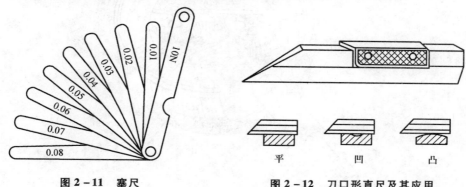

图 2－11　塞尺　　　　　　　　图 2－12　刀口形直尺及其应用

刀口形直尺的规格用刀口长度表示,常用的有 75 mm、125 mm、175 mm、225 mm 和 300 mm等几种。检验时,将刀口形直尺的刀口与被检平面接触,并在尺后面放一个光源,然后从尺的侧面观察被检平面与刀口之间的漏光大小并判断误差情况,如图 2－12 所示。

九、百分表

百分表用于测定工件相对于规定值的偏差,例如检验机床精度和测量工件的尺寸、形状和位置误差等。

1. 百分表的结构

百分表的结构如图 2－13 所示,由表盘、主指针、表体、测量头、测量杆、齿轮等主要部分组成。

表体是百分表的基础件,轴管固定在表体上,中间穿过装有测量头的测量杆,测量杆上有齿条,当被测件推动测量杆移动时,经过齿条、齿轮传动,将测量杆的微小直线位移转变为主指针的角位移,由表盘将数值显示出来。测量杆上端的挡帽主要用于限制测量杆的下移位置,也可在调整时用它提起测量杆,以便重复观察示值的稳定性。为读数方便,表圈可带动表盘在表体上转动,将指针调到零位。

2. 百分表的工作原理

百分表内的测量杆和齿轮的齿距是 0.625 mm。当测量杆上升 16 齿(即上升 0.625 mm × 16 = 10 mm)时,16 齿的小齿轮 12 转一周,同时齿数为 100 的大齿轮 13 也转一周,并带动齿数为 10 的小齿轮 7 和主指针 3 转 10 周。由于齿轮 6 的齿数为 100,这时齿轮 6 也转一周,带动转数指示盘 4 的指针转一周。当测量杆移动 1 mm 时,主指针转一周,由于表盘上共刻 100 格,所以大指针每转一格表示测量杆移动 0.01 mm。

3. 百分表的使用方法及注意事项

百分表在使用时要装夹在专用的表架上,测量前应将工件、百分表及基准面清理干净,以免影响测量精度,如图 2－14 所示。表架底座应放在平整的位置上,底座带有磁性,可牢固地吸附在钢铁制件的基准面上。百分表在表架上可作上下、前后和角度的调整。

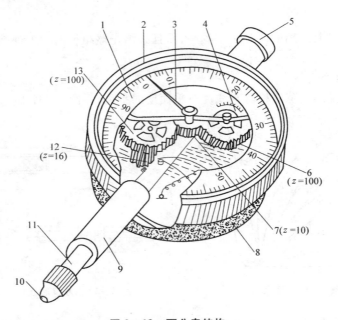

图 2-13　百分表结构

1—表盘；2—表圈；3—主指针；4—转数指示盘；5—挡帽；6、7、12、13—齿轮；
8—表体；9—轴管；10—测量头；11—测量杆

使用前，用手轻轻提起挡帽，检查测量杆在套筒内移动的灵活性，不得有卡滞现象，并且在每次放松后，指针应回复到原来的刻度位置。测量平面时，百分表的测量杆轴线与平面要垂直；测量圆柱形工件时，测量杆轴线要与工件轴线垂直，否则百分表测量头移动不灵活，测量结果不准确。

测量时，测量头触及被测表面后，应使测量杆有 0.3 mm 左右的压缩量，不能太大，也不能为 0，以减少由于自身间隙而产生的测量误差。用百分表测量机床和工件的误差时，应在多个位置上进行测量，测得的最大读数与最小读数之差即为测量误差。

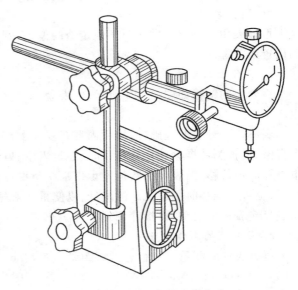

图 2-14　百分表的安装方法

课题三 划　　线

●拟学习的知识

 ◎工件的清理、检查和涂色

 ◎划线工具及量具

 ◎划线基准

 ◎划线的基本方法

 ◎划线找正与借料

●拟掌握的技能

 ◎划线前的准备工作

 ◎划线操作

■任务说明

 掌握划线前的准备工作,掌握划线工具和量具的选择和正确使用,掌握零件划线的基本方法,学会划线操作。

 根据图样要求,用划线工具在毛坯或已加工表面上划出待加工的轮廓线或作为基准的点、线的操作叫划线。

 划线的作用是确定各加工面的加工位置和余量,使加工时有明确的尺寸界线,在板料上划线下料,可以做到正确排料,合理使用材料;在机床上安装复杂工件,可以按所划的线进行找正安装;通过借料划线,可以使误差不大的毛坯得到补救,减小损失。

一、任务描述

 使用划线工具和量具,在划线平板上用平面划线方法在支撑座毛坯的一平面上划出其加工轮廓图。毛坯的尺寸如图 3-1(a)所示,加工轮廓的尺寸如图 3-1(b)所示,材料为HT150,完成时间为 120 min,尺寸精度要达到 0.25~0.5 mm。

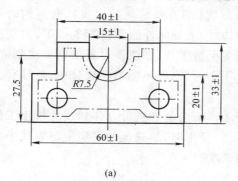

(a)

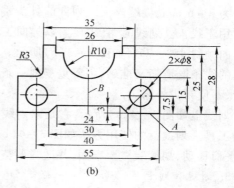

(b)

图 3-1　支撑座

（a）毛坯图　（b）轮廓图

153

二、任务分析

要完成该支撑座加工轮廓的划线任务,其操作步骤为工件的清理、检查和涂色→选择划线工具和量具→确定划线基准→选择划线方法→完成划线操作。

下面先来学习一下相关的专业知识。

三、相关知识

(一)工件的清理、检查和涂色

1. 工件的清理

划线前应先用钢丝刷除去毛坯的氧化皮和残留的型砂等,再用锉刀去除毛坯上的飞边并修钝锐边,然后用棕刷清除毛坯上的灰尘。对于划线部位,更要仔细清扫,以增强涂料的附着力,使划出的线条更加明显、清晰。

2. 工件的检查

清理后,首先要仔细检查工件上是否存在锻造和铸造的缺陷(如缩孔、气泡、裂纹和歪斜等),并与工件图样上的技术要求对照,对某些确实不合格的工件应及时予以剔除;然后检查工件各加工部位的实际尺寸是否有足够的加工余量,对无加工余量而又无法校正的毛坯应予报废。

3. 在工件划线表面上涂色

为了使工件表面划出的线条清晰,划线前需在划线部位涂上一层薄而均匀的涂料。在铸、锻件的毛坯上,常用粉笔或石灰水加少量水溶胶的混合物作涂料;在已加工的表面上,常用酒精色溶液(酒精中加漆片)或硫酸铜溶液作涂料。待涂料干燥后,即可进行划线。

(二)常用的划线工具与量具

1. 划线平台

划线平台如图3-2所示,它是用铸铁制成的,表面经过精刨或刮削加工,既是划线操作基准,又是工作台。使用时要安放平稳,保持水平,严禁敲打,用后涂上机油、盖上木盖,以防生锈。

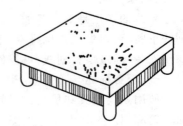

图3-2 划线平台

2. 划针和划线盘

划针如图3-3(a)所示,采用弹簧钢丝或高速钢制成,直径为3~6 mm,尖端淬火。划针的针尖端用来划线(划直线或划标记线),有弯钩的一端通常用于找正。划线时,针尖要紧靠导向工具的边缘,上部向外侧倾斜15°~20°,向划线移动方向倾斜45°~75°,如图3-3(b)所示。针尖要保持尖锐,划线要尽量做到一次划成,使划出的线条既清晰又准确,不要重复划一条线。不用时,划针不能插在衣袋中,最好套上塑料管,不使针尖外露。

划线盘如图3-4(a)所示,它是以划线平台工作面为基准进行立体划线并校正工件位置的工具。划线盘的使用方法如图3-4(b)所示。使用时,划线盘的底座应与划线平台紧贴,平稳移动,划针装夹要牢固,并适当调整伸出长度。

3. 划规和划卡

划规用工具钢或碳钢制成,尖端经磨锐和淬火,或焊接一段硬质合金,如图3-5所示。划规用于划圆、圆弧、等分角度等,亦可用来量取尺寸。使用时,划规两脚要等长,两脚尖合拢能靠紧,两脚开合松紧要适当,以免划线时自动张缩。

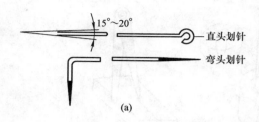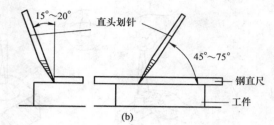

图3-3 划针及其使用方法

（a）划针　（b）划针的使用方法

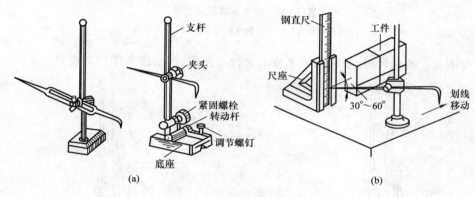

图3-4 划线盘及其使用方法

（a）划线盘　（b）划线盘的使用方法

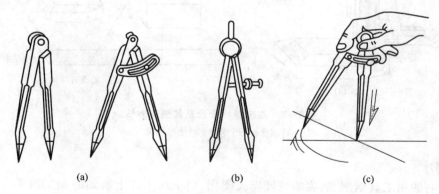

图3-5 划规及其使用方法

（a）普通划规　（b）弹簧划规　（c）划规的使用方法

划卡又称单角规，如图3-6所示，主要用于确定轴和孔的中心位置，也可以作为划平行线的工具。使用划卡时，应注意弯脚到工件的端面距离要保持一致。

4. 高度游标卡尺

高度游标卡尺如图3-7所示，常用于精密划线，它附带划针脚，能直接表示出高度尺寸。其读数精度一般为0.02 mm，用于已加工表面和较高精度的划线。使用前，应将划线刃口平面下落，使之与底座工作面平行，再看尺身零线与游标零线是否对齐，零线对齐后，方可

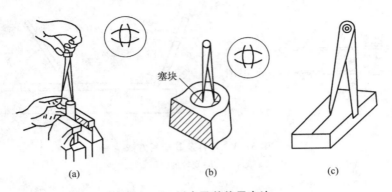

(a)　　　　　　　　(b)　　　　　　　　(c)

图3-6　划卡及其使用方法

（a）找轴的中心　（b）找孔的中心　（c）划平行线

划线。校准高度游标尺时，可在精密平板上进行。使用时，要注意保护划线刃口。

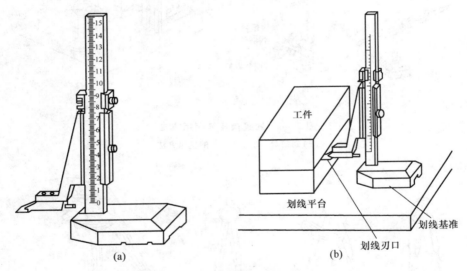

(a)　　　　　　　　　　　　　　(b)

图3-7　高度游标卡尺及其使用方法

（a）高度游标卡尺　（b）使用方法

5. 样冲

样冲一般用工具钢制成，尖端处经淬火硬化，用于在工件上所划的加工线条上冲点，使其易于观察，即使线条模糊后仍能看清划线位置，加强界限（称检验样冲点）或钻孔定中心（称中心样冲点），样冲的尖角一般磨成45°～60°，如图3-8（a）所示。样冲尖角在加强界限标记时大约取45°，钻孔定中心时约取60°。

冲点方法：先将样冲外倾使尖端对准线条的正中，然后再将样冲立直冲点，如图3-8（b）所示。

冲点要求：如图3-8（c）所示，打样冲眼时，要使尖端对准线条的正中，冲眼中心不能偏离直线，冲眼的间距要均匀；在曲线上冲点距离要小些，对直径小于20 mm的圆周线应有4个冲点，对直径大于20 mm的圆周线应有8个以上冲点；在直线上冲点距离可大些，但对短

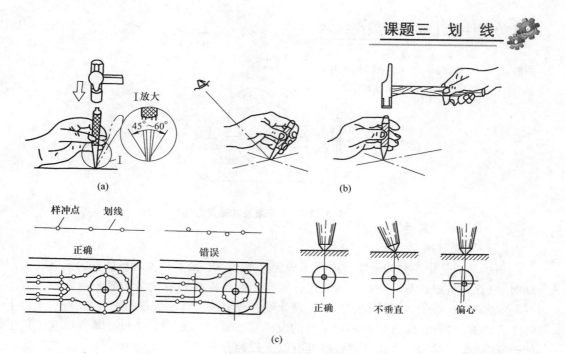

图 3-8 样冲及其使用方法

（a）样冲 （b）冲点方法 （c）冲点要求

直线至少有 3 个冲点；在线条的交叉转折处必须有冲点；冲点的深浅要掌握适当，中心冲眼应稍大一些，以便于钻头定心；在薄壁上或光滑表面上冲点要浅，粗糙表面上要深些，精加工表面一般不打样冲眼。

6. 支持工具

1）方箱

方箱是由铸铁制成的 6 个面相互垂直的空的立方体，六面都经过精加工，其中一个面上加工有 V 形槽，并带有压紧装置，用于支持较小的工件。通过翻转方箱，可以在工件表面划出相互垂直的线，如图 3-9 所示。其上的 V 形槽通常用来安装圆柱形工件，通过翻转方箱可以划出工件的中心线或找出中心。

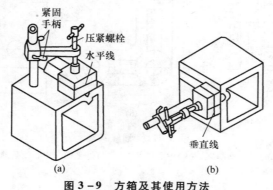

图 3-9 方箱及其使用方法

（a）压住工件划水平线 （b）翻转 90°划垂直线

2）千斤顶

千斤顶如图 3-10 所示，用来支持较大或不规则工件，通过调整其高度，可以找正工件。

一般以 3 个千斤顶为一组同时使用。

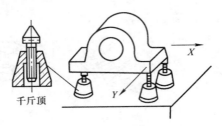

图 3 - 10　千斤顶及其使用方法

（三）划线基准

划线基准是指在划线时零件上用于确定其他点、线、面的位置时所依据的点、线、面。划线时,应首先从划线基准开始。正确选择划线基准是提高划线质量和效率的重要因素。选择划线基准时,需要对工件、加工工艺、设计要求及划线工具等进行综合分析,找出工件上与各个方面有关的点、线、面(一般是零件的设计基准),作为划线时的尺寸基准以及校正工件的校正基准。划线时,常用的划线基准有以下三种。

1. 以两个互相垂直的外平面为基准

如图 3 - 11(a)所示,划线时,首先划出两个相互垂直的外平面 A,然后以这两个平面 A 为基准划出其他加工线。

2. 以两条中心线为基准

如图 3 - 11(b)所示,划线时,根据工件外形找出工件上相对应的位置,划出水平中心线和垂直中心线 A,然后以这两条中心线为基准划出其他加工线。

3. 以一个外平面和一条中心线为基准

如图 3 - 11(c)所示,划线时,首先划出外平面 A 和垂直中心线 A′,然后再以 A 和 A′为基准划出其他加工线。

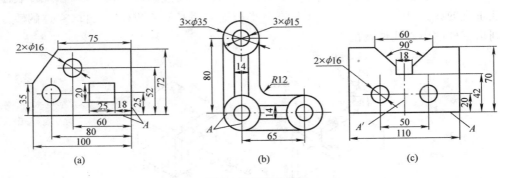

图 3 - 11　划线基准

（a）外平面基准　（b）中心线基准　（c）外平面 + 中心线基准

（四）常用的划线方法

1. 划线的种类

划线分为平面划线和立体划线两种。只需要在工件的一个表面上划线,称为平面划线,如图 3 - 12(a)所示;需要同时在工件上多个互成一定角度的表面上划线,称为立体划线,如

图 3 – 12(b)所示。

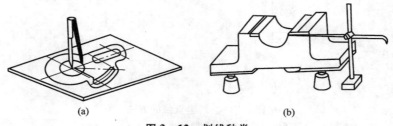

图 3 – 12 划线种类
（a）平面划线 （b）立体划线

2. 基本划线方法

1）直线的划法

首先在工件表面需要划线的位置上划出直线的两个端点，然后用钢直尺及划针连接两点，就得一条直线。

2）平行线的划法

如图 3 – 13(a)所示为用作图法划平行线的方法：在划好的直线上，任取 A、B 两点，以 A、B 为圆心，用同样的半径尺划出两段圆弧 C、D，最后作 C、D 两圆弧的公切线，即得一平行线。

如图 3 – 13(b)所示为用角尺划平行线的方法：首先划出平行线经过的点，然后再将角尺的尺座紧靠基准面，过经过点用划针划出平行线。

如图 3 – 13(c)所示为用划规划平行线的方法。

如图 3 – 13(d)所示为用划线盘划平行线的方法。

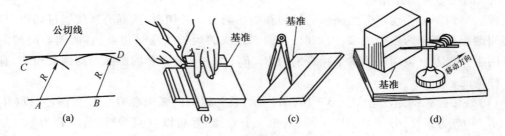

图 3 – 13 划平行线的方法
（a）作图法 （b）用角尺划线 （c）用划规划线 （d）用划线盘划线

3）垂直线的划法

如图 3 – 14(a)所示为划垂直平分线的方法：以直线两端点 A、B 为圆心，以大于 AB 长度一半的任意长度为半径分别划圆弧，得交点 C 和 D，连接 C、D，即得一垂直平分线。

如图 3 – 14(b)所示为过线内一点划垂直线的方法：首先以线上已知点 O 为圆心，用任意长度为半径划两个短圆弧，交直线于 A、B 两点；然后再以 A、B 两点为圆心，以大于 AB 长度一半的任意长度为半径分别划出两圆弧，相交于点 C，连接 O、C，即得一垂直线。

4）圆弧连接线的划法

圆弧连接可以分为圆弧与直线的连接和圆弧与圆弧的连接两种。

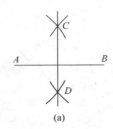

图 3 – 14　划垂直线的方法
（a）垂直平分线划法　（b）过线内一点垂直线划法

Ⅰ．圆弧与直线相切

圆弧与直线相切的划法如图 3 – 15 所示。

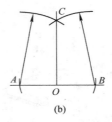

图 3 – 15　圆弧与直线相切的划法
（a）圆弧与锐边相切　（b）圆弧与钝边相切

（1）先划出与两角边相平行且距离为圆弧半径 R 的两条平行线，相交于点 O。

（2）以交点 O 为圆心，以圆弧半径 R 为半径划出圆弧即可。

Ⅱ．圆弧与两圆弧相切

圆弧与两圆弧相切可分为圆弧的外切和内切两种。外切时，两圆心连线通过切点，且两圆心间的距离等于两半径之和；内切时，两圆心连线的延长线通过切点，且两圆心间的距离等于两半径之差。设两圆弧的半径分别为 R_1、R_2，作一半径为 R 的圆弧与两圆弧相切，有以下 3 种情况。

（1）外切圆弧的划法。如图 3 – 16（a）所示，首先以两圆弧中心 O_1、O_2 为圆心，以（R_1 + R）、（$R_2 + R$）为半径，分别划出两个圆弧，相交于 O 点；然后以 O 点为圆心，以 R 为半径划圆弧 AB 即可。

（2）内切圆弧的划法。如图 3 – 16（b）所示，首先以两圆弧中心 O_1、O_2 为圆心，以（R − R_1）、（$R - R_2$）为半径，分别划出两个圆弧，相交于 O；然后以 O 点为圆心，以 R 为半径划圆弧 AB 即可。

（3）圆弧与两圆弧内、外相切的划法。如图 3 – 16（c）所示，首先以 O_1 为圆心作半径为（$R – R_1$）的圆弧，然后以 O_2 为圆心作半径为（$R + R_2$）的圆弧，两圆弧相交于 O 点；最后以 O 点为圆心，以 R 为半径划圆弧 AB 即可。

（五）划线找正与借料

立体划线在很多情况下是对铸、锻件毛坯进行的划线。各种铸、锻件毛坯，由于种种原因，出现形状歪斜、偏心、各部分壁厚不均匀等缺陷。当形位误差不大时，可以通过划线找正和借料的方法来补救。

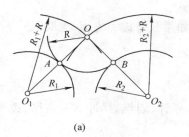 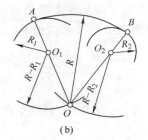 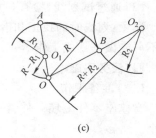

(a) (b) (c)

图 3 - 16　圆弧与两圆弧相切的划法

（a）圆弧外切　（b）圆弧内切　（c）圆弧内、外切

1. 划线找正

在毛坯上进行划线时，一般先要进行找正。找正就是利用划线盘、角尺等工具对工件位置进行调整，使工件上有关的毛坯面处于合适的位置。

（1）当工件上有非加工表面时，按非加工表面的位置找正划线，以便使待加工表面与非加工表面之间保持尺寸均匀。如图 3 - 17 所示的轴承架毛坯，由于内孔与外圆不同心，在划内孔加工线之前，应先以外圆为找正依据，找出其中心；然后按找出的中心划出内孔加工线。这样，就可以基本保证内孔与外圆同心。同样，在划底面加工线之

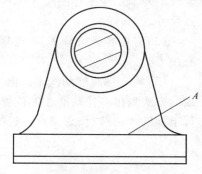

图 3 - 17　轴承架毛坯工件的找正

前，首先以上平面 A（非加工表面）为找正依据，用划线盘找正其水平位置，然后划出底面加工线。这样，就可以使底座各处的厚度比较均匀。

（2）当工件上有两个或两个以上的非加工表面时，应选择其中面积较大的、较重要的、外观质量要求较高的表面为主要找正依据，兼顾其他较次要的非加工表面，使划线后各非加工表面与待加工表面之间的尺寸（如壳体的壁厚、凸台的高低等）都尽量达到均匀，并符合要求，而把难以弥补的误差反映到较次要或不醒目的部位上去。

（3）当工件上没有非加工表面时，通过对各待加工表面自身位置的找正划线，可以使各待加工表面的加工余量均匀、合理，避免出现个别待加工表面的加工余量过多或过少的现象。当工件上有已加工表面时，则应以已加工表面为找正依据。如果有多个已加工表面时，应取其主要的已加工表面作为找正依据。

2. 划线时的借料

大多数毛坯工件都存在一定的误差和缺陷。当误差和缺陷不太大时，通过调整或试划，可以使各待加工表面都有足够的加工余量，以避免将毛坯的误差和缺陷反映到加工表面上，或使其影响减小到最低程度。这种划线时的补救方法就叫做借料。

要做好借料划线，首先要知道待划线毛坯误差的大小，确定需要借料的方向和大小，这样才能提高划线效率。如果毛坯误差超过允许范围，就不能利用借料来补救了，应及时报废。借料的步骤可大致分为以下三步：

（1）检查毛坯各部分尺寸和偏移情况；

（2）确定借料的方向和尺寸，并划好基准线；

（3）通过试划线,检查各加工表面的加工余量是否合理。

注意:划线时的找正和借料两项工作是密切相关的,如果只考虑一方面,忽略另一方面,都不可能做好划线工作。

四、任务实施

（一）准备工作

支撑座零件毛坯一件,游标卡尺、钢直尺、划线平台、划针、划规、样冲、90°角尺、锤子各一个。

（二）操作步骤

（1）清理工件:在待划线表面上均匀地涂上涂料,并在孔中填好塞块;用钢直尺或游标卡尺的外卡爪按毛坯图尺寸检查工件的外轮廓尺寸;用游标卡尺的内卡爪检查 $R7.5$ 的圆弧尺寸。

（2）对图样进行分析,明确划线位置,确定划线基准（高度方向为平面 A,长度方向为中心线 B。

（3）将支撑座的划线平面向上放在划线平台上,划规、钢直尺和划针配合使用,用划直线的方法划出高度基准 A 的位置线,用划平行线的方法划出其他要素的高度位置线（即平行于基准 A 的线,仅划交点附近的线）,如图 $3-18$（a）所示。

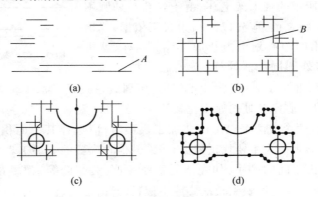

图 3 - 18　划线步骤

（a）划基准线 A 及其平行线　（b）划基准线 B 及其平行线

（c）确定圆及圆弧中心、划连接线　（d）打样冲眼

（4）在长度方向的对称中心位置,角尺、划针、划规和钢直尺配合使用,用划垂直线的方法划出长度基准 B 的位置线,用划平行线的方法划出其他要素长度的位置线,如图 $3-18$（b）所示。

（5）划出各处的连接线,确定各圆弧的圆心位置;在各圆心处用样冲打出样冲眼,用划规划出各圆和圆弧的连接线,如图 $3-18$（c）所示。

（6）复核图形,用游标卡尺的外卡爪检查各划线部分的尺寸,若有线条不清晰、遗漏、错误等应予以纠正。

（7）在轮廓线上打出样冲眼,工件划线结束,划线最终结果如图 $3-18$（d）所示。

（三）注意事项

（1）划线操作前应在纸上先练习一次,熟悉作图方法。

（2）划线工具和量具的使用方法要正确,划线的动作要自然、协调。

（3）划线的尺寸要准确,一般划线的精度要达到 0.25～0.5 mm,线条要细而清晰,样冲眼的位置要准确、合理。

（4）工具要合理摆放。要把左手用的工具放在操作者的左手边,右手用的工具放在操作者的右手边,排放要整齐、稳妥。

（5）划线后,必须做一次仔细的复检、校对工作,避免出错。

五、操作训练

（1）平面划线训练。

（2）立体划线训练。

六、评分标准

划线操作的评分标准见表 3-1。

表 3-1　划线操作的评分标准

序号	项目与技术要求	配分	检测标准	实测记录	得分
1	涂色薄而均匀	5	总体评定,酌情扣分		
2	线条清晰无重线	15	线条不清楚或有重线,每处扣1分		
3	尺寸及线条位置公差 0.5 mm(15处)	30	每一处超差扣2分		
4	冲点位置公差 $R0.3$ mm	20	凡冲偏一处扣2分		
5	圆弧连接圆滑(2处)	10	一处连接不好扣5分		
6	检验样冲点分布合理	10	分布不合理每处扣1分		
7	使用工具正确,操作姿势正确	10	发现一处不正确扣2分		
8	安全文明操作		违者每次扣2分		

课题四　金属的锯削

● 拟学习的知识
　◎ 锯削工具
　◎ 锯削的基本知识
　◎ 常见材料的锯削方法
● 拟掌握的技能
　◎ 选择、安装锯条和装夹工件
　◎ 锯削加工

■ 任务说明

掌握台虎钳的正确使用,掌握锯条的选用和安装方法,掌握锯削时工件的装夹方法,掌握锯削的基本知识,学会锯削操作。

锯削就是指用手锯(俗称钢锯)的锯条对原材料或工件(毛坯、半成品)进行切断或切槽等的加工方法,其工作范围如图 4-1 所示。

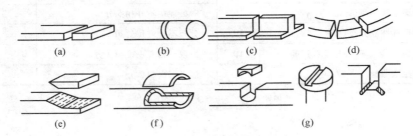

图 4-1　锯削范围

(a)板料锯断　(b)棒料锯断　(c)型材锯断　(d)弧形板锯断　(e)锯平面　(f)管料锯削　(g)工件上锯槽

一、任务描述

使用锯弓、锯条和台虎钳,锯削如图 4-2 所示的工件,使其达到图样要求,完成时间为 150 min,毛坯为 ϕ32 mm 的 45 钢棒料。

二、任务分析

要完成该工件的锯削任务,其操作步骤为划线→选择锯削工具→装夹工件→锯削加工(锯削 4 个平面)。

下面学习与锯削相关的专业知识。

三、相关知识

（一）锯削工具

1. 台虎钳

台虎钳是钳工中常用的工具。台虎钳的规格是用钳口的宽度来表示的,常用的有 100 mm(4 英寸)、125 mm(5 英寸)、150 mm(6 英寸)等。台虎钳有固定式和回转式两种,如

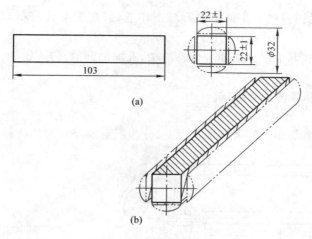

图 4－2　锯削零件

（a）零件图　（b）实物图

图 4－3 所示。回转式台虎钳由于使用比较方便,故应用较广;固定式台虎钳的结构与回转式台虎钳的结构相同,只是没有回转装置。

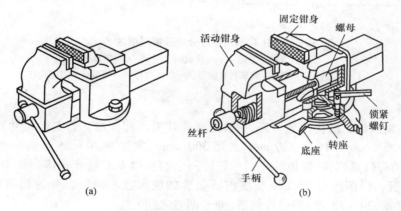

图 4－3　台虎钳

（a）固定式　（b）回转式

1）台虎钳的使用

使用台虎钳时,顺时针转动手柄,可使丝杆在螺母中旋转,并带动活动钳身向内移动,将工件夹紧;相反,逆时针转动手柄可将工件松开。若要将活动台虎钳转动一定的角度,可逆时针方向转动锁紧螺钉,双手扳动钳台转动到需要的位置后,再将锁紧螺钉顺时针转动,将台虎钳锁紧在钳台上。

2）使用注意事项

（1）将台虎钳安装在钳工工作台上,必须拧紧转盘座上的三个螺栓,夹紧或松开工件时,只允许靠手的力量扳动手柄,不准套上较长管子来扳手柄,防止丝杆、螺母或钳身因过载而损坏,更不允许用锤子等工具敲击手柄。

（2）在台虎钳上进行强力作业时,强作用力的方向应指向固定钳身一方,以免损坏丝杆、螺母。

（3）不能在活动钳身的工作面上进行敲击作业，以免损坏或降低其与固定钳身的配合性能。

（4）丝杆、螺母和其他配合表面应保持清洁，并加油润滑，防止锈蚀，使操作省力。

2. 手锯

手锯由锯弓和锯条两部分组成。

1）锯弓

锯弓用于安装锯条和调节锯条松紧程度，分为固定式与可调式两种，如图 4-4 所示。

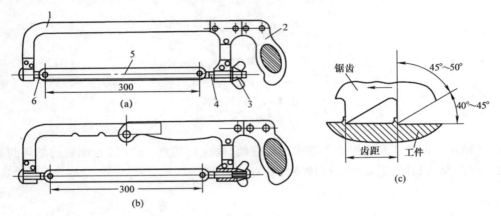

图 4-4　锯弓分类及锯削原理

（a）固定锯弓手锯　（b）可调锯弓手锯　（c）锯削原理

1—锯弓；2—手柄；3—翼形调节螺母；4—活动拉杆；5—锯条；6—固定拉杆

2）锯条

锯条是锯削加工所使用的刀具，一般由渗碳软钢冷轧而成。锯条的尺寸规格是指两安装孔间的距离，一般为 150~400 mm（常用 300 mm），宽度为 10~25 mm，厚度为 0.6~1.8 mm。锯条的刃口是锯齿，锯齿的排列一般按一定的规律左右错开并排列成一定的形状，如图 4-5 所示。锯条按每 25 mm 长度内所包含的锯齿数不同可以分为粗齿锯条（14~18 齿）、细齿锯条（24~32 齿）和中齿锯条（介于两者之间）。

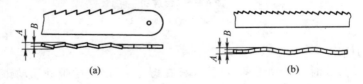

图 4-5　锯齿排列形状

（a）交叉形　（b）波浪形

选择锯条的主要依据是被锯削工件的材质和厚度。软材料（如铜、铝、低碳钢、中碳钢）和较厚的工件一般选用粗齿锯条；硬钢、薄板金属、薄壁管料等一般选用细齿锯条；普通碳钢、铸铁、管子和中等厚度的工件一般选用中齿锯条。

安装锯条时，锯条应安正，且齿尖朝前，并调节好锯条的松紧程度，太紧使锯条受力太大，在锯削中稍有卡阻就会受到弯折而易崩断；太松则锯削时锯条容易扭曲，也很可能折断，而且锯缝容易产生歪斜。装好的锯条应使它与锯弓保持在同一中心平面内,这对保证锯缝正直和防止锯条被折断都比较有利。

（二）锯削的基本知识

1. 锯削的基本姿势

1）握锯方法

握锯方法如图4-6所示。

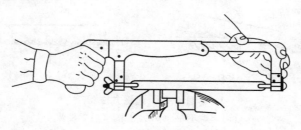

图4-6 握锯方法

2）站立位置及姿势

锯削前,操作者站在台虎钳的左侧,左脚向前跨半步与台虎钳左面呈30°,右脚与台虎钳呈75°,左膝略有弯曲,右脚站稳、伸直轻微用力,两脚相距250～300 mm,保持舒适自然。身体与台虎钳约呈45°,双手扶正手锯放在工件上,左臂略微弯曲,右臂与锯削方向基本保持平行,如图4-7所示。

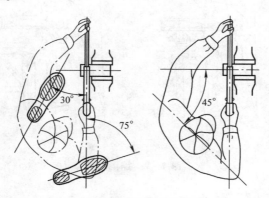

图4-7 锯削的站立位置与姿势

3）起锯方法

起锯是锯削工作的开始。起锯开始时用左手拇指按住锯削的位置,锯条侧面靠住拇指,使锯齿在锯削线上,且锯条与工件呈10°～15°夹角,如图4-8(a)所示。起锯的方法有两种:在远离操作者一端起锯,称远起锯法,如图4-8(b)所示;在靠近操作者一端起锯,称近起锯法,如图4-8(c)所示。前者起锯方便,起锯角容易掌握,是常用的一种起锯方法。起锯时应用拇指或物体靠住锯条侧面,保证锯条在某一固定的位置起锯,并平稳地逐步切入工件,使锯条不会跳出锯缝。

2. 锯削动作

如图4-9所示,锯削时,双脚不要移动,双手带动手锯一起向前运动,右腿保持伸直状

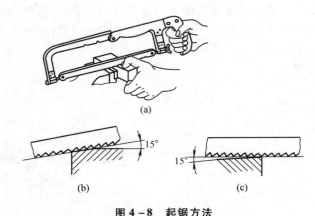

图 4-8 起锯方法

（a）起锯开始 （b）远起锯 （c）近起锯

态并与身体一起自然协调向前倾,身体重心慢慢移到左腿上,左膝盖弯曲。随着锯削行程的增加,身体的倾斜度也随着增大。当手锯向前推至锯条长度的 3/4 时,身体往后倾,从而带动左腿略微伸直,身体重心后移,手锯顺势退回到锯削开始状态。

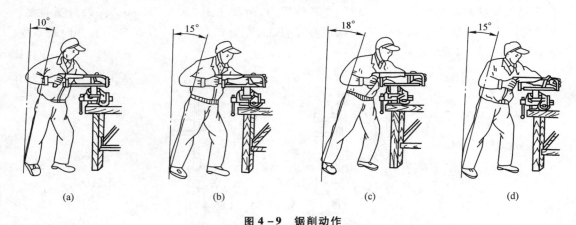

图 4-9 锯削动作

3. 锯削的要领

（1）起锯的角度一般为 10°～15°,推动手锯的行程要短、速度要慢、压力要小。当锯齿锯入工件 2～3 mm 时,左手拇指离开工件,双手扶正手锯进入正常锯削状态。

（2）锯削的速度要均匀、平稳、有节奏、快慢适度,一般以每分钟往复 20～60 次为宜。过慢,效率低;过快,操作者容易疲劳,锯条也会因过热而损坏。

（3）锯削时对锯弓施加的力要均匀,大小要合适。用右手控制锯削的推力与压力,左手扶正锯弓,并配合右手调节对锯弓施加的压力。锯硬材料时的压力比锯软材料时要大些,手锯退回时不能对锯弓施加压力。

（4）锯削钢材时应加少许机油对锯条进行润滑。

（5）锯条参与锯削的长度不应小于锯条长度的 2/3。

（6）当锯缝歪斜时,应停止锯削,将工件转动一定角度后,重新起锯,再进行锯削。

（7）当锯削工作接近尾声时，压力要小，速度要慢，行程要短。对于将要锯断的工件，应用左手扶住工件，或留一点余量用手掰断。

（三）常见工件的锯削方法

1. 管材的锯削

锯削较大直径的管子时，一般锯至管子内壁时应退出手锯，然后将管子转动一定角度（转动的角度以下次锯削时不脱离原锯缝为宜），再沿原锯缝锯至管子内壁，如图 4－10 所示，重复上述过程直至将管材锯断为止。否则，将会出现锯齿被钩住而崩裂以及锯缝不平整等现象。

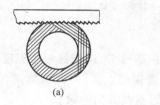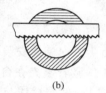

（a）　　　　　　　　　　（b）

图 4－10　管材的锯削

（a）正确　（b）错误

2. 板材的锯削

这里的板材指的是厚度大于 4 mm 的板料。板料锯削时，容易产生颤动、变形或钩住锯齿等现象。通常采用下述方法加以避免：将手锯与板料倾斜一定角度，以增加锯条与板料的接触齿数，避免产生钩齿现象，如图 4－11（a）所示；将板料夹在两木板之间，锯削时连同木板一起锯削，以增加板料的刚性，避免锯削时产生颤动或钩齿现象，如图 4－11（b）所示。

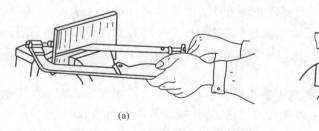

（a）　　　　　　　　　　（b）

图 4－11　板材的锯削

（a）斜推锯法　（b）夹在木板中锯削

3. 深缝件的锯削

锯削深缝件时，锯缝的深度大于锯弓的高度，正常安装锯条的方法无法完成锯削工作，如图 4－12（a）所示。这时可将锯条转过 90°重新安装，如图 4－12（b）所示，使锯弓处于工件的外侧；如果将锯条转过 90°重新安装后，锯弓与工件发生干涉或不便操作时，则应将锯弓转过 180°后重新安装，如图 4－12（c）所示，使锯弓处于工件的下方，以便进行锯削加工。

四、任务实施

（一）准备工作

长度为 103 mm 的 φ32 mm 的 45 钢棒料一件，0.02 mm/（0～150）mm 游标卡尺、可调式锯弓、台虎钳各一个，粗齿锯条若干。

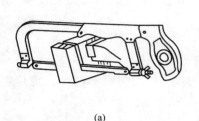
(a)

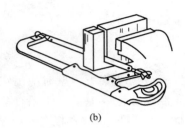
(b)

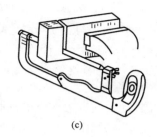
(c)

图 4 – 12　深缝件的锯削

（a）锯条正常安装　（b）锯条转 90°安装　（c）锯条转 180°安装

（二）操作步骤

（1）将粗齿锯条的齿尖方向朝前安装在锯弓上，调节好松紧程度。

（2）将已划好线的工件竖着装夹在台虎钳的左面，应使锯缝离开钳口侧面约 20 mm，锯缝线要与钳口侧面保持平行（使锯缝线与铅垂线方向一致）。

（3）调整好站立位置和姿势，右手握持锯弓，左手拇指按住锯削位置，用远起锯方法开始锯削。锯条吃入一定深度后，改为双手握持锯弓以每分钟往复 40 次左右的速度进行锯削加工；当锯弓要与工件碰撞时，要重新安装锯条，采用深缝件的锯削方法进行锯削；锯削完一个表面后，要重新安装工件，锯削另一表面，直至 4 个面全部加工完为止。

（4）清除飞边、毛刺。

（5）根据图样要求用游标卡尺的外卡爪检测工件的尺寸。

（三）注意事项

（1）装夹工件时要牢靠，但要避免将工件夹变形和夹坏已加工表面，工件不能露出钳口过长。夹持重要表面时，应用紫铜皮包住夹持面；夹持圆管或圆形工件时，最好采用 V 形槽夹持块。加工该课题工件时，应边锯削边调整工件的露出长度，避免工件悬伸过长而使刚性变差影响加工。

（2）注意起锯方法和起锯角度的正确性，以免一开始锯削就造成废品和锯条损坏。

（3）锯削时，不要突然用力或用力过猛，防止锯条折断崩出伤人。

（4）工件将要锯断时，压力要小，避免压力过大使工件突然断开，造成事故；同时要用左手扶住工件断开部分，防止工件落下伤人。

（5）锯削速度不宜过快，避免锯条很快磨钝。

（6）锯缝要平直，时刻观察，发现歪斜要及时纠正。

（7）锯削钢件时，可加些机油。

（8）锯削完毕，应将锯弓上调节螺母适当放松，不要拆下锯条，将其妥善放好。

五、操作训练

（1）锯削金属棒料。

（2）锯削金属板料。

六、评分标准

锯削操作的评分标准见表 4 – 1。

表 4 – 1　锯削操作的评分标准

序号	项目与技术要求	配分	检测标准	实测记录	得分
1	工件装夹方法正确	5	不符合要求酌情扣分		
2	工、量具放置位置正确,排列整齐	5	不符合要求酌情扣分		
3	握锯方法正确、自然	10	不符合要求酌情扣分		
4	锯削姿势正确、锯削速度合理	10	不符合要求酌情扣分		
5	锯削断面纹路整齐(4面)	20	总体评定(每面5分)		
6	锯条使用正确	20	每折断一根扣2分		
7	尺寸要求(22 ± 1)mm(2 处)	30	每超差 0.5 mm 扣 15 分		
8	安全文明操作		违者每次扣 2 分		

课题五 金属的錾削

● 拟学习的知识
　◎ 錾削工具
　◎ 錾削的基本知识
　◎ 板料、平面、油槽的錾削方法
● 拟掌握的技能
　◎ 錾子的选择与刃磨
　◎ 錾削加工
■ 任务说明
根据加工要求正确选用錾子，能正确刃磨錾子，掌握錾削的基本知识，学会錾削操作。

錾削是指用锤子敲击錾子对金属制件进行切削加工的方法。其工作范围是去除锻件的飞边以及铸件的毛刺和浇冒口、分割材料、去凸缘、錾沟槽及平面等。

一、任务描述

运用錾子、锤子和台虎钳，錾削如图 5 - 1 所示零件的上平面，尺寸达到图样要求，完成时间为 60 min，毛坯为 φ32mm 的 45 钢棒料。

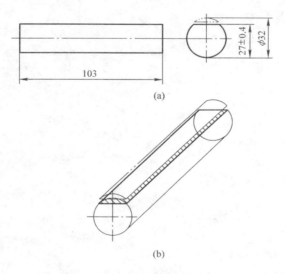

图 5 - 1　錾削平面
（a）零件图　（b）实物图

二、任务分析

要完成该工件的錾削任务，其操作步骤为划线→选择錾削工具→装夹工件→錾削加工（錾削上平面）。

下面学习与錾削相关的专业知识。

三、相关知识

（一）錾削工具

錾削的主要工具是錾子和锤子。

1. 錾子

錾子通常采用碳素工具钢（T7A 或 T8A）锻造成型，经热处理后刃磨而成。錾身一般为六棱形，长度为 125～150 mm。錾子由切削部分和头部组成。其切削部分呈楔形，由前刀面、后刀面及切削刃组成；头部有一定的锥度，顶端略带球形。

1）錾子的种类

常用的錾子有扁錾、窄錾和油槽錾三种。

（1）扁錾如图 5-2（a）所示，切削刃较长，略带圆弧，切削面较扁平，常用于錾平面、切割、去凸缘及毛刺和倒角。

（2）窄錾如图 5-2（b）所示，切削刃较短，两切削面从切削刃向錾身逐渐狭小，切削刃与錾身宽度方向呈"十字形"，常用于錾沟槽以及分割曲面、板料等。

（3）油槽錾如图 5-2（c）所示，切削刃很短，两切削刃呈弧形，主要用于錾油槽。

2）錾子的刃磨

錾子在錾削过程中，会因为磨损而变钝，降低或失去切削能力，此时必须对其进行刃磨。其刃磨方法如图 5-3 所示。启动砂轮机，待其运转平稳后，双手握紧錾子，轻微用力将其刃口放在略高于砂轮轴线的轮缘上磨削，并平稳地

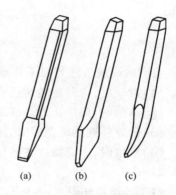

图 5-2　錾子的种类
(a) 扁錾　(b) 窄錾　(c) 油槽錾

左右移动錾子。刃磨时，应控制好錾子的方向、位置及刃口形状，并经常蘸水冷却，以免退火。錾子的几何角度如图 5-4 所示，刃磨时，要注意控制錾子楔角 β_0 的大小，一般为 50°～60°。錾削钢件或铸铁时，楔角为 60°；錾削有色金属时，楔角小于 60°。

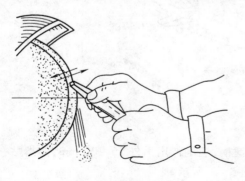

图 5-3　錾子的刃磨

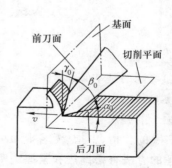

图 5-4　錾子的几何角度

砂轮机如图 5-5 所示，用于磨削各种刀具和工具（如錾子、钻头、刮刀等），也可以用来磨去工件或材料上的毛刺、锐边等。使用砂轮机时应遵守安全操作规程，严防产生砂轮碎裂和人身伤害事故。

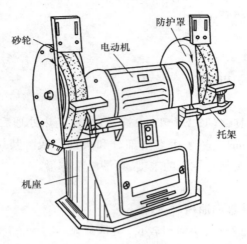

图 5 – 5　砂轮机

刃磨时一般应注意以下几点：

（1）启动后，待砂轮转速达到正常后再进行磨削；

（2）磨削时，要防止刀具或工件对砂轮发生撞击或施加过大的压力；

（3）砂轮外圆跳动严重时，应及时用修整器修整；

（4）磨削时，不要站立在砂轮的正对面，而应站在砂轮的侧面或斜对面。

2．锤子

锤子的结构如图 5 – 6 所示。锤头一般由碳钢经热处理（淬硬）制成。锤头的尺寸规格用其质量来表示，有 0.25 kg、0.5 kg、1 kg 等几种。木柄用 300 ~ 500 mm 硬而不脆的木材做成，如檀木。铁楔子是在木柄装在锤头上后，揳紧在锤头一侧木柄中的，起揳紧锤头、防止其脱落的作用。

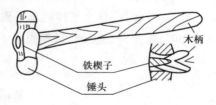

图 5 – 6　锤子

（二）錾削的基本知识

1．錾削姿势

1）锤子的握法

用右手的食指、中指、无名指和小指握紧锤柄，柄尾伸出手外 15 ~ 30 mm，拇指贴在食指上。握锤的方法有松握法和紧握法两种，如图 5 – 7 所示。

2）挥锤方法

挥锤方法有腕挥、肘挥、臂挥三种。腕挥时，只有手腕运动，锤击力较小，一般用于起錾、錾出、錾油槽等。肘挥时，手腕与肘部一起运动，锤击力较大，应用广泛，如图 5 – 8（a）所示。臂挥时，手腕、肘部与全臂一起挥动，锤击力大，一般适用于大力錾削，如图 5 – 8（b）所示。

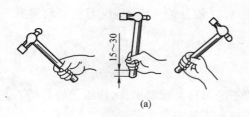
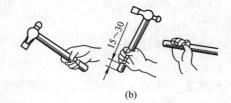

图 5 – 7 握锤方法
（a）松握法 （b）紧握法

图 5 – 8 挥锤方法
（a）肘挥 （b）臂挥

3）錾子的握法

錾子的握法有立握法、反握法和正握法三种，如图 5 – 9 所示。一般采用正握法，其握法是用左手的中指、无名指及小指弯向手心握住錾子，拇指、食指与錾子自然接触，握持錾子一般不要太用力，应自然放松，錾子头部应伸出手外 20 ~ 25 mm。

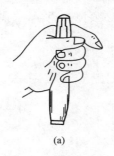

图 5 – 9 錾子的握法
（a）立握法 （b）反握法 （c）正握法

4）站立位置与姿势

錾削的站立位置与姿势和锯削操作时相同。

5）锤击錾子时的要领

（1）挥锤时，肘收臂提，举锤过肩；手腕后弓，三指微松；锤面朝天，稍停瞬间。

（2）锤击时，目视錾刃，臂肘齐下；收紧三指，手腕加劲；锤錾一线，锤走弧形；左腿着力，右腿伸直。

（3）锤击要稳、准、有力、有节奏,锤击速度一般以每分钟 40～50 次为宜。起錾及錾削快结束时锤击力要轻。

2. 錾削的基本操作

1）起錾

如图 5－10 所示,起錾时,应使錾身水平,錾子的刃口要抵紧工件,使錾子容易切入。錾槽时,应从开槽部分的一端边缘起錾;錾平面时,应从工件尖角处起錾。

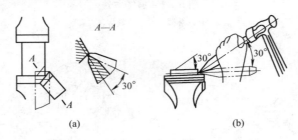

图 5－10 起錾方法

（a）平面起錾 （b）油槽起錾

2）錾削

錾削分粗錾和精錾,操作者应根据被錾削材料的情况控制錾子的前角与后角。粗錾时后角一般取 2°～3°,精錾时取 5°～8°。錾削余量一般为 0.5～2 mm,当余量大于 2 mm 时,应分几次錾削。在錾削过程中,一般每錾削 2～3 次后,可将錾子退回一些,做一次短暂的停顿,然后再将刃口顶住錾削处继续錾削。这样,既可随时观察錾削表面的平整情况,又可使手臂肌肉有节奏地得到放松。

3）錾出

錾出方法如图 5－11 所示,当錾削至终端 10～15 mm 时,必须掉头,再錾去剩余部分材料,以避免錾削剩余部分时出现崩裂现象。

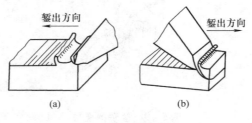

图 5－11 錾出方法

（a）正确 （b）错误

（三）板料、平面、油槽的錾削方法

1. 板料的錾削

錾削厚度在 2 mm 以下的小尺寸薄板时,可将板料按划线位置夹持在台虎钳上,且使划线与钳口平齐,用扁錾沿着钳口,斜对板料,自右向左对其进行錾削,如图 5－12 所示。錾削厚度较大或尺寸较大的薄板时,应在软铁垫、铁砧或旧平板上进行,如图 5－13 所示。錾削轮廓较复杂的工件时,可在轮廓线周围预先钻出密集的小孔后,再进行錾削,以提高錾削效率,如图 5 – 14 所示。

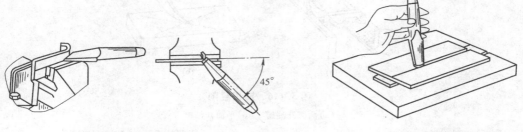

图 5 – 12　薄板錾削　　　　　　　图 5 – 13　厚板錾削

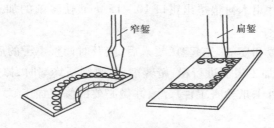

图 5 – 14　复杂轮廓錾削

2. 平面的錾削

錾削较窄平面可以用扁錾直接完成;錾削较宽平面时,应先用窄錾开数条槽,然后用扁錾錾去剩余部分,如图 5 – 15 所示。

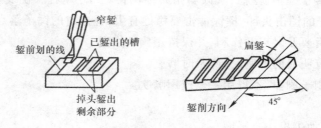

图 5 – 15　平面錾削
(a)窄平面錾削　(b)宽平面錾削

3. 油槽的錾削

选择宽度等于油槽宽度的油槽錾。在平面上开油槽与錾削平面相同。在曲面上錾油槽时,錾子的倾斜程度要随曲面的变化而变化,保证后角不变,如图 5 – 16 所示。錾好后,应用刮刀或油石修去槽边的毛刺。

四、任务分析

(一)准备工作

长度为 103 mm 的 φ32mm 的 45 钢棒料一件,0.02 mm/(0 ~ 150) mm 游标卡尺、台虎钳、锤子(1 kg)和已磨好的扁錾各一个。

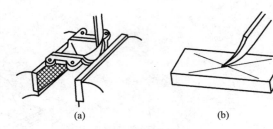

图 5 – 16 油槽錾削

（a）曲面开油槽　（b）平面开油槽

（二）操作步骤

（1）将已划线的工件用木衬垫垫出钳口 10～15 mm，使錾削的加工线处于水平面内，夹紧在台虎钳上。

（2）调整好站立位置和姿势，先起錾，錾入后，应及时调整錾子的后角，以每分钟 40～50 次的锤击速度对工件的加工表面进行粗、精錾削，将錾削至终端时，掉头錾去剩余部分材料。

（3）用游标卡尺的外卡爪检查工件尺寸，并做必要的修整加工。

（三）注意事项

（1）工件装夹要牢固，防止錾削时飞出伤人。

（2）錾削前应检查锤头与锤柄，如发现锤子木柄有松动或损坏，要立即装牢或更换；锤子、錾子的头部和木柄上要避免沾有油污，以免使用时滑出。

（3）錾削时不能戴手套，錾子与锤子不能对着其他人。

（4）自然地将錾子握正、握稳，其倾斜角始终保持在 35°左右。视线要对着工件的錾削部位，不可对着錾子的锤击头部，挥锤锤击要稳健有力，锤击时的锤子落点要准确。

（5）錾子用钝后要及时刃磨锋利，并保持正确的楔角。

（6）錾子头部有明显的毛刺时，应及时磨去。

（7）錾屑要用刷子刷掉，不得用手擦或用嘴吹。

五、操作训练

（1）錾削铸铁，加工出一个平面。

（2）錾削油槽。

六、评分标准

錾削操作的评分标准见表 5 – 1。

表 5 – 1　錾削操作的评分标准

序号	项目与技术要求	配分	检测标准	实测记录	得分
1	工件装夹方法正确	5	不符合要求酌情扣分		
2	工、量具摆放位置正确、排列整齐	5	不符合要求酌情扣分		
3	站立位置和身体姿势正确、自然	15	不符合要求酌情扣分		
4	握錾方法正确、自然	5	不符合要求酌情扣分		
5	錾削角度掌握稳定	5	不符合要求酌情扣分		
6	握锤方法与挥锤动作正确	5	不符合要求酌情扣分		

序号	项目与技术要求	配分	检测标准	实测记录	得分
7	錾削时视线方向正确	5	不符合要求酌情扣分		
8	挥锤、锤击稳健有力	10	不符合要求酌情扣分		
9	锤击落点准确	10	不符合要求酌情扣分		
10	尺寸要求(27±0.4)mm	25	每超差0.2 mm扣10分		
11	錾削痕迹整齐	10	总体评定,酌情扣分		
12	安全文明操作		违者每次扣2分		

课题六　金属的锉削

●拟学习的知识
　◎锉削工具
　◎锉削的基本知识
　◎平面和圆弧的锉削方法
●拟掌握的技能
　◎锉刀的选用
　◎锉削操作
■任务说明
能正确选用锉刀,掌握锉削的基本知识,学会锉削操作。

锉削是用锉刀对工件表面进行切削加工的方法。锉削一般是在錾削或锯削之后再对工件进行的加工。

锉削常用于平面、曲面、孔和沟槽等表面的加工,还可以修整具有特殊要求的几何形体。在机器的装配、修理、模具制作等方面得到广泛应用,是钳工操作的重要工艺手段之一。

一、任务描述

运用锉刀和台虎钳,锉削课题五中被加工零件已錾削过的平面,尺寸达(25±0.2)mm,表面粗糙度为 $Ra6.3~\mu m$,完成时间为 120 min。

二、任务分析

要完成该工件的锉削任务,其操作步骤为选择锉削工具和量具→装夹工件→锉削加工(锉削上平面)。

下面学习与锉削相关的专业知识。

三、相关知识

(一)锉刀

1. 锉刀的结构

锉刀是锉削的主要工具。锉刀由锉身和锉刀柄组成,如图 6-1 所示。锉刀柄一般采用木柄,并在其头部套有铁箍。锉身由锉刀面、锉刀边、锉刀尾和锉刀舌组成,它一般由碳素工具钢制成,其硬度为 62HRC 左右。锉刀面是指锉身的上下平面(两面都制有锉齿),它是锉刀的主要工作表面。锉刀边是锉身的两侧面,分为有齿和无齿两种。锉刀尾是锉身上没有齿的一端,与锉刀舌相连。锉刀舌呈楔形,用于安装锉刀柄。

2. 锉刀的种类及规格

1)锉刀的种类

按照锉刀的用途不同,锉刀可分为普通钳工锉、什锦锉和异形锉三类。普通钳工锉按其断面形状的不同又可分为平锉(又称板锉或扁锉)、方锉、三角锉、半圆锉和圆锉五种,如图 6-2(a)所示。什锦锉是将同一长度和不同端面形状的锉刀分成一组,每组通常由 5、6、8、

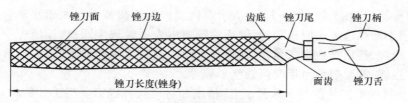

图 6-1　锉刀的结构

10、12 把锉刀组成,如图 6-2(b)所示。异形锉按其断面形状的不同,可分为菱形锉、椭圆锉和圆肚锉等,如图 6-2(c)所示,一般将断面形状不同而长度相同的异形锉分为一组。

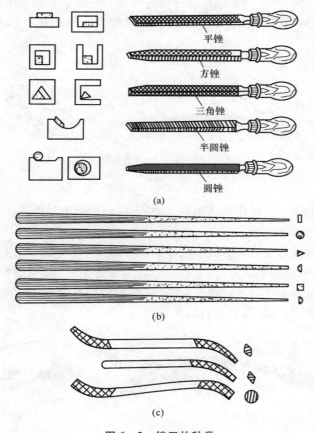

平锉

方锉

三角锉

半圆锉

圆锉

(a)

(b)

(c)

图 6-2　锉刀的种类

(a)普通钳工锉　(b)什锦锉　(c)异形锉

2)锉刀的规格

锉刀的规格采用不同的参数来表示。圆锉刀的规格以其直径表示,方锉刀的规格以其正截面的边长大小表示,其他锉刀的规格则以锉身的长度表示。

3. 锉刀的选择

不同尺寸规格及种类的锉刀有不同的用途和使用寿命。选择不当,就不能充分发挥各自的作用,甚至会过早地丧失其切削能力,造成不必要的浪费。所以,应根据实际加工情况合理地选用锉刀。

(1)根据被锉削表面的形状选择锉刀的断面形状。选择时,应使锉刀的断面形状与被锉削表面的形状相适应,如图6-2(a)所示。例如锉削凸圆弧表面或相互垂直的两平面时选平锉,锉削小圆弧内表面时选圆锉,锉削大圆弧内表面时选半圆锉,锉削有一定夹角的两平面时选三角锉、菱形锉或扁三角锉,锉削内直角表面时选平锉或方锉,锉削形状较复杂的表面时选异形锉,需要表面整形时可选整形锉等。

(2)根据被锉削工件的加工余量、加工精度和材质选择锉刀。当工件的材质软、加工余量大、精度低和表面粗糙度差时,可选用粗齿锉刀;否则,选用细齿锉刀。

(二)锉削的基本知识

1. 锉刀的握法

锉削时右手握住锉刀柄,左手放在锉身的另一端。一般右手都采用如图6-3所示的握锉刀方法,即将锉刀柄的柄端顶在右手掌心,拇指自然伸直压在锉刀柄上,其余四指由下而上弯曲握紧锉刀柄。

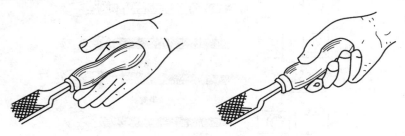

图6-3 锉刀的握法

锉刀尺寸规格的大小及使用场合不同,则锉刀的握法也不相同。

1)较大规格锉刀的握法

较大规格锉刀的握法有三种,如图6-4所示。图6-4(a)所示为左手掌横放在锉刀最前端的上方,用拇指根部的手掌轻压在锉身头部,其余四指弯曲,中指和无名指勾住锉刀前端。图6-4(b)所示为左手斜放在锉身前端,除拇指外的其余四指自然弯曲。图6-4(c)所示为左手斜放在锉身前端,各手指自然平放。

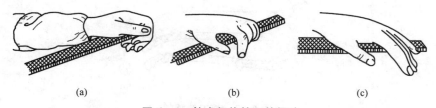

(a)   (b)   (c)

图6-4 较大规格锉刀的握法

2)中等规格锉刀的握法

使用中等规格锉刀时,一般用右手握住锉刀柄,用左手的拇指和食指轻轻捏住锉身的端部,将锉刀端平,如图6-5所示。

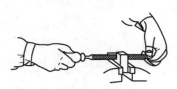

图6-5 中等规格锉刀的握法

3）较小规格锉刀的握法

使用较小规格锉刀时，一般用右手握住锉刀柄，左手四指均压在锉刀的中部，或用食指、中指勾住锉刀尖，拇指压在锉刀中部，如图 6-6 所示。什锦锉一般只用右手握持，食指放在锉身上面，其余四指握紧锉刀柄，如图 6-7 所示。

图 6-6　较小规格锉刀的握法

图 6-7　什锦锉的握法

2. 锉削的姿势

锉削时的站立位置、姿势以及锉削的动作与锯削基本相同。锉削时，身体的前后摆动与手臂的往复锉削运动要协调、自然，节奏一致，速度适中，一般以每分钟往复 30～60 次为宜。

3. 锉削的施力方法

现以锉削平面为例，说明锉削时的施力方法。锉削时，两手加在锉刀上的力要适当，应使锉刀保持平衡，让锉刀做平直的锉削运动。

（1）开始锉削时，左手施加较大的压力，右手施加较小的压力，并施加大的推力，使锉刀平稳地向前运动，如图 6-8（a）所示。

（2）随着锉削行程的逐渐增大，右手的压力应逐渐增加，左手的压力应逐渐减小，当到达锉削行程的一半时，两手的压力要相等，使锉刀处于水平状态，如图 6-8（b）所示。

（3）当锉削行程继续增加，右手的压力继续增大，左手压力继续减小，直至锉削行程的终点，如图 6-8（c）所示。

（4）锉削回程时，将锉刀抬起，快速返回到开始位置，为下一次锉削做准备，如图 6-8（d）所示。

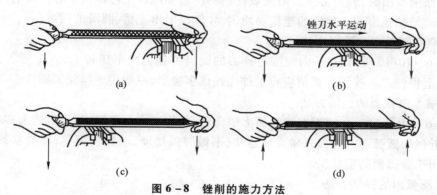

图 6-8　锉削的施力方法

（三）平面和圆弧面的锉削方法

1. 平面的锉削方法

1）顺向锉削法

顺向锉削法是指将锉刀沿着同一方向对工件进行锉削的方法，是最基本的锉削方法之一。锉削方向一般与工件的夹持方向相同，如图 6-9（a）所示。此法获得的表面具有锉纹均匀一致、清晰、美观和表面粗糙度较小的特点。

2)交叉锉削法

交叉锉削法是指锉刀的运动方向是交叉进行锉削的方法。一般先从一个方向锉完整个平面,然后再从另一个方向锉削该平面。锉刀运动方向与夹持工件的方向呈 30°～40°夹角,如图 6 - 9(b)所示。此法锉刀与工件的接触面积比顺锉法大,容易锉平,平面度较好。

3)推锉法

推锉法是指用双手横握锉刀的两端往复推动锉刀进行锉削的方法,如图 6 - 9(c)所示,锉纹与顺向锉削法相同,一般用于窄长平面、修整平面及降低表面粗糙度数值或加工余量较小的场合。

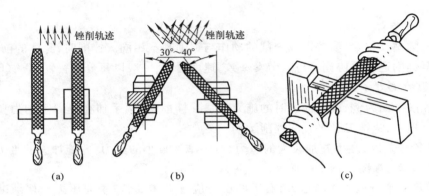

图 6 - 9 平面的锉削方法
(a)顺向锉削法 (b)交叉锉削法 (c)推锉法

2. 圆弧面的锉削方法

1)凸圆弧面的锉削方法

锉削凸圆弧面时,锉刀必须同时完成向前的推进和绕着工件圆弧中心摆动的两个运动,这两个运动要相互协调。锉削的速度要均匀,才能锉削出光整、圆滑的圆弧。

Ⅰ.顺着圆弧面的锉削方法

如图 6 - 10(a)所示,右手向前推进锉刀的同时施加力向下压锉刀,左手随着向前运动的同时向上提锉刀。锉削圆弧前应将工件先锉成多棱形,一般用于精加工圆弧。

Ⅱ.横着圆弧面的锉削方法

如图 6 - 10(b)所示,锉刀在圆弧面上顺向锉削,加工出多棱形;然后再锉去多棱形的棱角,得到近似的圆弧面。锉刀只做直线运动,不做圆弧摆动,动作较简单,容易掌握,效率较高,一般用于圆弧面的粗加工。

2)凹圆弧面的锉削方法

Ⅰ.复合运动锉削法

锉削时,要同时完成锉刀向前的推进、锉刀沿着圆弧面的左右摆动以及绕锉刀轴心线的转动,如图 6 - 11(a)所示,一般用于精加工圆弧。

Ⅱ.顺向锉削法

锉刀只做直线运动,如图 6 - 11(b)所示。锉削后的表面呈多棱边形,一般适用于粗加工。

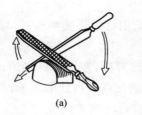
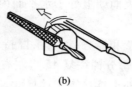

(a)   (b)

图6－10　凸圆弧面的锉削方法

（a）顺着圆弧面锉　（b）横着圆弧面锉

Ⅲ. 推锉法

其操作方法与平面的推锉法相同,如图6－11(c)所示,适用于窄圆弧表面的修整及精加工。

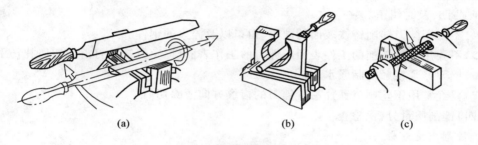

(a)   (b)   (c)

图6－11　凹圆弧面的锉削方法

（a）复合运动锉削法　（b）顺向锉削法　（c）推锉法

3）球面的锉削方法

锉削时,锉刀在完成外圆弧面锉削的复合运动的同时,还必须环绕球心做周向摆动,如图6－12所示。

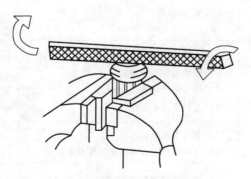

图6－12　球面的锉削方法

四、任务实施

（一）准备工作

课题五已錾削加工过的零件,0.02 mm/(0～150) mm 游标卡尺、钢直尺、台虎钳、粗齿平锉刀各一个。

（二）操作步骤

（1）将零件的加工表面朝上处于水平面内，用衬垫将其垫至钳口附近，夹紧在台虎钳的中央。

（2）调整好站立位置和姿势，用右手握持锉刀柄，左手扶持锉刀前端，采用正确的施力方式，用交叉锉削法，以每分钟往复45次左右的速度进行锉削加工。

（3）用游标卡尺的外卡爪检查工件尺寸。

（三）注意事项

（1）工件伸出钳口的高度不能过高。不规则的工件要用木块或V形架作衬垫；夹持已加工表面或精密表面时，用紫铜皮包住夹持面或采用铜质钳口垫进行装夹；对于较长的薄板工件要加夹板夹持。

（2）装夹工件时的夹紧力要合适，既要夹牢，又不能使工件变形，更不能夹伤工件。

（3）每完成一次平面的锉削，要用钢直尺的窄边放在加工平面的两对角观察其漏光情况，发现凸凹，及时纠正。

（4）不能用锉刀锉削铸铁表面的硬皮、白口以及淬火的钢件。

（5）不要用手摸锉削的工件表面或锉刀的工作表面，以免再锉时打滑或切屑扎伤手。

（6）锉刀严禁接触油脂或水。

（7）要经常用钢丝刷或铁片沿着锉刀的齿纹方向清除切屑。

（四）锉削质量分析、检查

1. 锉削质量分析

常见锉削缺陷及原因见表6-1。

表6-1 常见锉削缺陷及原因

缺 陷 形 式	原 因
表面夹出痕迹	（1）夹持时，台虎钳钳口没有垫软金属或木块； （2）夹紧力太大
空心工件被夹扁	（1）装夹时，没有用V形铁或弧形木块； （2）夹紧力太大
平面中凸、塌边、塌角	（1）操作时双手用力不平衡； （2）锉削姿势不正确； （3）锉刀面中凹或扭曲； （4）工件装夹不正确
工件尺寸不合格	（1）划线不正确； （2）锉削时没有及时测量或测量有误差
表面太粗糙	（1）精锉时采用粗锉刀； （2）粗锉刀痕太深； （3）切屑嵌在锉刀齿纹中没有清除，把表面拉毛； （4）锉直角时，没采用带光面的锉刀

2. 锉削质量检查

（1）用钢直尺和90°角尺以透光法检查工件的直线度，如图6-13（a）所示。

（2）用90°角尺采用透光法检查垂直度,其方法是先选择基准面,然后对其他各面进行检查,如图6－13(b)所示。

（3）检查尺寸是指用游标卡尺在工件全长不同的位置上进行数次测量。

（4）检查表面粗糙度一般用眼睛观察即可,如要求准确,可用表面粗糙度样板对照进行检查。

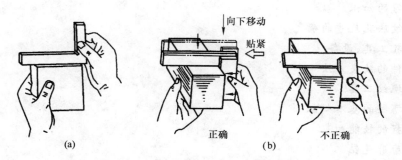

向下移动

贴紧

正确　　　不正确

(a)　　　　　　(b)

图6－13　用90°角尺检查直线度和垂直度

（a）检查直线度　（b）检查垂直度

五、操作训练

（1）锉圆弧面。

（2）零件的倒角及去毛刺训练。

六、评分标准

锉削操作的评分标准见表6－2。

表6－2　锉削操作的评分标准

序号	项目与技术要求	配分	检测标准	实测记录	得分
1	工件装夹方法正确	5	不符合要求酌情扣分		
2	工、量具摆放位置正确、排列整齐	5	不符合要求酌情扣分		
3	站立位置和身体姿势正确、自然	10	不符合要求酌情扣分		
4	锉刀握法正确、自然	5	不符合要求酌情扣分		
5	锉削过程自然、协调	10	不符合要求酌情扣分		
6	表面粗糙度 $Ra6.3\mu m$	15	不符合要求酌情扣分		
7	尺寸要求(25±0.2) mm	30	每超差0.1 mm扣10分		
8	锉削表面平整	20	总体评定,酌情扣分		
9	安全文明操作		违者每次扣2分		

课题七 攻 螺 纹

● **拟学习的知识**
　◎ 螺纹底孔尺寸的确定
　◎ 钻孔工具、设备
　◎ 工件的装夹方法
　◎ 攻螺纹工具
　◎ 攻螺纹的基本知识
● **拟掌握的技能**
　◎ 刃磨麻花钻
　◎ 钻头的装夹和拆卸
　◎ 攻螺纹操作
■ **任务说明**

　　掌握钻孔工具和钻孔设备的选择,掌握钻头和工件的装夹方法,学会钻孔,会选择攻螺纹工具,掌握攻螺纹的基本知识,学会攻螺纹。

　　攻螺纹是指采用丝锥在工件孔中切削出内螺纹的工艺方法。

一、任务描述
　　运用钻头、钻床、丝锥、铰杠加工如图7-1所示工件 M12 的螺纹孔,材料为 45 钢板,完成时间为 120 min。

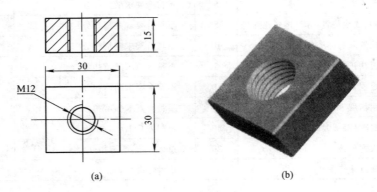

(a)　　　　　　　　　　　(b)

图 7-1　方螺母
(a)零件图　(b)实物图

二、任务分析
　　要完成该工件上螺纹孔的加工任务,其操作步骤为划线→确定螺纹底孔尺寸→选择钻孔工具和量具→选择钻孔设备→装夹工件→加工螺纹底孔→选择攻螺纹的工具→再次装夹工件→攻螺纹。

三、相关知识

（一）螺纹底孔尺寸的确定

1. 螺纹底孔直径的确定

由于攻螺纹时有较强的挤压作用，使金属产生塑性变形而形成凸起挤向牙尖。因此，攻螺纹前的底孔直径应略大于螺纹小径。螺纹底孔直径的大小应考虑工件材质，可查阅有关手册（见表 7-1），也可以按经验公式确定。

表 7-1 普通螺纹攻丝前钻底孔的钻头直径 （mm）

螺纹直径	螺距	钻头直径		螺纹直径	螺距	钻头直径	
		铸铁、青铜、黄铜	钢、可锻铸铁、紫铜、层压板			铸铁、青铜、黄铜	钢、可锻铸铁、紫铜、层压板
2	0.4	1.6	1.6	14	2	11.8	12
	0.25	1.75	1.75		1.5	12.4	12.5
2.5	0.45	2.05	2.05		1	12.9	13
	0.35	2.15	2.15	16	2	13.8	14
3	0.5	2.5	2.5		1.5	14.4	14.5
	0.35	2.65	2.65		1	14.9	15
4	0.7	3.3	3.3	18	2.5	15.3	15.5
	0.5	3.5	3.5		2	15.8	16
5	0.8	4.1	4.2		1.5	16.4	16.5
	0.5	4.5	4.5		1	16.9	17
6	1	4.9	5	20	2.5	17.3	17.5
	0.75	5.2	5.2		2	17.8	18
8	1.25	6.6	6.7		1.5	18.4	18.5
	1	6.9	7		1	18.9	19
	0.75	7.1	7.2	22	2.5	19.3	19.5
10	1.5	8.4	8.5		2	19.8	20
	1.25	8.6	8.7		1.5	20.4	20.5
	1	8.9	9		1	20.9	21
	0.75	9.1	9.2	24	3	20.7	21
12	1.75	10.1	10.2		2	21.8	22
	1.5	10.4	10.5		1.5	22.4	22.5
	1.25	10.6	10.7		1	22.9	23
	1	10.9	11				

（1）加工钢件或塑性较大的材料时，一般取

$$d_0 = D - P$$

式中　d_0——螺纹底孔用钻头直径（mm）；

　　　D——螺纹大径（mm）；

　　　P——螺距（mm）。

（2）加工铸铁或塑性较小的材料时，一般取

$$d_0 = D - (1.05 \sim 1.1) P$$

2. 螺纹底深度的确定

为了保证螺纹的有效工作长度，钻螺纹底孔时，螺纹底孔的深度计算公式为

$$H = h + 0.7D$$

式中　　h——螺纹的有效长度（mm）。

（二）钻孔工具

麻花钻是应用最广泛的钻孔工具。

1. 麻花钻的结构

麻花钻一般用高速钢（W18Cr4V 或 W6Mo5Cr4V2）制成，淬火后其硬度达到 62 ~ 68HRC，其结构如图 7 - 2 所示。

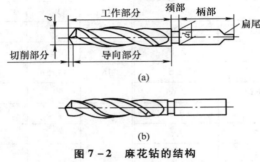

图 7 - 2　麻花钻的结构

（a）锥柄钻头　（b）直柄钻头

1）柄部

麻花钻的柄部起传递扭矩、轴向力和夹持麻花钻的作用。麻花钻的柄部分为直柄和莫氏锥柄两种。莫氏锥柄的末端有一扁尾，与主轴中的扁尾孔配合，起防止钻削时打滑和拆卸钻头的作用。

2）颈部

颈部是磨削麻花钻的退刀槽，通常用于标注钻头的材料、尺寸规格和商标。

3）工作部分

麻花钻的工作部分由切削部分和导向部分组成。切削部分起切削工件的作用，其结构如图7 - 3所示。导向部分由螺旋槽和棱边组成，起引导钻头、引入切削液和排屑的作用。

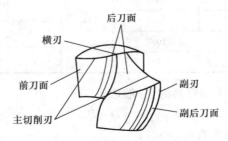

图 7 - 3　麻花钻切削部分的结构

2. 麻花钻的刃磨与修磨

1）麻花钻的刃磨方法

一般只刃磨麻花钻后刀面，如图7-4所示。一般步骤如下。

（1）使钻头的轴线与砂轮母线在水平面内的夹角为顶角 2φ 的一半（59°）左右，同时钻头柄部向下倾斜。

（2）刃磨时，以右手为定位支点，使钻头绕其轴线转动，同时左手握住钻头柄部上下摆动。一般右手应使钻头顺时针转动约40°，同时左手上下摆动的幅度为8°~26°。

（3）刃磨好一条主切削刃后，将钻头旋转180°，用同样的方法再刃磨另一条主切削刃。

（4）刃磨后，将钻头切削部分向上竖立，两眼平视，反复观察两条主切削刃的长短、高低和后角的大小；必要时可用样板检查钻头的顶角，如图7-5所示。如有偏差必须进行修磨，直至两条主切削刃对称为止。

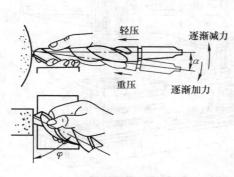

图 7-4 麻花钻的刃磨方法

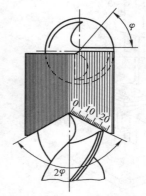

图 7-5 用样板检查顶角

2）刃磨时的注意事项

（1）选择粒度为46~80的氧化铝砂轮，砂轮的硬度选中软级为宜，刃磨前应对砂轮做必要的修整。

（2）左手摆动钻柄时，柄部不能超过水平面，以免磨成负后角。

（3）两手动作应协调、自然，由刃口向后刀面方向刃磨。

（4）刃磨后，两条主切削刃应对称于钻头轴线，且顶角为118°±2°，外圆处的后角为8°~14°，横刃斜角为50°~55°。

（5）刃磨时，压力不宜过大，应均匀摆动，并经常蘸水冷却，以防止钻头过热退火而降低其硬度。

（三）钻孔设备

钻床是钳工用来钻孔的主要设备，常用的有台式钻床、立式钻床和摇臂钻床。

1. 台式钻床

台式钻床简称台钻，如图7-6所示。其最大钻孔直径一般为15 mm，最小可以加工0.1 mm左右的微孔，钻孔深度一般在100 mm以内。

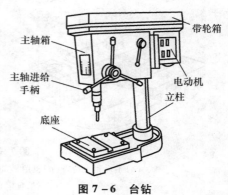

图 7-6 台钻

2. 立式钻床

立式钻床简称立钻,如图7-7所示。它的最大钻孔直径有25 mm、35 mm、40 mm 和 50 mm 等几种。

3. 摇臂钻床

摇臂钻床如图7-8所示。它主要用于大、中型零件以及在同一平面内不同位置上的多孔加工,其最大钻孔直径有25 mm、35 mm、40 mm、50 mm 和80 mm 等几种。

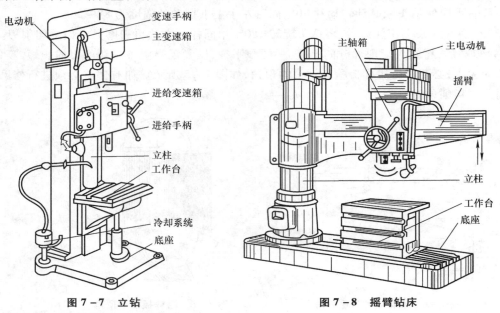

图7-7 立钻　　　　　　　　图7-8 摇臂钻床

(四)工件的装夹方法

工件的装夹方法一般根据孔径及工件形状来确定,一般有以下几种。

(1)采用手虎钳夹持工件,如图7-9(a)所示,适用于小型工件和薄板小工件。

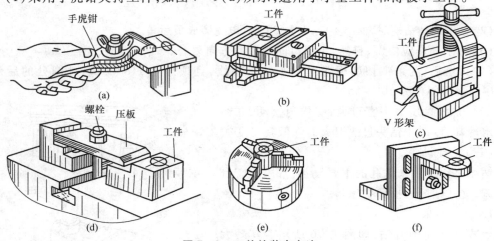

图7-9 工件的装夹方法

(a)手虎钳夹持　(b)机用平口虎钳夹持　(c)V形架夹持　(d)螺栓压板夹持

(e)三爪自定心卡盘夹持　(f)专用夹具夹持

（2）采用机用平口虎钳夹持工件，如图 7-9（b）所示，适用于中小型平整工件。若钻削力较大时，可将机用虎钳固定在钻床工作台上。

（3）采用 V 形架夹持工件，如图 7-9（c）所示，适用于加工轴套类零件外圆柱面上的孔。采用 V 形架夹持工件时，一般应与螺旋夹紧机构或螺旋压板夹紧机构配合使用。

（4）采用螺栓压板夹持工件，如图 7-9（d）所示。

（5）采用三爪自定心卡盘夹持工件，如图 7-9（e）所示，适用于加工轴向尺寸较小的轴套类零件端面上的孔。

（6）采用专用夹具夹持工件，如图 7-9（f）所示，适用于不便于用上述方法夹持的形状不规则的零件。

（五）钻孔的基本知识

1. 钻头的装夹

除少数钻头可以直接安装在钻床上外，大多数钻头都需要辅具才能安装在钻床的主轴上，常见的辅具有以下两种。

1）钻头套

钻头套又称中间套筒或过渡套筒，如图 7-10（a）所示。先将钻头装于钻头套中，再将其装到主轴孔中。钻头套主要用于装夹不能直接与钻床主轴孔相配的锥柄钻头。

2）标准钻夹头

标准钻夹头又称扳手钻夹头，如图 7-10（b）所示。通过钻钥匙的转动，使钻夹头上的三个卡爪伸出或缩进，将钻头松开或夹紧。标准钻夹头一般用于直柄钻头装夹。

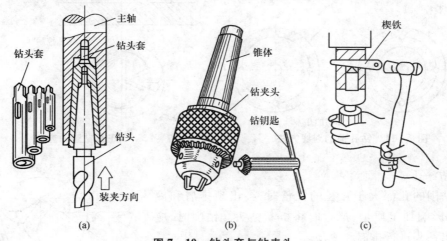

图 7-10 钻头套与钻夹头

（a）锥柄钻头的装夹方法　（b）钻夹头　（c）拆钻夹头的方法

直柄钻头用标准钻夹头装夹，锥柄钻头用钻头套或直接装在主轴孔中。锥柄钻头的装夹方法如图 7-10（a）所示，首先将钻头、钻头套和主轴孔分别擦拭干净，然后将钻头和钻头套装夹在一起，最后将其装在主轴上。安装锥柄钻头时可摇动操作手柄，使主轴带动钻头向垫在工作台的木板冲击两次来完成。拆钻夹头的方法如图 7-10（c）所示。

2. 钻孔的安全知识

（1）钻孔前检查钻床的润滑、调速是否良好，工作台面应清洁干净，不准放置刀具、量具等物品。

（2）操作钻床时不可戴手套，袖口必须扎紧，女生戴好工作帽。

（3）工件必须夹紧、牢固。

（4）开动钻床前，应检查钻钥匙或楔铁是否插在钻轴上。

（5）操作者的头部不能太靠近旋转的钻床主轴，停车时应让主轴自然停止，不能用手刹住，也不能反转制动。

（6）钻孔时不能用手和棉纱或用嘴吹来清除切屑，必须用刷子清除，长切屑或切屑绕在钻头上要用钩子勾去或停车清除。

（7）严禁在开车状态下装拆工件，检验工件和变速须在停车状态下完成。

（8）清洁钻床或加注润滑油时，必须切断电源。

3．钻孔方法

1）划线钻孔

在钻孔处划线，并打样冲眼，如图7-11所示。钻孔时，先用钻头在圆心样冲眼处锪一浅孔（约为孔径的1/4），并检查孔是否正确。如果钻偏，纠正后再钻出整个孔。在孔将钻穿时，应减小进给量，以免折断钻头或因钻头摆动而影响钻孔质量；钻盲孔时，应注意控制钻孔的深度，以避免钻深出现质量事故。

当孔的偏斜较小时，可用样冲将孔中心冲大进行校正。如果偏斜较大，可在借正部位（理想的孔中心）多打几个样冲眼，使之形成一个大的样冲孔进行校正；也可以用窄錾或油槽錾在借正部位錾几条窄槽进行校正，如图7-12所示。

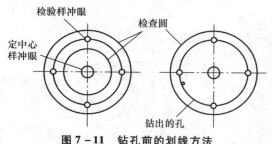

图7-11 钻孔前的划线方法

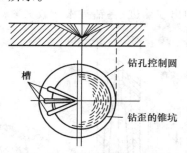

图7-12 纠正孔钻歪的方法

2）钻深孔

当钻削的孔深大于孔径的三倍时，会出现排屑和冷却困难，影响加工质量，严重时将折断钻头。钻削时，应及时退出钻头进行排屑和冷却。

3）钻薄板孔

在薄板（即厚度小于1.5 mm）上钻孔时，钻孔的中心不容易控制，会出现多边形孔、孔口飞边和毛刺、薄板变形、孔被撕裂等现象；如果进给量过大，还会引起扎刀。在薄板上钻孔时，采用薄板钻头（又称三尖钻）可以克服上述现象的产生。薄板钻头的结构如图7-13所示。

4）钻大孔

当钻直径超过30 mm的孔时应该分两次钻削，即第

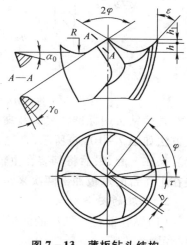

图7-13 薄板钻头结构

一次用$(0.5\sim0.7)D$的钻头先钻,然后再用所需直径(D)钻头将孔扩大到所需要的直径。分两次钻削既有利于钻头的使用(负荷分担),也有利于提高钻孔质量。

(六)钻孔时常见的废品形式及产生原因

钻孔时常见的废品形式及产生原因见表$7-2$。

表$7-2$　钻孔时常见的废品形式及产生原因

废品形式	产生原因
孔径大于规定尺寸	(1)钻头两主切削刃长短不等,高度不一致; (2)钻头主轴摆动或工作台未锁紧; (3)钻头弯曲或在钻夹头中未装好,引起摆动
孔呈多棱形	(1)钻头后角太大; (2)钻头两主切削刃长短不等、角度不对称
孔位置偏移	(1)工件划线不正确或装夹不正确; (2)样冲眼中心不准; (3)钻头横刃太长,定心不稳; (4)起钻过偏没有纠正
孔壁粗糙	(1)钻头不锋利; (2)进给量太大; (3)切削液性能差或供给不足; (4)切屑堵塞螺旋槽
孔歪斜	(1)钻头与工件表面不垂直,钻床主轴与台面不垂直; (2)进给量过大,造成钻头弯曲; (3)工件安装时,安装接触面上的切屑等污物未及时清除; (4)工件装夹不牢,钻孔时产生歪斜,或工件有砂眼
钻头工作部分折断	(1)钻头已钝还在继续钻孔; (2)进给量太大; (3)未经常退屑,使钻屑在螺旋槽中阻塞; (4)孔刚钻穿未减小进给量; (5)工件未夹紧,钻孔时有松动; (6)钻黄铜等软金属及薄板料时,钻头未修磨; (7)孔已歪斜还在继续钻
切削刃迅速磨损或碎裂	(1)切削速度太高; (2)钻头刃磨不适应工件材料的硬度; (3)工件有硬块或砂眼; (4)进给量太大; (5)切削液输入不足

(六)攻螺纹的工具

攻螺纹的主要工具是丝锥和铰杠。

1. 丝锥

丝锥一般可分为手用丝锥和机用丝锥两种。丝锥结构如图$7-14$所示,由工作部分和柄部组成,工作部分又由切削部分与校准部分组成。切削部分是指丝锥前部的圆锥部分,有锋利的切削刃,起主要切削作用。校准部分起确定螺纹的直径和修光螺纹的作用,是丝锥的备磨部分。柄部是丝锥的夹持部位,起传递转矩及轴向力的作用,其截面形状一般为正方形。在丝锥上还开有 3~4 条容屑槽,以形成锋利的切削刃,起容屑和排屑的作用。

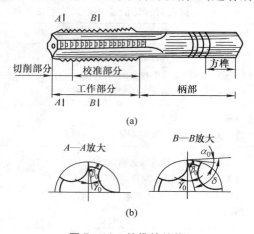

图 7 – 14　丝锥的结构

(a)丝锥结构　(b)丝锥的切削角度

2. 铰杠

铰杠是指手工攻螺纹时用于夹持丝锥进行工作的工具,如图 7 – 15 所示。铰杠可分为普通铰杠和丁字铰杠,各种铰杠又都可以分为固定式和活络式,日常生产中经常使用活络式铰杠。

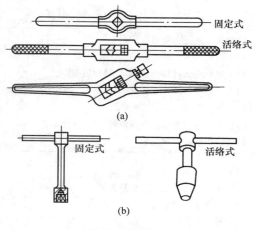

图 7 – 15　铰杠

(a)普通铰杠　(b)丁字铰杠

四、任务实施

(一)准备工作

尺寸为 30 mm×30 mm,厚度为 15 mm 的 45 钢板一件,0.02 mm/(0~150)mm 游标卡

尺、10.2 mm 的钻头、14 mm 的钻头、平口虎钳、台钻(共用)、M12 的手用头攻和二攻丝锥、铰杠、台虎钳、M12 的标准螺钉各一个。

（二）操作步骤

（1）将划好线的工件用木垫垫好,使其上表面处于水平面内,夹紧在平口虎钳上。

（2）将 10.2 mm 的钻头装夹在台钻的钻夹头上,启动台钻,观察钻头是否夹正,如未夹正,要重新装夹,直至夹正为止。

（3）钻螺纹底孔,钻通后,换 14 mm 的钻头对两面孔口进行倒角。

（4）用游标卡尺的内卡爪检查孔的尺寸。

（5）将钻好孔的工件夹紧在台虎钳上,尽量使底孔的中心线处于铅垂位置。

（6）首先用头攻进行攻螺纹,并尽量将丝锥放正,一边向下施加压力,一边转动铰杠,如图 7 – 16(a)所示;当丝锥进入工件 1～2 牙时,要检查和校正丝锥,校正时用角尺在两个相互垂直的平面内进行,如图 7 – 16(b)所示,边工作边检查和校正;当丝锥进入工件3～4牙时,丝锥的位置要正确无误;之后只需自然转动铰杠,使丝锥自然旋入工件,直至螺纹的深度尺寸,如图 7 – 16(c)所示;每正转 1/2～1 圈时,应将丝锥反转 1/4～1/2 圈,以便断屑和排屑;然后不要用力,自然反向旋转,退出丝锥,再用二攻对螺孔进行一次清理。

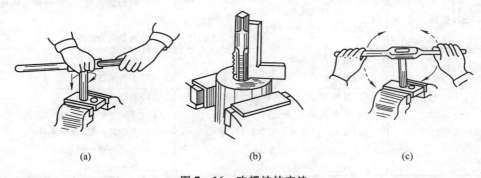

(a)　　　　　　　　　　(b)　　　　　　　　　　(c)

图 7 – 16　攻螺纹的方法

(a)起攻　(b)检查　(c)攻螺纹

（7）用 M12 的标准螺钉检查螺孔尺寸。

（三）注意事项

（1）操作钻床时,严禁戴手套或垫棉纱工作,留长发者必须将头发固定在工作帽内,工件、夹具、刀具必须装夹牢固、可靠。

（2）钻深孔或在铸件上钻孔时,要经常退刀,排除切屑,不可超范围钻削;钻通孔时,要在工件的底部垫垫板,以免钻伤工作台。

（3）开始钻孔,将钻至钻孔深度或将孔钻通时,应采用手动进给,中间过程可采用机动进给。钻削薄板上的孔或孔径小于 3～5 mm 的小孔时,一般都采用手动进给。

（4）选择合适的铰杠手柄长度,以免旋转力过大,折断丝锥。

（5）在正常攻螺纹阶段,双手作用在铰杠上的力要平衡,切忌用力过猛或左右晃动,也不能施加向下的压力,每正转 1/2～1 圈时,应将丝锥反转 1/4～1/2 圈,将切屑切断排出,加工盲孔时更要如此。

（6）转动铰杠感觉较吃力时,不能强行转动,应退出头攻,换用二攻,用手将二攻旋入螺孔中,如此交替进行攻螺纹。如果丝锥无法进退时,应用小钢丝或压缩空气清除孔内的切屑并加润滑油,将丝锥退出检查。

（7）加工通孔时,尽量不要将校准部分攻出头。

（四）攻螺纹质量分析

攻螺纹产生废品及刀具损坏的原因及防止方法见表7-3和表7-4。

表7-3 攻螺纹产生废品的原因及防止方法

废品形式	产生原因	防止方法
螺纹乱牙	（1）底孔直径太小,丝锥不易切入,造成孔口乱牙; （2）攻二锥时,未按已切出的螺纹切入; （3）丝锥磨钝,不锋利; （4）螺纹歪斜过多,用丝锥强行纠正; （5）未用合适的切削液; （6）攻螺纹时,丝锥未经常倒转	（1）根据加工材料,选择合适底孔直径; （2）先用手旋入二锥,再用铰杠攻入; （3）刃磨丝锥; （4）开始攻入时,两手用力要均匀,并注意检查丝锥与螺孔端面的垂直度; （5）选用合适的切削液; （6）多倒转丝锥,使切屑碎断
螺纹歪斜	（1）丝锥与螺孔端面不垂直; （2）攻螺纹时,两手用力不均匀	（1）开始切入时,注意丝锥与螺孔端面垂直; （2）两手用力要均匀
螺纹牙深不够	（1）底孔直径太大; （2）丝锥磨损	（1）正确选择底孔直径; （2）刃磨丝锥
螺纹表面粗糙	（1）丝锥前、后刀面及容屑槽粗糙; （2）丝锥不锋利、磨钝; （3）攻螺纹时丝锥未经常倒转; （4）未用合适的切削液; （5）丝锥前、后角太小	（1）刃磨丝锥; （2）刃磨丝锥; （3）多倒转丝锥,改善排屑; （4）选择合适切削液; （5）磨大前、后角

表7-4 丝锥崩牙或扭转损坏原因及防止方法

损坏原因	防止方法
（1）螺纹底孔直径过小,或圆杆直径太大,切削负荷大; （2）工件材料中夹有杂质或有较大砂眼; （3）工件材料硬度太高,或硬度不均匀; （4）丝锥切削部分前、后角太大; （5）铰杠过大,掌握不稳或用力过猛; （6）加工韧度大的材料(不锈钢等)时未用切削液,使工件与丝锥咬住; （7）攻盲孔螺纹时,丝锥顶住孔底,还继续用力旋转; （8）丝锥没有经常倒转,致使切屑将容屑槽堵塞; （9）刀齿磨钝; （10）丝锥或板牙位置不正,单边受力过大	（1）根据加工材料,合理选择底孔直径; （2）加工前检查材料中的砂眼,夹渣等情况,如有上列情况应小心加工; （3）加工前检查材料硬度,采用热处理措施,小心加工; （4）刃磨丝锥或板牙; （5）选择合格的铰杠,小心加工; （6）应用切削液,注意经常倒转切断切屑; （7）注意盲孔深度及丝锥攻入深度,注意排屑; （8）应经常倒转; （9）刃磨或更换丝锥; （10）注意或检查起削时丝锥或板牙对工件平面或圆杆轴线的垂直度

五、操作训练

在铸铁件或钢件上进行钻孔和攻螺纹练习。

六、评分标准

攻螺纹操作的评分标准见表7－5。

表7－5 攻螺纹操作的评分标准

序号	项目与技术要求	配分	检 测 标 准	实测记录	得分
1	工件装夹方法正确(2次)	10	不符合要求酌情扣分		
2	工、量具摆放位置正确、整齐(2次)	10	不符合要求酌情扣分		
3	台钻操作正确	20	钻头折断扣10分,其余酌情扣分		
4	10.2 mm孔尺寸	20	每超差0.1 mm扣10分		
5	攻螺纹过程自然、协调	20	丝锥折断扣10分,其余酌情扣分		
6	M12尺寸与表面质量	20	总体评定,酌情扣分		
7	安全文明操作		违者每次扣2分		

知识链接:如何取出断丝锥?

从螺孔中取出折断丝锥的基本方法。工作时丝锥折断在螺孔中,取出是十分困难的,故在攻螺纹时应尽量防止丝锥折断。万一折断,可先把切屑和丝锥碎屑清除干净(用敲击周边同时将螺孔倒置、磁性量针挑、吸碎屑等方法),加入少许润滑油。根据折断情况确定取出方法。下面介绍几种取出方法以供参考。

(1)当丝锥折断部分露出孔外时,可用钳子拧出。

(2)断丝锥未露出孔口时,可用一冲头或弯尖錾子抵在丝锥容屑槽内,顺着螺纹圆周切线方向轻轻地正反方向反复敲打,一直敲到丝锥有了松动,就能顺利取出。

(3)断丝锥完全在螺孔内时,要用自制工具旋出。旋出工具上的短柱或钢丝数应与丝锥容屑槽数相等。使用时,把旋出工具插入丝锥容屑槽,按退出方向扳转,便可旋出断丝锥。

(4)如果丝锥断在不锈钢中,可以用硝酸进行腐蚀。因为不锈钢能耐硝酸腐蚀,而高速钢丝锥则不能。因此,丝锥在硝酸的作用下很快被腐蚀,腐蚀到丝锥松动,便可取出。

(5)欲在形状复杂、加工周期较长的零件上取出断丝锥,可用电脉冲将断在工件中的丝锥腐蚀(电蚀)掉。

课题八 套 螺 纹

● 拟学习的知识
　◎ 螺杆直径的确定
　◎ 套螺纹工具
● 拟掌握的技能
　◎ 选择套螺纹工具
　◎ 套螺纹操作
■ 任务说明
掌握套螺纹杆径尺寸的确定方法,会选择套螺纹工具,学会套螺纹。

套螺纹是用圆板牙在圆柱体上加工出外螺纹的工艺方法。

一、任务分析

运用圆板牙和板牙架加工如图 8-1 所示的螺杆,材料为长 60 mm 的 φ11.7 mm 的 45 钢棒料,完成时间为 60 min。

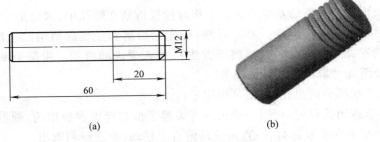

图 8-1　螺杆
(a)零件图　(b)实物图

二、任务描述

　　要完成该工件上加工外螺纹的任务,其操作步骤为确定螺纹的杆径尺寸→选择套螺纹工具→装夹工件→套螺纹操作。

三、相关知识

(一)套螺纹杆径的确定

　　由于套螺纹与攻螺纹的切削原理基本相同,因此套螺纹前毛坯圆杆的直径应小于螺纹的大径。套螺纹前圆杆的直径一般可通过查阅有关手册选取(表 8-1),也可以通过经验公式计算确定。其计算公式为

$$d_0 = d - 0.13P$$

式中　d_0——圆杆直径(mm);
　　　　d——螺纹大径(mm);

P——螺距(mm)。

表 8-1 板牙套螺纹圆杆直径的确定

粗牙普通螺纹				英制螺纹		
螺纹直径	螺距	螺杆直径		螺纹直径（英寸）	螺杆直径	
		最小直径	最大直径		最小直径	最大直径
M6	1	5.8	5.9	1/4	5.9	6
M8	1.25	7.8	7.9	5/16	7.4	7.6
M10	1.5	9.75	9.85	3/8	9	9.2
M12	1.75	11.75	11.9	1/2	12	12.2
M14	2	13.7	13.85	—		
M16	2	15.7	15.85	5/8	15.2	15.4
M18	2.5	17.7	17.85	—		
M20	2.5	19.7	19.85	3/4	18.3	18.5
M22	2.5	21.7	21.85	7/8	21.4	21.6
M24	3	23.65	23.8	1	24.5	24.8
M27	3	26.65	26.8	1¹/⁴	30.7	31
M30	3.5	29.6	29.8			
M36	4	35.6	35.8	1¹/²	37	37.3
M42	4.5	41.55	41.75			
M48	5	47.5	47.7	—		
M52	5	51.5	51.7	—		
M60	5.5	59.45	59.7	—		
M64	6	63.4	63.7	—		
M68	6	67.4	67.7	—		

（二）套螺纹用工具

套螺纹常用的工具是圆板牙和板牙架。

1. 圆板牙

圆板牙是指用合金工具钢或高速钢制作经淬火处理的套螺纹刀具,如图 8-2 所示。

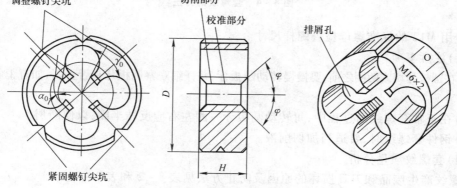

图 8-2 圆板牙的结构

2. 板牙架

板牙架是指用于装夹圆板牙的工具,如图 8 - 3 所示。

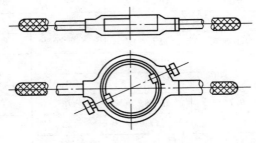

图 8 - 3　板牙架

四、任务实施

(一)准备工作

长度为 60 mm 的 φ11.7 mm 的 45 钢棒料一根,0.02 mm/(0~150)mm 游标卡尺、10.2 mm 的钻头、M12 的圆板牙、板牙架、台虎钳、M12 的标准螺母各一个。

(二)操作步骤

(1)对圆杆的端部倒 15°~20°角,使其小头直径小于螺纹小径。

(2)将圆杆衬软垫,并使其轴线处于铅垂方向,套螺纹端要伸出钳口,夹牢在台虎钳中间。

(3)使圆板牙端面与圆杆轴心线垂直,且圆板牙的中心应与圆杆的中心重合;然后转动圆板牙并向下均匀施加压力,当圆板牙切入四圈时,不再对圆板牙施加压力,自然旋转圆板牙使其切入工件至要求尺寸,如图8 - 4所示;然后不要用力,自然反向旋转,退出圆板牙。

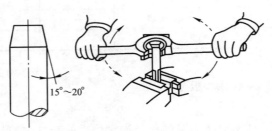

15°~20°

图 8 - 4　套螺纹的方法

(4)用 M12 的标准螺母检查螺杆尺寸。

(三)注意事项

(1)在圆板牙切入两圈之前,要慢慢转动圆板牙,并仔细观察圆板牙是否歪斜,如有歪斜,要及时校正。

(2)在正常套螺纹的过程中,每转动圆板牙一圈左右应反转半圈,以便断屑。

(3)钢件套螺纹时,要适当加切削液。

(四)套螺纹质量分析

套螺纹产生废品和刀具损坏的原因及防止方法见表 8 - 2 和表 8 - 3。

表 8 - 2   套螺纹产生废品的原因及防止方法

废品形式	产生原因	防止方法
螺纹刮牙	(1)塑性材料未用切削液,螺纹被撕坏; (2)套螺纹时,没有反转断屑过程,使切屑堵塞,咬坏螺纹; (3)圆杆直径太大; (4)板牙歪斜太多而强行纠正	(1)根据材料正确选用切削液; (2)应经常倒转,使切屑断碎及时排出; (3)正确选择圆杆直径; (4)开始套时就应该注意板牙平面与杆轴线垂直,同时注意两手用力相等
螺纹歪斜	(1)圆杆倒角过小,φ 角过大,或倒角歪斜; (2)两手用力不均匀	(1)倒角要正确、无歪斜; (2)起套要正,两手用力均衡
螺纹太瘦	(1)铰杠摆动太大,或由于偏斜多次纠正,切削过多,使螺纹中径偏小; (2)起削后,仍用压力扳动	(1)要摆稳板牙,用力均衡; (2)起削后不再施加压力,只用旋转力
螺纹太浅	圆杆直径太小	根据材料正确选择圆杆直径

表 8 - 3   板牙崩牙或扭转损坏原因及防止方法

损坏原因	防止方法
(1)圆杆直径太大,切削负荷大; (2)工件材料中夹有杂质或有较大砂眼; (3)工件材料硬度太高,或硬度不均匀; (4)板牙切削部分前、后角太大; (5)板牙架过大,掌握不稳或用力过猛; (6)加工韧度较大材料(不锈钢等)时不用切削液,使工件与丝锥或板牙咬住; (7)板牙没有经常倒转,致使切屑将容屑槽堵塞; (8)刀齿磨钝; (9)丝锥或板牙位置不正,单边受力过大	(1)根据加工材料,合理选择圆杆直径; (2)加工前检查材料中的砂眼、夹渣等情况,如有上列情况应小心加工; (3)加工前检查材料硬度,采用热处理措施,小心加工; (4)刃磨板牙; (5)选择合格的板牙架,小心加工; (6)应用切削液,注意经常倒转切断切屑; (7)应经常倒转; (8)刃磨或更换板牙; (9)注意或检查起削时丝锥或板牙对工件平面或圆杆轴线的垂直度

五、操作训练

在铸铁件或钢件上进行套螺纹练习。

六、评分标准

套螺纹操作的评分标准见表 8 - 4。

表 8 - 4   套螺纹操作的评分标准

序号	项目与技术要求	配分	检测标准	实测记录	得分
1	工件装夹方法正确	5	不符合要求酌情扣分		
2	工、量具摆放位置正确、排列整齐	5	不符合要求酌情扣分		
3	套螺纹过程自然、协调	30	不符合要求酌情扣分		
4	M12 尺寸、表面质量	40	总体评定,酌情扣分		
5	截面长度尺寸 20 mm	20	不符合要求酌情扣分		
6	安全文明操作		违者每次扣 2 分		

课题九　综合训练

● **拟掌握的技能**
　划线、锯削、錾削、锉削、钻孔的综合操作
■ **任务说明**
　综合应用划线、锯削、錾削、锉削和钻孔的基本知识,加工出合格的锤子;锻炼学生钳工基本技能的综合运用能力。

一、任务描述

加工如图 9 - 1 所示的锤子,材料为 $\phi32$ mm 的 45 钢棒料,完成时间为 90 min。

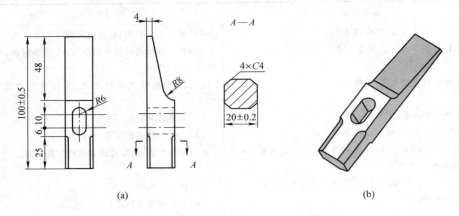

(a) (b)

图 9 - 1　锤子图样

（a）图样　（b）实物图

二、任务分析

要完成锤子的加工,其操作步骤为锯削下料长度为（103 ± 1）mm→在棒料的两端面及圆柱面上划线→在圆柱面上錾削出 4 个平面→锉削 6 个表面→划出锤子的轮廓加工界限线→锯削大头的斜面→锉削弧面及斜面→钻中心距为 10 mm 的 2×$\phi9.8$ mm 孔→用錾子錾去钻孔后留在两孔之间的多余金属→锉削加工孔至要求尺寸→倒棱 R8 及 4×C4,锉端面至要求尺寸→抛光→热处理。

三、任务实施

（一）准备工作

$\phi32$ mm 的 45 钢棒料一根,0.02 mm/（0～150）mm 游标卡尺、钢直尺、划线平板、划线盘、直角尺、划针、样冲、锤子、锯弓、粗齿平锉刀、中齿平锉刀、窄錾、中齿方锉、$\phi8～10$ mm 中齿圆锉、1 号或 0 号砂布、$\phi9.8$ mm 的钻头、台虎钳、平口虎钳、箱式电阻炉、钻床各一个,锯条若干。

（二）操作步骤

锤子的加工工艺过程见表9－1。

表9－1 锤子的加工工艺过程

序号	工序简图	加工内容	工具、量具、设备
1	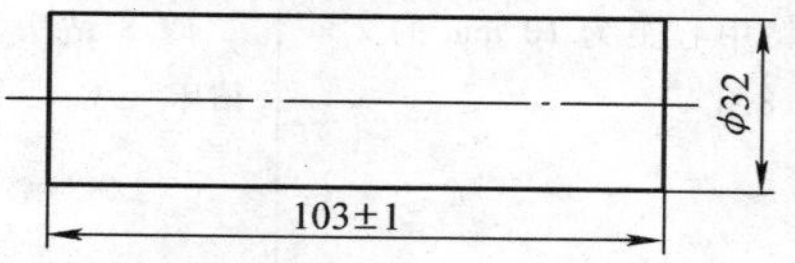 φ32　103±1	锯削下料保证长度为（103±1）mm	锯弓、锯条、钢直尺
2		粗锉φ32棒料的一个端面，要求与棒料轴线基本垂直	粗齿、锉钢直尺
3	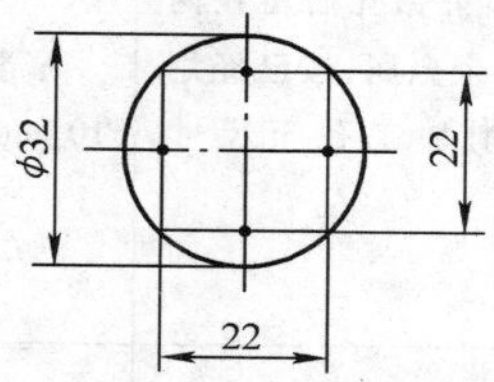 φ32　22　22	划线：在φ32棒料的两端面及圆柱面上划好加工界限线，打好样冲眼	划线盘、直角尺、划针、样冲、锤子
4	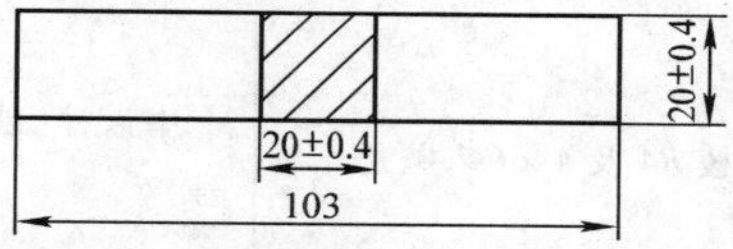 20±0.4　103	錾削4个垂直侧平面达到图样尺寸，要求各面平整，对边平行，邻边垂直	錾子、锤子、游标卡尺
5	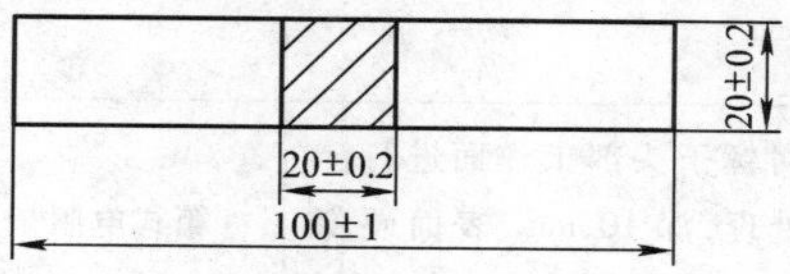 20±0.2　100±1	锉削6个平面（4个垂直侧平面、2个端面）达图样尺寸，要求各面平直，对边平行，邻边垂直	粗齿、中齿锉刀，游标卡尺
6	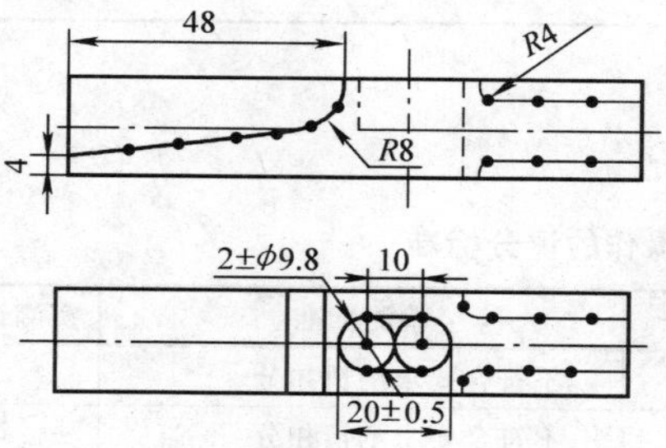 48　R4　R8　4　2±φ9.8　10　20±0.5	划出工作图轮廓尺寸加工界限线，并打好样冲眼	划规、划线盘、划针、样冲、锤子、钢直尺
7	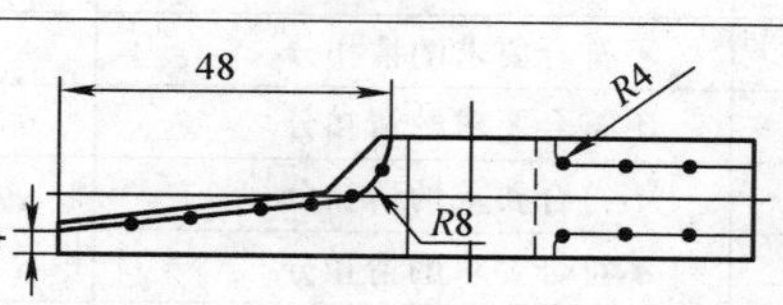 48　R4　R8　4	锯削斜面及圆弧面，留有锉削余量，要求锯缝平直，锯削面与邻面交线平直，并与两侧面垂直	锯弓、锯条
8	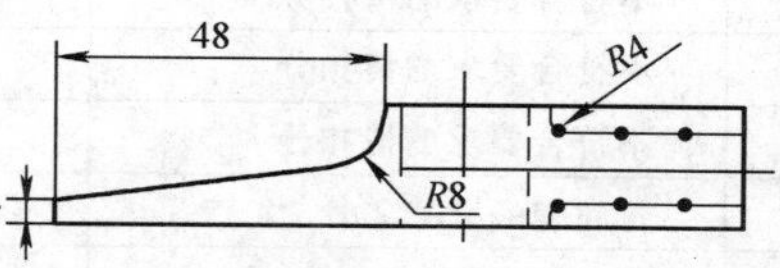 48　R4　R8　4	锉削斜面及圆弧面达图样尺寸，要求各面平直，并且与两侧面垂直	粗齿、中齿锉刀，半圆锉刀及圆锉刀

序号	工序简图	加工内容	工具、量具、设备
9		钻中心距为 10 mm 的 2 × φ9.8 孔	φ9.8 钻头、平口虎钳、 钻床
10		用錾子錾去钻孔后留在两 孔之间的多余金属，按已经划 好的线锉削加工孔至尺寸 要求	窄錾、中齿方锉、φ8 ~ 10 mm 中齿圆锉
11		倒棱 R4 及 4 × C4，抛光	中齿锉、砂布(1 号或 0 号)
12	热处理	对锤子头部工作面进行淬 火处理，深 10 mm，表面硬度 49 ~51HRC	箱式电阻炉

四、评分标准

锤子加工操作的评分标准见表 9-2。

表 9-2　锤子加工操作的评分标准

序号	项目与技术要求	配分	检测标准	实测记录	得分
1	工件装夹方法正确	5	不符合要求酌情扣分		
2	工、量具摆放位置正确、排列整齐	5	不符合要求酌情扣分		
3	站立位置和身体姿势正确、自然	5	不符合要求酌情扣分		
4	锯削过程自然、协调	5	不符合要求酌情扣分		
5	錾削过程自然、协调	5	不符合要求酌情扣分		
6	锉削过程自然、协调	5	不符合要求酌情扣分		
7	划线清晰无重线、检验样冲点分布合理	10	不符合要求酌情扣分		
8	工具、量具使用正确、合理	5	不符合要求酌情扣分		
9	表面粗糙度 $Ra6.3\mu m$(14 处)	10	不符合要求酌情扣分		
10	尺寸正确(23 处)	30	每超差一处扣 2 分		
11	锉削表面平整	15	总体评定、酌情扣分		
12	安全文明操作		违者每次扣 2 分		

五、相关工艺分析

（1）钻腰形孔时，为防止钻孔位置偏斜、孔径扩大，造成加工余量不足；可先用 $\phi7$ mm 钻头钻底孔，做必要修整后，再用 $\phi9.8$ mm 钻头扩孔。

（2）锉腰形孔时，先锉两侧平面，保证对称度，再锉两端圆弧面。锉平面时要控制好锉刀横向移动，防止锉坏两端孔面。

（3）锉 $4 \times C4$ 倒角时，工件装夹位置要正确，防止工件被夹伤。扁锉横向移动要防止锉坏圆弧面，造成圆弧塌角。

（4）加工圆弧面时，横向必须平直，且与侧面垂直，还要保证连接正确、外形美观。

（5）砂纸应放在锉刀上或钳台面上对加工面打光，防止造成棱边圆角，影响美观。

课题十　附　录

一、常用钳工工具

钳工常用工具有划线工具、錾子、手锤、锯弓、锉刀、刮刀、钻头、螺纹加工工具（丝锥、板牙）、螺钉旋具、扳手和电动工具等，现分别介绍如下。

（一）螺钉旋具

螺钉旋具由木柄（或胶柄）和工作部分组成，按结构分有一字槽螺钉旋具和十字槽螺钉旋具两种，如图10－1所示。

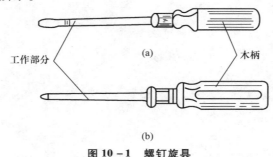

图 10－1　螺钉旋具

（a）一字槽螺钉旋具　（b）十字槽螺钉旋具

1. 一字槽螺钉旋具

一字槽螺钉旋具如图10－1（a）所示，用来旋紧或松开头部带一字形沟槽的螺钉。其规格以工作部分的长度表示，常用规格有100 mm、150 mm、200 mm、300 mm和400 mm等几种。应根据螺钉头部槽的宽度来选择相适应的旋具。使用时，左手扶住已进入一字槽内的旋具头部，右手握紧木柄，垂直用力并旋转，直至拧紧或松开为止。

2. 十字槽螺钉旋具

十字槽螺钉旋具如图10－1（b）所示，用来拧紧或松开头部带十字形沟槽的螺钉。其规格以圆形旋杆直径表示，常用规格有2～3.5 mm、3～5 mm、5.5～8 mm、10～12 mm四种。十字槽螺钉旋具能用较大的拧紧力而不易从螺钉槽中滑出，使用可靠、工作效率高，其使用方法同一字槽螺钉旋具。

（二）扳手类工具

扳手类工具是装拆各种形式的螺栓、螺母和管件的工具，一般用工具钢、合金钢制成，常用的有活扳手、呆扳手、成套套筒扳手、钩形扳手、内六角扳手、管子钳等。

1. 活扳手

活扳手由扳手体、活动钳口和固定钳口等主要部分组成，如图10－2（a）所示，主要用来拧紧外六角头、方头螺栓和螺母。其规格以扳手长度和最大开口宽度表示，见表10－1。活扳手的开口宽度可以在一定范围内进行调节，每种规格的活扳手适用于一定尺寸范围内的外六角头、方头螺栓和螺母。

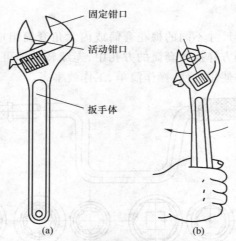

图 10 – 2 活动扳手的结构及使用方法

（a）结构 （b）使用方法

表 10 – 1 活扳手的规格

长度	米制/mm	100	150	200	250	300	375	450	600
	英制/in	4	6	8	10	12	15	18	24
最大开口宽度/mm		14	19	24	30	36	46	55	65

使用活扳手应首先正确选用其规格,要使开口宽度适合螺栓头和螺母的尺寸,不能选过大的规格,否则会扳坏螺母;应将开口宽度调节得使钳口与拧紧物的接触面贴紧,以防旋转时脱落或损伤拧紧物的头部;扳手手柄不可任意接长,以免拧紧力矩太大,而损坏扳手或螺母、螺栓。活扳手的正确使用方法如图 10 – 2(b)所示。

2. 呆扳手

呆扳手按其结构特点分为单头和双头两种,如图 10 – 3 所示。呆扳手的用途与活扳手相同,只是其开口宽度是固定的,大小与螺母或螺栓头部的对边距离相适应,并根据标准尺寸做成一套。常用十件一套的双头呆扳手两端开口宽度(单位为 mm)分别为 5.5 和 7、8 和 10、9 和 11、12 和 14、14 和 17、17 和 19、19 和 22、22 和 24、24 和 27、30 和 32。每把双头呆扳手只适用于两种尺寸的外六角头或方头螺栓和螺母。

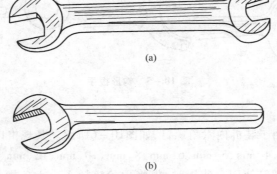

图 10 – 3 呆扳手

（a）双头呆扳手 （b）单头呆扳手

3. 成套套筒扳手

成套套筒扳手由一套尺寸不同的梅花套筒或内六角套筒组成,如图 10 - 4 所示。使用时将弓形手柄或棘轮手柄方样插入套筒的方孔中,连续转动即可装拆外六角形或方形的螺母或螺栓。成套套筒扳手使用方便、操作简单、工作效率高。

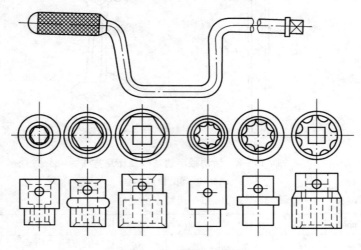

图 10 - 4   成套套筒扳手

4. 钩形扳手

钩形扳手有多种形式,如图 10 - 5 所示,专门用来装拆各种结构的圆螺母。使用时应根据不同结构的圆螺母,选择对应形式的钩形扳手,将其钩头或圆销插入圆螺母的长槽或圆孔中,左手压住扳手的钩头或圆销端,右手用力沿顺时针或逆时针方向扳动其手柄,即可锁紧或松开圆螺母。

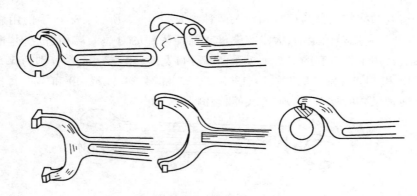

图 10 - 5   钩形扳手

5. 内六角扳手

内六角扳手主要用于装拆内六角螺钉,如图10 - 6所示。其规格以扳手头部对边尺寸表示,常用规格为 3 mm、4 mm、5 mm、6 mm、8 mm、10 mm、12 mm、14 mm 等。可供装拆 M4 ~ M30 的内六角头螺钉使用。使用时,先将六角头插入内六角螺钉的六方孔内,左手下按,右手旋转扳手,带动内六角螺钉紧固或松开。

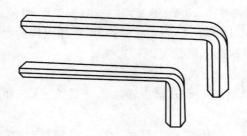

图 10 - 6　内六角扳手

6. 管子钳

管子钳由钳身、活动钳口和调整螺母组成,如图 10 - 7 所示。其规格以手柄长度和夹持管子最大外径表示,如 200 mm × 25 mm、300 mm × 40 mm 等。主要用于装拆金属管子或其他圆形工件,是管路安装和修理工作中常用的工具。使用时,钳身承受主要作用力,活动钳口在左上方,左手压住活动钳口,右手握紧钳身并下压,使其旋转到一定位置,取下管子钳,重复上述操作即可旋紧管件。

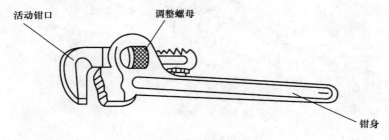

活动钳口　　　　调整螺母　　　　钳身

图 10 - 7　管子钳

(三)电动工具

1. 手电钻

手电钻是一种手提式电动工具,如图 10 - 8 所示。在受工件形状或加工部位的限制不能用钻床钻孔时,则可使用手电钻加工。

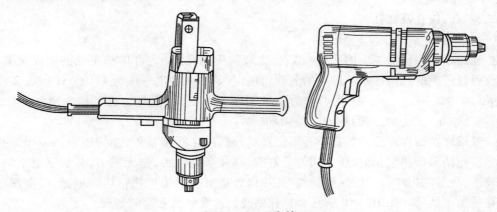

图 10 - 8　手电钻

211

手电钻的电源电压分单相(220 V、36 V)和三相(380 V)两种。采用单相电压的电钻规格有 6 mm、10 mm、13 mm、19 mm、23 mm 五种;采用三相电压的电钻规格有 13 mm、19 mm、23 mm 三种。在使用时可根据不同情况进行选择。

手电钻使用时必须注意以下两点。

(1)使用前,必须开机空转 1 min,检查转动部分是否正常,如有异常,应排除故障后再使用。

(2)钻头必须锋利,钻孔时不宜用力过猛。当孔将钻穿时,应相应减轻压力,以防事故发生。

2. 电磨头

电磨头是一种手工高速磨削工具,如图 10 - 9 所示。它用来对各种形状复杂的工件进行修磨或抛光,装上不同形状的小砂轮,还可以修磨各种凸凹模的成型面;当用布轮代替砂轮使用时,则可进行抛光作业。

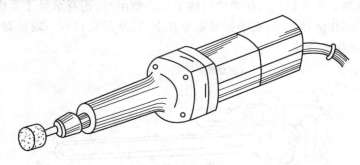

图 10 - 9　电磨头

电磨头使用时必须注意以下三点。

(1)使用前应开机空转 2~3 min,检查旋转时声音是否正常。如有异常,则应排除故障后再使用。

(2)新装砂轮应修整后使用,否则所产生的惯性力会造成严重振动,影响加工精度。

(3)砂轮外径不得超过磨头铭牌上规定的尺寸。工作时砂轮和工件的接触力不宜过大,更不能用砂轮冲击工件,以防砂轮碎裂,造成事故。

二、扩孔、铰孔及锪孔

(一)扩孔

扩孔用以扩大已加工出的孔(铸出、锻出或钻出的孔)。它可以校正孔的轴线偏差,并使其获得较正确的几何形状和较小的表面粗糙度,其加工精度一般为 IT10~IT9 级,表面粗糙度 Ra 为 3.2~6.3 μm。扩孔可作为要求不高的孔的最终加工,也可作为精加工(如铰孔)前的预加工,扩孔加工余量为 0.5~4 mm。

一般用麻花钻作扩孔钻。在扩孔精度要求较高或生产批量较大时,还采用专用扩孔钻扩孔。扩孔钻和麻花钻相似,所不同的是它有 3~4 条切削刃,但无横刃,其顶端是平的,螺旋槽较浅,故钻芯粗实、刚性好、不易变形、导向性能好。由于扩孔钻切削平稳,可提高扩孔后的孔的加工质量。图 10 - 10 所示为扩孔钻及用扩孔钻扩孔时的情形。

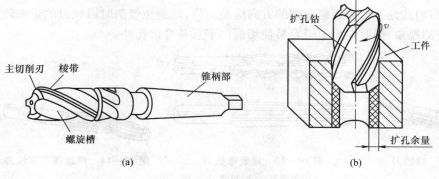

图 10 – 10　扩孔钻与扩孔
（a）扩孔钻　（b）扩孔

（二）铰孔

1. 铰刀类型及结构

铰孔是用铰刀从工件壁上切除微量金属层，以提高其尺寸精度和表面质量的加工方法。铰孔的加工精度可高达 IT7 ~ IT6 级，铰孔的表面粗糙度 Ra 为 $0.4 ~ 0.8$ μm。

铰刀是多刃切削刀具，有 6 ~ 12 个切削刃，铰孔时其导向性好。由于刀齿的齿槽很浅，铰刀的横截面大，因此铰刀的刚性好。铰刀按使用方法分为手用和机用两种，按所铰孔的形状分为圆柱形和圆锥形两种，如图 10 – 11（a）和（b）所示。

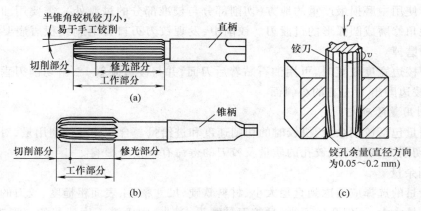

图 10 – 11　铰刀和铰孔
（a）圆柱形手铰刀　（b）圆柱形机铰刀　（c）铰孔

铰孔因余量很小，而且切削刃的前角 $\gamma = 0°$，所以铰削实际上是修刮过程。特别是手工铰孔时，由于切削速度很低，不会受到切削热和振动的影响，故铰孔是对孔进行精加工的一种方法。铰孔时铰刀不能倒转，否则切屑会卡在孔壁和切削刃之间，从而使孔壁划伤或切削刃崩裂。铰削时如采用切削液，孔壁表面粗糙度将更小，如图 10 – 11（c）所示。

钳工常遇到的锥销孔铰削，一般采用相应孔径的圆锥手用铰刀进行，分普通锥铰刀和成套锥铰刀两种，如图 10 – 12 和图 10 – 13 所示。

用普通直槽铰刀铰削键槽孔时，因为刀刃会被键槽边勾住，而使铰削无法进行，因此必须采用螺旋槽手用铰刀,如图 10-14 所示。用这种铰刀铰孔时,铰削阻力沿圆周均匀分布,铰削平稳,铰出的孔光滑。一般螺旋槽的方向应是左旋,以避免铰削时因铰刀的正向转动而产生自动旋进的现象,同时左旋刀刃容易使切屑向下且易推出孔外。

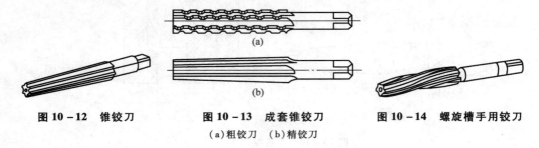

图 10-12　锥铰刀　　　　　　图 10-13　成套锥铰刀　　　　图 10-14　螺旋槽手用铰刀
（a）粗铰刀　（b）精铰刀

2. 铰刀的研磨

新铰刀直径上留有研磨余量,且棱边的表面也较粗糙,所以公差等级为 IT8 级以上的铰孔,使用前根据工件的扩张量或收缩量对铰刀进行研磨。无论采用哪种研具,研磨方法都相同。研磨时铰刀由机床带动旋转,旋转方向要与铰削方向相反,机床转速一般以 40~60 r/min 为宜。研具套在铰刀的工作部分上,研套的尺寸调整到能在铰刀上自由滑动为宜。研磨时,用手握住研具做轴向均匀的往复移动,研磨剂放置要均匀,及时清除铰刀沟槽中研垢,并重新换上研磨剂再研磨,随时检查铰刀的研磨质量。

为了使铰削获得理想的铰孔质量,还需要及时用油石对铰刀的切削刃和刀面进行研磨。特别是铰刀使用中磨损最严重的地方(切削部分与校准部分的过渡处),需要用油石仔细地将该处的尖角修磨成圆弧形的过渡刃。铰削中,发现铰刀刃口有毛刺或积屑瘤要及时用油石小心地修磨掉。

若铰刀棱边宽度较宽时,可用油石贴着后刀面,并与棱边倾斜 1°,沿切削刃垂直方向轻轻推动,将棱边磨出 1°左右的小斜面。

3. 铰削用量的确定

铰削用量包括铰削余量、机铰时的切削速度和进给量。合理选择铰削用量,对铰孔过程中的摩擦、切削力、切削热、铰孔的质量及铰刀的寿命有直接的影响。

1）铰削余量

铰削余量的选择应考虑到直径大小、材料软硬、尺寸精度、表面粗糙度、铰刀的类型等因素。如果余量太大,不但孔铰不光,且铰刀易磨损;过小,则上道工序残留的变形难以纠正,原有刀痕无法去除,影响铰孔质量。一般铰削余量的选用,可参考表 10-2。

表 10-2　铰削余量

铰孔直径/mm	< 5	5~20	21~32	33~50	51~70
铰削余量/mm	0.1~0.2	0.2~0.3	0.3	0.5	0.8

此外,铰削精度还与上道工序的加工质量有直接的关系,因此还要考虑铰孔的工艺过程。一般铰孔的工艺过程是钻孔→扩孔→铰孔。对于 IT8 级以上精度、表面粗糙度 $Ra1.6$ μm 的孔,其工艺过程是钻孔→扩孔→粗铰→精铰。

2）机铰时的切削速度和进给量

机铰时的切削速度和进给量要选择适当。过大,铰刀容易磨损,也容易产生积屑瘤而影响加工质量。过小,则切削厚度过小,反而很难切下材料,对加工表面形成挤压,使其产生塑性变形和表面硬化,最后形成刀刃撕去大片切屑,增大了表面粗糙度,也加速了铰刀的磨损。

当被加工材料为铸铁时,切削速度≤10 mm/min,进给量在0~8 mm/r。

当被加工材料为钢时,切削速度≤8 mm/min,进给量在0.4 mm/r左右。

3. 切削液的选用

铰削时的切屑一般都很细碎,容易黏附在刀刃上,甚至夹在孔壁与铰刀校准部分的棱边之间,将已加工的表面拉伤、刮毛,使孔径扩大。另外,铰削时产生热量较多,散热困难,会引起工件和铰刀变形、磨损,影响铰削质量,降低铰刀寿命。为了及时清除切屑和降低切削温度,必须合理使用切削液。切削液的选择见表10-3。

表10-3 铰孔时的切削液选择

工件材料	切 削 液
钢	(1)10%~20%乳化液; (2)铰孔要求较高时,采用30%菜油加70%肥皂水; (3)铰孔要求更高时,可用菜油、柴油、猪油等
铸铁	(1)不用; (2)煤油,但会引起孔径缩小,最大缩小量达0.02~0.04 mm; (3)3%~5%低浓度的乳化液
铜	5%~8%低浓度的乳化液
铝	煤油、松节油

4. 手用铰刀铰孔的方法

(1)工件要夹正、夹紧,尽可能使被铰孔的轴线处于水平或垂直位置。对薄壁零件夹紧力不要过大,防止将孔夹扁,铰孔后产生变形。

(2)手铰过程中,两手用力要平衡、均匀,防止铰刀偏摆,避免孔口处出现喇叭口或孔径扩大。

(3)铰削进给时不能猛力压铰杠,应一边旋转,一边轻轻加压,使铰刀缓慢、均匀地进给,保证获得较小的表面粗糙度。

(4)铰削过程中,要注意变换铰刀每次停歇的位置,避免在同一处停歇而造成振痕。

(5)铰刀不能反转,退出时也要顺转,否则会使切屑卡在孔壁和后刀面之间,将孔壁拉毛,铰刀也容易磨损,甚至崩刃。

(6)铰削钢料时,切屑碎末易黏附在刀齿上,应注意经常退刀清除切屑,并添加切削液。

(7)铰削过程中,发现铰刀被卡住,不能猛力扳转铰杠,防止铰刀崩刃或折断,而应及时取出铰刀,清除切屑和检查铰刀。继续铰削时要缓慢进给,防止在原处再次被卡住。

5. 机用铰刀的铰削方法

使用机用铰刀铰孔时,除注意手铰时的各项要求外,还应注意以下几点。

(1)要选择合适的铰削余量、切削速度和进给量。

(2)必须保证钻床主轴、铰刀和工件孔三者之间的同轴度要求。对于高精度孔,必要时采用浮动铰刀夹头来装夹铰刀。

(3)开始铰削时先采用手动进给,正常切削后改用自动进给。

（4）铰盲孔时，应经常退刀清除切屑，防止切屑拉伤孔壁；铰通孔时，铰刀校准部分不能全部出头，以免将孔口处刮坏，退刀时困难。

（5）在铰削过程中，必须注入足够的切削液，以清除切屑和降低切削温度。

（6）铰孔完毕，应先退出铰刀后再停车，否则孔壁会拉出刀痕。

6. 铰刀损坏的原因

铰削时，铰削用量选择不合理、操作不当等都会引起铰刀过早的损坏，具体损坏形式及原因见表 10 - 4。

表 10 - 4　铰刀损坏形式及原因

损坏形式	损坏原因
过早磨损	（1）切削刃表面粗糙，使耐磨性降低； （2）切削液选择不当； （3）工件材料硬
崩刃	（1）前、后角太大，引起切削刃强度变差； （2）铰刀偏摆过大，造成切削负荷不均匀； （3）铰刀退出时反转，使切屑嵌入切削刃与孔壁之间
折断	（1）铰削用量太大； （2）工件材料硬； （3）铰刀已被卡住，继续用力扳转； （4）进给量太大； （5）两手用力不均或铰刀轴心线与孔轴心线不重合

7. 铰孔时常见的废品形式及产生原因

铰孔时，如果铰刀质量不好、铰削用量选择不当、切削液使用不当、操作疏忽等都会产生废品，具体分析见表 10 - 5。

表 10 - 5　铰孔时常见的废品形式及产生原因

废品形式	产生原因
表面粗糙度达不到要求	（1）铰刀刃口不锋利或有崩刃，铰刀切削部分和校准部分粗糙； （2）切削刃上粘有积屑瘤或容屑槽内切屑黏结过多未清除； （3）铰削余量太大或太小； （4）铰刀退出时反转； （5）切削液不充足或选择不当； （6）手铰时，铰刀旋转不平稳； （7）铰刀偏摆过大
孔径扩大	（1）手铰时，铰刀偏摆过大； （2）机铰时，铰刀轴心线与工件孔的轴心线不重合； （3）铰刀未研磨，直径不符合要求； （4）进给量和铰削余量太大； （5）切削速度太高，使铰刀温度上升，直径增大

废品形式	产生原因
孔径缩小	（1）铰刀磨损后，尺寸变小继续使用； （2）铰削余量太大，引起孔弹性复原而使孔径缩小； （3）铰铸铁时加了煤油
孔呈多棱形	（1）铰削余量太大和铰刀切削刃不锋利，使铰刀发生"啃切"，产生振动而呈多棱形； （2）钻孔不圆使铰刀发生弹跳； （3）机铰时，钻床主轴振摆太大
孔轴线不直	（1）预钻孔孔壁不直，铰削时未能使原有弯曲度得以纠正； （2）铰刀主偏角太大，导向不良，使铰削方向发生偏歪； （3）手铰时，两手用力不均

（三）锪孔

锪孔是用锪钻对工件上的已有孔进行孔口形面的加工，其目的是为保证孔端面与孔中心线的垂直度，以便使与孔连接的零件位置正确、连接可靠。常用的锪孔工具有柱形锪钻（锪柱孔）、锥形锪钻（锪锥孔）和端面锪钻（锪端面）三种，如图 10－15 所示。

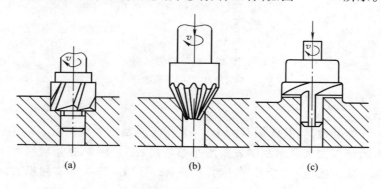

图 10－15 锪孔
（a）锪柱孔 （b）锪锥孔 （c）锪端面

圆柱形埋头锪钻的端刃起切削作用，其周刃作为副切削刃起修光作用，如图 10－15（a）所示。为保证原有孔与埋头孔同心，锪钻前端带有导柱与已有孔配合使用起定心作用。导柱和锪钻本体可制成整体也可分开制造，然后装配成一体。

锥形锪钻用来锪圆锥形沉头孔，如图 10－15（b）所示。锪钻顶角有 60°、75°、90° 和 120° 四种，其中以顶角为 90° 的锪钻应用最为广泛。

端面锪钻用来锪与孔垂直的孔口端面，如图 10－15（c）所示。

三、刮削

刮削是将工件与校准工具或与其相配合的工件之间涂上一层显示剂，经过对研，使工件上较高的部位显示出来，然后用刮刀进行微量刮削，刮去较高的金属层。刮削同时，刮刀对工件还有推挤和压光的作用，这样反复地显示和刮削，就能使工件的加工精度达到预定的要求。

刮削是一种精密加工，一般在机械加工后进行，以提高工件加工精度，能刮去机械加工遗留下来的刀痕、表面细微不平等。同时，刮削可增加工件表面接触面积，提高配合精度，减小工件表面粗糙度,提高工件的耐磨性和使用寿命。因此,刮削主要用于工件形状精度要求或相互配合的主要表面,如划线平台、机床导轨、滑动轴承等。

刮削的缺点是生产效率低、劳动强度大、对操作者的技术水平要求很高。

（一）刮削工具

1. 刮刀

刮刀是刮削的主要工具,刀头具有较高的硬度,刃口锋利。刮刀一般采用碳素工具钢或弹性较好的滚动轴承钢锻造而成。刮削硬度大的工件时,也可换上硬质合金刀头。

根据用途不同,刮刀可分为平面刮刀和曲面刮刀两大类,如图 10 – 16 所示。曲面刮刀主要用来刮削内曲面,如滑动轴承的内孔等。

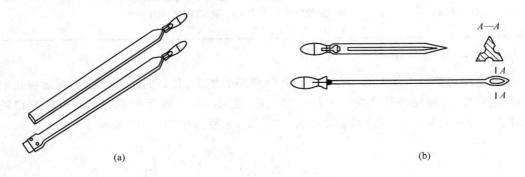

图 10 – 16　刮刀

（a）平面刮刀　（b）曲面刮刀

2. 校准工具

校准工具也称标准检具,其作用有两个:一是用来与刮削表面磨合,以接触点子（研点）的多少和分布的疏密程度来显示刮削表面的平整程度;二是用来检验刮削表面的精度。常用的校准工具有标准平板、桥式直尺、角度直尺三种（图 10 – 17）,还有根据被刮面形状设计制造的专用校准型板。

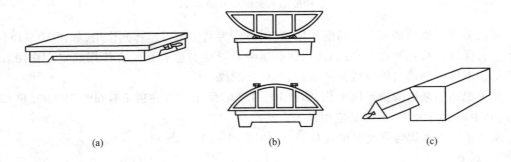

图 10 – 17　校准工具

（a）标准平板　（b）桥式直尺　（c）角度直尺

标准平板主要用来检验较宽的平面,其面积尺寸有多种规格。选用时,它的面积一般应不大于刮削面的 3/4。桥式直尺主要用来校检狭长的平面。角度直尺主要用来校检和磨合燕尾形或 V 形面的角度。

3. 显示剂

工件和校准工具对研时,所加的涂料叫显示剂,其作用是显示工件误差的位置和大小。

1)显示剂的种类

Ⅰ.红丹粉

红丹粉分铅丹(氧化铅,呈橘红色)和铁丹(氧化铁,呈红褐色)两种,颗粒较细,用机油调和后使用,广泛用于钢和铸铁工件。

Ⅱ.蓝油

蓝油是用蓝粉和蓖麻油及适量机油调和而成,呈深蓝色,其研点小而清楚,多用于精密工件和有色金属及其合金的工件。

2)显示剂的用法

刮削时,显示剂可涂在工件表面上,也可涂在校准件上。前者在工件表面显示的结果是红底黑点,没有闪光,容易看清,适用于精刮时选用;后者只在工件表面的高处着色,研点暗淡,不易看清,但切屑不易黏附在刀刃上,刮削方便,适用于粗刮时选用。

在调和显示剂时应注意:粗刮时,可调得稀些,这样在刀痕较多的工件表面上,便于涂抹,显示的研点也大;精刮时,应调得稠些,涂抹要薄而均匀,这样显示的研点细小,否则研点会模糊不清。在使用显示剂时,必须注意保持清洁,不能混进沙粒、铁屑和其他污物,以免划伤工件表面。涂布显示剂用的纱头,必须用纱布包裹。其他用物,都必须保持干净,以免影响显示效果。

(二)刮削基本技能

1. 平面刮削方法

平面刮削的方法有挺刮法和手刮法两种,如图 10 - 18 所示。

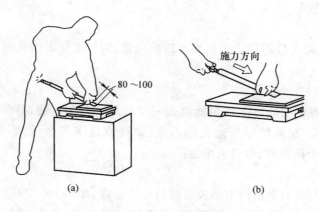

图 10 - 18 平面刮削
(a)挺刮法 (b)手刮法

1)挺刮法

刮削时将刮刀柄放在小腹右下侧,双手握住刀身,左手在前,握于距刀刃 80 ~ 100 mm 处,刀刃对准研点,左手下压,利用腿部和臂部力量将刮刀向前推进;当推进到所需的距离后,迅速将刮刀提起完成一个挺刮动作。由于挺刮法用下腹肌肉施力,每刀刮削量大,工作效率较高,适合大余量的刮削。

2）手刮法

刮削时以右手握柄，左手握住刮刀近头部约 50 mm 处，刮刀与刮削平面成 25°～30°角，右臂利用上身摆动使刮刀向前推进，左手下压引导刮刀前进，当推进到所需距离后，左手迅速提起，完成一个手刮动作。这种方法动作灵活、适应性强，可用于各个工作位置，但手容易疲劳，一般在加工余量较小的场合采用。

2．曲面刮削方法

曲面刮削一般是内曲面刮削，其刮削方法有两种，分别是短刀柄姿势和长刀柄姿势，如图10－19所示。刮削时，左右手应同时作圆弧运动，并顺着曲面使刮刀作后拉或前推的螺旋运动，刀迹与曲面轴线成 45°夹角，且交叉进行。

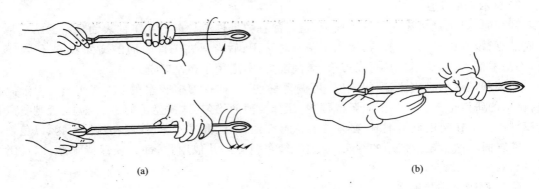

(a)   (b)

图 10－19　内曲面的刮削方法
（a）短刀柄刮削姿势　　（b）长刀柄刮削姿势

（三）刮削技能练习

1．平面刮削

平面刮削时，先将工件稳固地安放到合适的位置，清理工件表面后刮削。平面刮削可分以下四步进行。

1）粗刮

粗刮是用粗刮刀在刮削面上均匀地刮去一层较厚的金属。粗刮时采用连续推铲的方法，刀迹要连成一片。粗刮能很快地去除刀痕、锈斑或过多的余量，当刮到每 25 mm × 25 mm 面积内有 2～3 个研点时，可转入细刮。

2）细刮

细刮是用细刮刀在粗刮削面上刮去稀疏的大块研点，如图 10－20 所示。细刮时采用短刮法，施加较小的力，刀痕宽而短。刮削时，朝着同一方向刮（一般与平面的边成一定的角

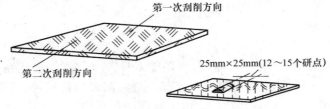

第一次刮削方向

第二次刮削方向

25mm×25mm(12～15个研点)

图 10－20　细刮

度);刮第二遍时,要交叉刮削,形成 45°～60°的网纹,以消除原方向刀痕,达到精度要求。每当刮到每 25 mm×25 mm 面积内有 12～15 个研点时,可进行精刮。

3)精刮

精刮在细刮的基础上进行,一般采用点刮法,即将精刮刀对准点子,落刀要轻,起刀要快,每个研点只能刮一刀,不要重复,并始终交叉地进行刮削。经反复配研、刮削,使被刮平面达到每 25 mm×25mm 面积内有 20 个研点以上。

4)刮花

刮花是在刮削面或机器外观表面上利用刮刀刮出装饰性花纹,如图 10-21 所示。

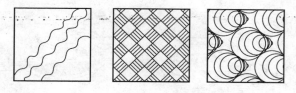

图 10-21 刮花

2. 曲面刮削

以滑动轴承的轴瓦为例,介绍曲面刮削的操作步骤及操作要点。

1)研点子

将工件表面清理干净,并涂上显示剂,用与该轴瓦相配的轴或标准轴进行配研,如图 10-22(a)所示。配研时,轴瓦上的高点处显示剂被磨去而显出金属亮点,然后卸下轴瓦。

2)刮削

将轴瓦稳固地装夹在台虎钳上,用曲面刮刀顺主轴的旋转方向刮去高点。待研出的高点全部刮去后,再进行配研,再用刮刀刮去高点,前后两次刀痕必须要交叉成 45°,如图 10-22(b)所示。如此反复,直至达到精度要求。

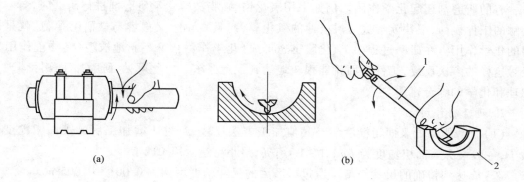

图 10-22 内曲面刮削
(a)研点子 (b)刮削姿势
1—刮刀;2—轴瓦

四、研磨

（一）研磨的原理与作用

用研磨工具和研磨剂，从工件上研去一层极薄表面的加工方法，称为研磨。

1. 研磨原理

手工研磨的一般方法如图 10 – 23 所示，即在研磨工具（简称研具，图中为平板）的研磨面上涂上研磨剂，在一定压力下，将工件和研具按一定轨迹作相对运动，直至研磨完毕。

研磨的基本原理包含物理和化学的综合作用。

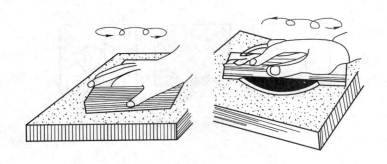

图 10 – 23　平面手工研磨

1）物理作用

研磨时要求研具材料比被研磨的工件软，这样受到一定压力后，研磨剂中微小颗粒（磨料）被压嵌在研具表面上。这些细微的磨料具有较高的硬度，像无数刀刃。由于研具和工件的相对运动，使半固定或浮动的颗粒在工件和研具之间作运动轨迹很少重复的滑动和滚动，因而对工件产生微量的切削作用，均匀地从工件表面切去一层极薄的金属。借助于研具的精确型面，可使工件逐渐得到准确的尺寸精度及合格的表面粗糙度。

2）化学作用

有的研磨剂还起化学作用。例如采用氧化铬、硬脂酸等化学研磨剂进行研磨时，与空气接触的工件表面，很快就形成一层极薄的氧化膜，而且氧化膜又很容易被研磨掉，这就是研磨的化学作用。在研磨过程中，氧化膜迅速形成（化学作用），又不断地被磨掉（物理作用）。经过这样的多次反复，工件表面就能很快地达到预定要求。由此可见，研磨加工实际体现了物理和化学的综合作用。

2. 研磨的作用

（1）研磨能降低表面粗糙度。与其他加工方法比较，经过研磨加工后的表面粗糙度值最小，一般情况表面粗糙度为 $Ra0.1 \sim 1.6 \ \mu m$，最小可达 $Ra0.012 \ \mu m$。

（2）能达到精确的尺寸精度。通过研磨后的尺寸精度可达到 $0.001 \sim 0.005 \ mm$。

（3）能改善工件的几何形状。可使工件得到准确形状，用一般机械加工方法产生的形状误差都可以通过研磨的方法校正。

（4）延长工件寿命。由于研磨后零件表面粗糙度值小、形状准确，所以零件的耐磨性、抗腐蚀能力和疲劳强度都相应提高，延长了零件的使用寿命。

（二）研具

在研磨加工中,研具是保证研磨工件几何形状正确的主要因素,因此对研具的材料、几何精度要求较高,而且表面粗糙度值要小。

1. 研具材料

研具材料应满足的技术要求:材料的组织要细致均匀,要有很高的稳定性和耐磨性,具有较好的嵌存磨料的性能,工作面的硬度应比工件表面硬度稍软。

常用的研具材料有如下几种。

（1）灰铸铁:有润滑性好、磨耗较慢、硬度适中、研磨剂在其表面容易涂布均匀等优点,是一种研磨效果较好、价廉易得的研具材料,因此得到广泛的应用。

（2）球墨铸铁:比一般灰铸铁更容易嵌存磨料,且更均匀、牢固、适度,同时还能增加研具的寿命。采用球墨铸铁制作研具已得到广泛应用,尤其用于精密工件的研磨。

（3）软钢:韧性较好,不容易折断,常用来做小型的研具,如研磨螺纹和小直径工具、工件等。

（4）铜:性质较软,表面容易被磨料嵌入,适于做研磨软钢类工件的研具。

2. 研具的类型

生产中需要研磨的工件是多种多样的,不同形状的工件应用不同类型的研具。常用的研具有以下几种。

（1）研磨平板:主要用来研磨平面,如研磨量块、精密量具的平面等。它分为有槽的和光滑的两种,如图10-24所示。有槽的用于粗研,研磨时易于将工件压平,可防止将研磨面磨成凸弧面;精研时,则应在光滑的平板上进行。

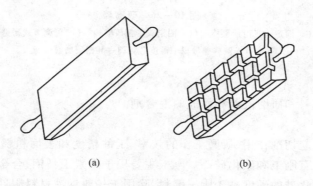

图 10-24 研磨平板
（a）光滑的 （b）有槽的

（2）研磨环:主要用来研磨外圆柱表面。研磨环的内径应比工件的外径大0.025~0.05 mm,其结构如图10-25所示。当研磨一段时间后,若研磨环内径磨大,拧紧调节螺钉,可使孔径缩小,以达到所需间隙,如图10-25（a）所示。图10-25（b）所示的研磨环,孔径的调整则靠右侧的螺钉。

（3）研磨棒:主要用于圆柱孔的研磨,有固定式和可调节式两种,如图10-26所示。固定式研磨棒制造容易,但磨损后无法补偿,多用于单件研磨或机修当中。对工件上某一尺寸孔径的研磨,需要两三个预先制好的有粗、半精、精研磨余量的研磨棒来完成。有槽的用于

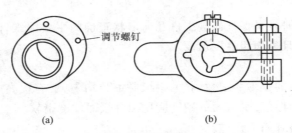

(a)　　　　　　　　　　　　　(b)

图 10 − 25　研磨环

粗研,光滑的用于精研。可调节的研磨棒因为能在一定的尺寸范围内进行调整,适用于成批生产中的孔的研磨,寿命较长,应用较广。

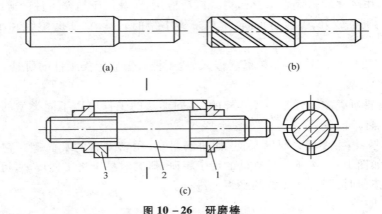

(a)　　　　　　　　　　　　　(b)

(c)

图 10 − 26　研磨棒

(a)固定式光滑研磨棒　　(b)固定式带槽研磨棒　　(c)可调节式研磨棒
1—调整螺母;2—锥度芯轴;3—开槽研磨套

(三)研磨剂

研磨剂是由磨料和研磨液调和而成的混合剂。

1. 磨料

磨料在研磨中起切削作用,研磨工作的效率、工件精度和表面粗糙度,都与磨料有密切关系。常用的磨料有刚玉和碳化硅等。刚玉主要用于碳素工具钢、合金工具钢、高速钢和铸铁工件的研磨。碳化硅的硬度高于刚玉磨料,除用于一般钢铁材料制件的研磨外,主要用来研磨硬质合金、陶瓷制成的高硬度工件。

磨粒的标记应包含磨料种类和磨粒标记,例如碳化硅—F80。

磨料的粗细用粒度表示,根据标准,规定粒度用 37 个粒度代号表示。其中 F4 ~ F220 粗磨粒粒度组成见表 10 − 6。

2. 研磨液

研磨液在研磨中起调和磨料、冷却和润滑的作用。研磨液应具备以下条件。

(1)有一定的黏度和稀释能力,磨料通过研磨液的调和与研具表面有一定的粘附性,才能使磨料对工件产生切削作用。

(2)有良好的润滑和冷却作用。

表10-6　F4~F220 粗磨粒粒度组成

粒度标记	最粗粒 筛孔尺寸/mm	/μm	筛上物质量比/%	粗粒 筛孔尺寸/mm	/μm	筛上物质量比/% ≤	基本粒 筛孔尺寸/mm	/μm	筛上物质量比/% ≥	混合粒 筛孔尺寸/mm	/μm	筛上物质量比/% ≥	细粒 筛孔尺寸/mm	/μm	筛下物质量比/% ≤
F4	8.00		0	5.60		20	4.75		40	4.75 4.00		70	3.35		3
F5	6.70		0	4.75		20	4.00		40	4.00 3.35		70	2.80		3
F6	5.60		0	4.00		20	3.35		40	3.35 2.80		70	2.36		3
F7	4.75		0	3.35		20	2.80		40	2.80 2.36		70	2.00		3
F8	4.00		0	2.80		20	2.36		45	2.36 2.00		70	1.70		3
F10	3.35		0	2.36		20	2.00		45	2.00 1.70		70	1.40		3
F12	2.80		0	2.00		20	1.70		45	1.70 1.40		70	1.18		3
F14	2.36		0	1.70		20	1.40		45	1.40 1.18		70	1.00		3
F16	2.00		0	1.40		20	1.18		45	1.18 1.00		70		850	3
F20	1.70		0	1.18		20	1.00		45	1.00	850	70		710	3
F22	1.40		0	1.00		20		850	45		850 710	70		600	3
F24	1.18		0		850	25		710	45		710 600	65		500	3
F30	1.00		0		710	25		600	45		600 500	65		425	3
F36		850	0		600	25		500	45		500 425	65		355	3
F40		710	0		500	30		425	40		425 355	65		300	3
F46		600	0		425	30		355	40		355 300	65		250	3
F54		500	0		355	30		300	40		300 250	65		212	3
F60		425	0		300	30		250	40		250 212	65		180	3
F70		355	0		250	25		212	40		212 180	65		150	3
F80		300	0		212	25		180	40		180 150	65		125	3
F90		250	0		180	20		150	40		150 125	65		106	3
F100		212	0		150	20		125	40		125 106	65		90	3
F120		180	0		125	20		106	40		106 90	65		75	3
F150		150	0		106	15		90	40		90 75	65		63	3
F180		125	0		90	15		75	40		75 63	65		53	3
F220		106	0		75	15		63	40		63 53	60		45	3

（3）对工人健康无害，对工件无腐蚀作用，且易于洗净，符合环保。

常用的研磨液有煤油、汽油、机油、L—AN15 全损耗系统用油、L—AN32 全损耗系统用油、工业用甘油、汽轮机油及熟猪油等。

3. 研磨剂的配制

在磨料和研磨液中再加入适量的石蜡、蜂蜡等填料和黏性较大而氧化作用较强的油酸、脂肪酸、硬脂酸等，即可配成研磨剂或研磨膏。

研磨剂的调配是先将硬脂酸和蜂蜡加热熔化，待其冷却后加入汽油搅拌，经过双层纱布过滤，最后加入研磨粉和油酸（精磨时不加油酸）。

一般工厂常采用成品研磨膏，使用时加机油稀释即可。

（四）研磨方法

1. 平面研磨

1）一般平面研磨

一般平面研磨方法如图 10 - 27 所示，工件沿平板全部表面，按仿 8 字形或螺旋形运动轨迹进行研磨。

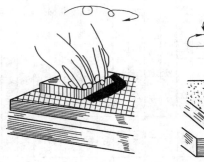

图 10 - 27　平面研磨

研磨时工件受压要均匀，压力大小应适中。压力大，研磨切削量大，表面粗糙度值大，还会使磨料压碎、划伤表面。粗研时宜用压力为 $(1 \sim 2) \times 10^5$ Pa，精研时宜用压力为 $(1 \sim 5) \times 10^4$ Pa。研磨速度不宜太快。手工粗研磨时每分钟往复 $40 \sim 60$ 次，精研磨时每分钟往复 $20 \sim 40$ 次，否则会引起工件发热，降低研磨质量。

2）狭窄平面的研磨

图 10 - 28 所示为狭窄平面的研磨方法。为防止研磨平面产生倾斜和圆角，研磨时应用金属块做成"导靠"，采用直线研磨轨迹，如图 10 - 28（a）所示。图 10 - 28（b）所示为样板要研成半径为 R 的圆角，则采用摆动式直线研磨运动轨迹。

如工件数量较多，则应采用将几个工件夹在一起研磨，能有效地防止倾斜，如图 10 - 29 所示。

2. 圆柱面的研磨

圆柱面研磨一般是手工与机器配合进行研磨。

外圆柱面的研磨如图 10 - 30 所示，工件由车床带动，其上均匀涂布研磨剂，用手推动研磨环，通过工件的旋转和研磨环在工件上沿轴线方向作往复运动进行研磨。一般工件的转速，在直径小于 80 mm 时为 100 r/min，直径大于 100 mm 时为 50 r/min。研磨环的往复移动

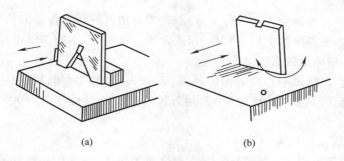

(a)　　　　　　　　　　(b)

图 10－28　狭窄平面的研磨

图 10－29　多件研磨

速度,可根据工件在研磨时出现的网纹来控制。当出现 45°交叉网纹时,说明研磨环的移动速度适宜。

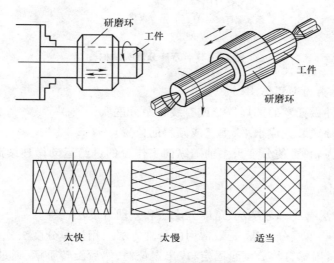

图 10－30　研磨外圆柱面

　　研磨圆柱孔时,可将研磨棒用车床卡盘夹紧并转动,把工件套在研磨棒上进行研磨,机体上大尺寸孔,应尽量置于垂直地面方向,进行手工研磨。

五、分度头的使用

本部分主要学习万能分度头的分度原理、使用方法及回转工作台的使用方法。

分度头是铣床上等分圆周用的附件,钳工常用它来对中、小型工件进行分度和划线。其优点是使用方便、精确度较高。

分度头型号是以主轴中心到底面的高度(mm)表示的。例如,FW125 型万能分度头表示主轴中心到底面的高度为 125 mm。常用万能分度头的型号有 FW100、FW125 和 FW160 等几种。

(一)万能分度头的结构

万能分度头主要由底座、转动体、主轴、分度盘等组成,如图10−31所示。分度头主轴前端锥孔内可安装顶尖,用来支撑工件;主轴外部有螺纹,以便旋装卡盘、拨盘来装夹工件。分度头转动体可使主轴在垂直平面内转动一定角度,即分度头可随回转体在垂直平面内作向上 90°和向下 10°范围内的转动,以便铣斜面或垂直面。分度头侧面有分度盘。工作时,将分度头的底座用螺栓紧固在铣床工作台上,并利用导向键与工作台中间的那条 T 形槽相配合,使分度头主轴方向与工作台纵向进给方向平行。

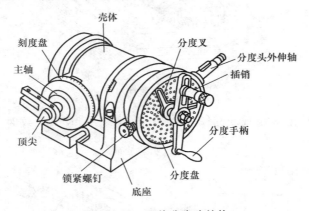

图 10−31　万能分度头结构

(二)万能分度头的主要作用

(1)能够将工件做任意的圆周等分或直线移距分度。

(2)可把工件轴线装置成水平、垂直或倾斜的位置。

(3)通过配换齿轮,可使分度头主轴随纵向工作台的进给运动做连续旋转,以铣削螺旋面或等速凸轮的型面。

(三)简单分度法

分度头的分度法有简单分度法、角度分度法和差动分度法三种。

简单分度法又叫单式分度法,是最常用的分度方法。用简单分度法分度时,分度前将蜗轮和蜗杆啮合,用紧固螺钉将分度盘固定,拔出定位销,然后旋转手柄,通过一对直齿圆柱齿轮和蜗杆、蜗轮使分度头主轴带动工件转动一定角度。

1. 分度原理

如图 10−32 所示,两个直齿圆柱齿轮的齿数相同,传动比为 1,对分度头传动比没有影响。蜗杆是单线的,蜗轮齿数为 40,手柄转一转,主轴带动工件转 1/40 转,"40"叫做分度头的定数。如果要将工件的圆周等分为 z 等份,工件应转 $1/z$ 转,设手柄转数为 n,则手柄转数 n 与工件等分数 z 之间具有以下关系:

$$1:1/40 = n:1/z$$

$$n = 40/z$$

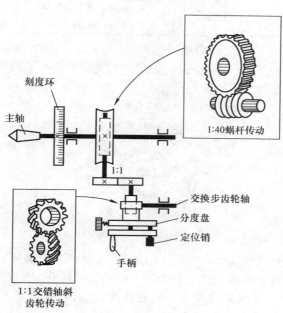

图 10 - 32　分度头传动系统

当算得的 n 不是整数而是分数时,可用分度盘上的孔数来进行分度(把分子和分母根据分度盘上的孔圈数,同时扩大或缩小某一数值)。根据传动关系可知,要使主轴(或工件)转一转,手柄相对于分度盘(简单分度时,分度盘不动)必须转 40 转。那么,当工件的等分数为 z,即要求主轴每转 $1/z$ 转(即作一次分度)时,手柄的转数应为

$$n = 40/z$$

例如,若在铣床上铣 $z=25$ 的齿轮,那么每铣完一个齿,分度盘的手柄转数应为

$$n = 40/z = 40/25 = 1\frac{3}{5} = 1\frac{18}{30}$$

即手柄转过一转后,再沿着孔数为 30 的孔圈转过 18 个孔。这样连续下去,就可以把工件的全部齿铣完。

2. 分度盘和分度叉的使用

分度盘是解决分度手柄不是整数转数的分度。常用分度头备有两块分度盘,正、反面都有数圈均布的孔圈,常用分度盘的孔数见表 10 - 7。

表 10 - 7　常用分度盘的孔数

分度头形式	分度盘的孔数
带 1 块分度盘	正面:24、25、28、30、34、37、38、39、41、42、43 反面:46、47、49、51、53、54、57、58、59、62、66

分度头形式		分度盘的孔数
带 2 块分度盘	第一块	正面:24、25、28、30、34、37
		反面:38、39、41、42、43
	第二块	正面:46、47、49、51、53、54
		反面:57、58、59、62、66

为了避免每次分度要数一次孔数的麻烦,并且为了防止转错,所以在分度盘上附设一对分度叉(也称扇形股),如图 10 - 33 所示。分度叉两叉间的夹角,可以通过松开螺钉进行调节,使分度叉两叉间的孔数比需要转的孔数多一孔,因为第一个孔是作零来计数的。

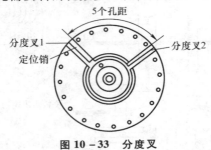

图 10 - 33 分度叉

图 10 - 33 所示是每次分度转 5 个孔距的情况,而分度叉两叉间的孔数是 6。分度叉受到弹簧的压力,可紧贴在分度盘上而不会走动。在第二次转分度手柄前,拔出定位销转动分度手柄,并使定位销落入紧靠分度叉 2 一侧的孔内,然后将分度叉 1 的一侧拨到紧靠定位销,为下次分度做准备。

3. 分度时的注意事项

(1)分度时,在摇分度手柄的过程中,速度要尽可能均匀。如果摇过了头,则应将分度手柄退回半圈以上,然后再按原来方向摇到规定的位置,以消除传动间隙。

(2)分度时,事先要松开主轴锁紧手柄,分度结束后再重新锁紧,但在加工螺旋面工件时,由于分度头主轴要在加工过程中连续旋转,所以不能锁紧。

(3)分度时,定位销应缓慢地插入分度盘的孔内,切勿突然撒手而使定位销自动弹入,以免损坏分度盘的孔眼精度。

六、六角体锉削综合练习

六角体结构尺寸如图 10 - 34 所示。

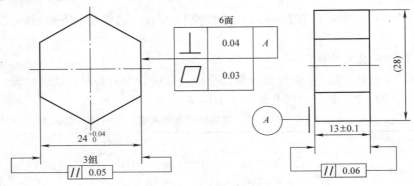

图 10 - 34 六角体图样

（一）备件

$\phi 30$ mm × 15 mm 圆钢，材质为 Q235 或 45 钢。

（二）工量具

锉刀、游标卡尺、千分尺、刀口尺、90°角尺、万能角度尺、划线平板、高度游标卡尺等。

（三）训练步骤

（1）选择较平整且与轴线相垂直的端面进行粗锉、精锉，达到平面度和表面粗糙度要求，并做好标记，作为基准面 A。

（2）以 A 面为基准，粗锉、精锉相对面，达到尺寸公差、平行度和表面粗糙度的要求。

（3）按圆周上已划好的加工界线，依次锉削六个侧面，六个侧面的加工顺序如图 10 - 35 所示。

①检查原材料，测量出备件实际直径 d。

②粗锉、精锉 a 面，除达到平面度、表面粗糙度以及与 A 面的垂直度要求外，同时要保证该面与对边圆柱母线的尺寸，并做标记，作为基准面 B。

③以基准面 B 为基准，粗锉、精锉加工该面的相对面 b 面，达到尺寸公差、平行度、平面度、表面粗糙度以及与 A 面的垂直度的要求。

④粗锉、精锉第三面（c 面），除达到平面度、表面粗糙度、与 A 面的垂直度的要求外，同时还要保证该面与对边圆柱母线的尺寸，并以基准面 B 为基准，锉准 120°角。

⑤粗锉、精锉第四面：以 c 面为基准，粗、精锉加工 c 面的相对面 d 面，达到尺寸公差、平行度、平面度、表面粗糙度以及与 A 面的垂直度的要求。

⑥粗锉、精锉第五面（e 面），除达到平面度、表面粗糙度、与 A 面的垂直度的要求外，同时还要保证该面与对边圆柱母线的尺寸，并以基准面 B 为基准，锉准 120°角。

⑦粗锉、精锉第六面：以 e 面为基准，粗锉、精锉加工 e 面的相对面 f 面，达到尺寸公差、平行度、平面度、表面粗糙度以及与 A 面的垂直度的要求。

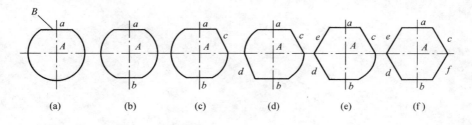

图 10 - 35 六角体加工顺序

（a）第一面 （b）第二面 （c）第三面 （d）第四面 （e）第五面 （f）第六面

（4）按图样要求作全部精度复检，并做必要的修整锉削，最后将各锐边均匀倒棱。

（四）考核标准

锉削六角体的考核标准见表 10 - 8。

表 10 - 8　锉削六角体的考核标准

序号	考核项目	配分	评分标准	得分
1	尺寸要求(13 ± 0.1)mm	6	每超差 0.01 mm 扣 2 分	
2	尺寸要求 24 mm(3 对)	8 × 3	每超差 0.01 mm 扣 2 分	
3	平面度误差 0.03 mm(6 面)	3 × 6	每超差 0.01 mm 扣 1 分	
4	平行度误差 0.05 mm(3 对)	6 × 3	每超差 0.01 mm 扣 2 分	
5	平行度误差 0.06 mm	4	每超差 0.01 mm 扣 2 分	
6	垂直度误差 0.04 mm(6 面)	3 × 6	每超差 0.01 mm 扣 1 分	
7	表面粗糙度值 $Ra \leqslant 3.2$ μm(4 面)	2 × 4	每面不符合要求扣 2 分	
8	锉纹整齐、倒棱均匀(4 面)	1 × 4	每面不符合要求扣 1 分	
9	安全文明生产		违反规定酌情扣分	
10	工时 8 h		每超时 6 min 扣 1 分	

参 考 文 献

[1]练勇,姜自莲.工程材料与成形技术[M].北京:电子工业出版社,2012.

[2]林建榕.工程材料及成形技术[M].北京:高等教育出版社,2007.

[3]亓四华.工程材料及成形技术基础[M].北京:中国科学技术大学出版社,2008.

[4]王庭俊,赵东宏.钳工知识与技能[M].天津:天津大学出版社,2012.

[5]解景浦,郝宏伟.钳工技能训练[M].北京:中国海洋大学出版社,2011.

[6]童永华,冯忠伟.钳工技能实训[M].3版.北京:北京理工大学出版社,2013.

[7]李立明,贺红梅.工程材料及成形技术[M].2版.北京:北京邮电大学出版社,2012.

[8]苏德胜,张丽敏.工程材料与成形工艺基础[M].北京:化学工业出版社,2008.